电气控制线路装调与维修

晏秋雁 薛士龙 姚雯 编著

内容提要

本书依据专业教学标准编写，采用理论与实践相结合的方式，对接职业岗位标准、融合“1+X”证书的要求，将新技术、新知识、新工艺等内容以工作页的形式反映出来，具有前瞻性、先进性。本书内容包括认识常用低压电器、解锁单元电气控制线路和探究典型机床电气控制线路三个综合项目。

本书可以作为电气自动化技术、机电一体化技术、电子技术应用、数控应用技术等专业相关课程的教材，也可作为电工技能和职工岗位培训教材，同时适合从事电气控制的工程技术人员使用。

图书在版编目(CIP)数据

电气控制线路装调与维修/晏秋雁，薛士龙，姚雯编著. —上海：上海交通大学出版社，2021.8

ISBN 978-7-313-24235-8

Ⅰ. 电… Ⅱ. ①晏… ②薛… ③姚… Ⅲ. ①电气控制—控制电路—安装—职业教育—教材 ②电气控制—控制电路—维修—职业教育—教材 Ⅳ. ①TM571.2

中国版本图书馆 CIP 数据核字(2021)第 004180 号

电气控制线路装调与维修

DIANQI KONGZHI XIANLU ZHUANGTIAO YU WEIXIU

编　　著：晏秋雁　薛士龙　姚　雯

出版发行：上海交通大学出版社　　地　　址：上海市番禺路 951 号

邮政编码：200030　　电　　话：021-64071208

印　　制：上海锦佳印刷有限公司　　经　　销：全国新华书店

开　　本：787mm×1092mm　1/16　　印　　张：19.75

字　　数：428 千字

版　　次：2021 年 8 月第 1 版　　印　　次：2021 年 8 月第 1 次印刷

书　　号：ISBN 978-7-313-24235-8

定　　价：78.00 元

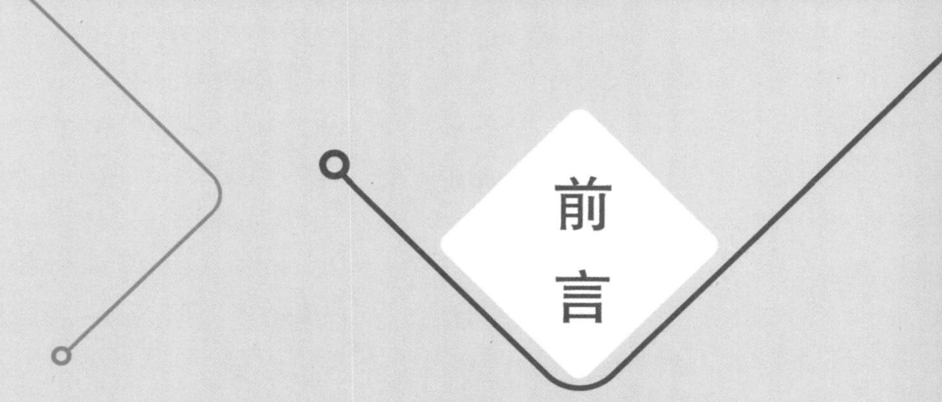

前言

本书依据专业教学标准，参考职业岗位要求，融合“1＋X”证书的学习内容编写；书中巧妙融入家国情怀教育、人文素养、科学素养以及体现电气新技术、新工艺等多种元素。在内容安排方面，充分考虑学生的思维认知规律：从认识元件、到分析典型单元线路、再到探究机床综合线路，贯彻由简单到复杂、由单一到综合，循序渐进、逐步深入的原则；在表现形式方面，关注学生实际，对接行业标准，着力突出实用性和实践性。

本书以职业能力、职业素养的培养为主线：职业能力的培养体现在理实一体化的任务设计中——通过学习能明确做什么、知晓为什么、懂得怎么做；职业素养的培养贯穿于任务中——将科学素养、工匠精神等内容以走进历史、知识小贴士、知识加油站等形式表现出来。

本书在内容处理上有以下说明：①建议教学学时为 180 学时左右，采用理实一体化教学模式，建议实训学时不低于总学时的 50％；②本书内容充分考虑专业教学与行业标准、技能证书的衔接，学习任务高度复原工作岗位任务，在循序渐进的学习过程中可以掌握工作技能。用书单位可根据自身情况选用相关内容，或者将这些内容作为参考资料供学生阅读。

本书可以作为电气自动化技术、机电一体化技术、电子技术应用、数控技术应用等专业相关课程的教材，也可作为电工技能和职工岗位培训教材，同时适合从事电气控制的工程技术人员使用。

本书由晏秋雁、薛士龙、姚雯编著，李育林、刘剑荣工程师对书中实训内容提出很多建设性建议；本书在编写过程中得到了上海海事大学附属职业技术学校各位同仁的指导与帮助，在此表示由衷的感谢和敬意。

由于水平有限，编写时间仓促，书中有错误或不妥之处，敬请读者批评指正。

编　者

2021 年 3 月

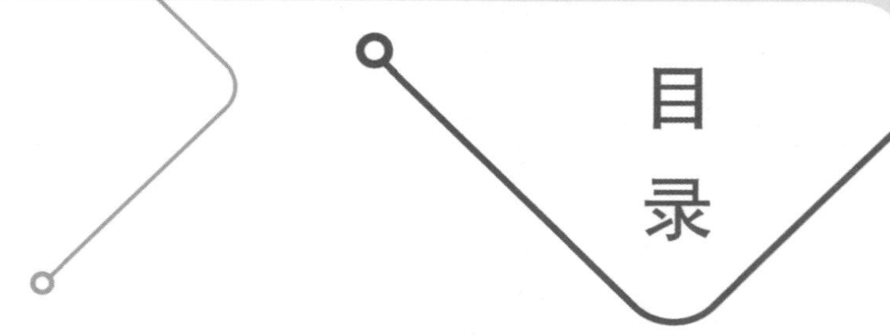

目录

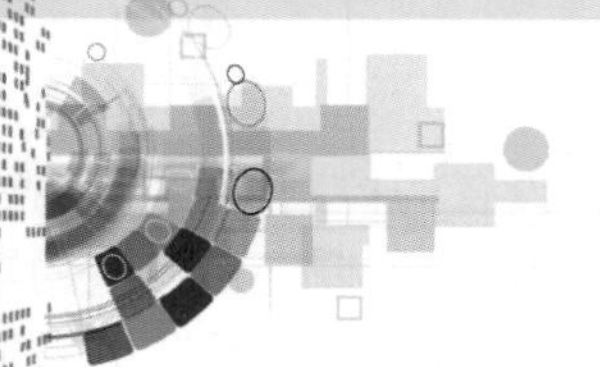

项目1　认识常用低压电器

电灯开关算电器吗，生活、生产中都有哪些常用电器？

本项目通过介绍电气控制领域中常用低压电器的工作原理、用途、型号、规格及符号等知识，让你学会如何正确选择和合理使用常用低压电器。同时为后续典型的单元电气控制线路、机床电气控制线路以及可编程控制技术的学习打下基础。

模块1　常用低压电器的分类与作用

学习目标

知识目标：知道常用低压电器的分类与作用。

技能目标：能初步识别常用低压电器，掌握其分类原则。

素养目标：在学习识别常用低压电器的过程中，将5S管理理念融于课堂、落实到学习生活中；提倡整理、整顿、清扫自己的书桌、学习用品与实验、实训工具、设备，养成良好的工作习惯。

任务1　常用低压电器的分类

任务描述

打开班级教室里的配电箱（见图1-1），你能分清楚都有哪些电器元件吗，它们分别叫什么，有什么功能，又该怎样分类呢？让我们带着这些问题开始探究之旅吧……

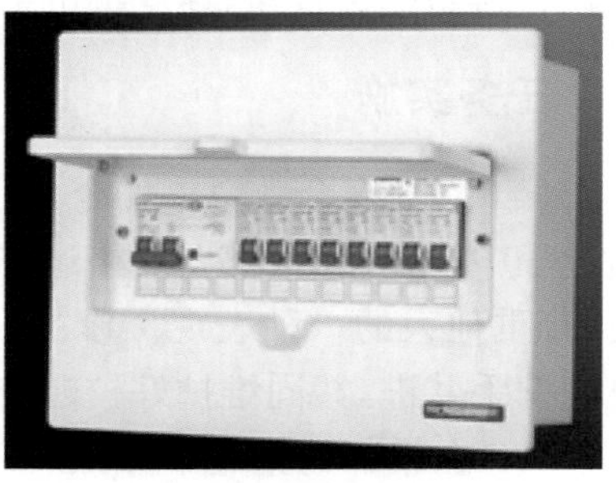

图1-1　配电箱

知识链接

电器是根据外界的电信号或非电信号，能对电路进行接通、分断，对电路参数进行变换，以实现对电路或用电设备的控制、调节、切换、检测和保护等作用的电工装置、设备和元件的统称。“开”和“关”是其最基本、最典型的功能。

常用低压电器主要包括开关电器、主令电器、接触器、继电器、熔断器及电磁制动器等。其种类繁多、用途广泛，功能、构造各异，工作原理也各不相同，为了便于了解各种低压电器的特点，更好地掌握其功能，对于常用低压电器进行分类则必不可少。

常用低压电器分类方式很多，通常可以按照工作电压等级的高低、工作原理不同及用途等方式进行分类。

1. 按工作电压等级分类

(1) 高压电器：用于交流额定电压 1 200 V、直流额定电压 1 500 V 及以上电路中的电器。例如高压断路器、高压隔离开关、高压熔断器等。

(2) 低压电器：用于交流 50 Hz(或 60 Hz)、额定电压为 1 200 V 以下、直流额定电压 1 500 V 及以下的电路中的电器。例如接触器、继电器等。

2. 按用途分类

(1) 开关电器：用于各种电气控制设备中不频繁地手动接通和分断电路的开关，或作为机床电路中电源的引入开关，如刀开关、组合开关等。

(2) 主令电器：用于自动控制系统中发送控制指令的电器，如控制按钮、主令开关、行程开关、转换开关等。

(3) 控制电器：用于各种控制电路和控制系统的电器，如接触器、各种控制继电器、启动器等。

(4) 保护电器：用于保护电设备的电器，如熔断器、热继电器、避雷器等。

(5) 执行电器：用于完成某种动作或传动功能的电器，如电磁铁、电磁阀、电磁离合器、电磁制动器等。

3. 按工作原理分类

(1) 电磁式电器：依据电磁感应原理来工作的电器，如交流接触器、各种电磁式继电器等。

(2) 非电量控制电器：电器的工作是靠外力或某种非电量的变化而动作的电器，如刀开关、行程开关、按钮、速度继电器、压力继电器、温度继电器等。

任务实施

(1) 实训安全教育。安全无小事，在电气设备的实训操作中更是如此。在任务的实施过程中，每一个人都要严格遵守操作规程和规范，做到遵规守纪，这是尊重生命、尊重自我、尊重他人的一种表现。珍视生命、重视安全，是每个人的义务，更是每个人的责任，让我们携手共进，共同维护好校园与课堂安全。

(2) 在教师的指导下，对照实物初步认识常用低压电器(见表 1-1)，能说出其名称，并能按照用途对其进行分类。

表 1-1　认识常用低压电器

序号	实 物 图	名　　称	类　　型
1			
2			
3			
4			
5			
6			
7			

（续表）

序号	实 物 图	名　　称	类　　型
8			
9			
10			

任务评价

学习任务评价如表 1-2 所示。

表 1-2　学习任务评价表

评价项目		评 价 内 容	评 价 标 准	分值	自评 10%	互评 30%	师评 60%
职业素养	劳动纪律	有时间观念，遵守实训规章制度	没有时间观念，不遵守实训规章制度扣 1～10 分	10			
	工作态度	认真完成学习任务，主动钻研专业技能	态度不认真，不能按指导老师要求完成学习任务扣 1～10 分	10			
	职业规范	遵守电工操作规程及规范；工作台面清洁，工具摆放整齐	不遵守电工操作规程及规范扣 1～8 分；工作台面脏乱，工具摆放无序扣 1～2 分	10			
职业技能	元件识别	能正确识读元器件	元器件识读失误每件扣 5 分	25			
	元件分类	能对元器件正确分类	元器件分类失误每件扣 5 分	45			
合　　计				100			
指导教师签字：					年	月	日

知识加油站

安全用电常识

违章用电常常可能造成人身伤亡、火灾、仪器设备损坏等严重事故。电工、电气实训室电器较多,使用时要特别注意用电安全。

1. 防止触电

(1) 不用潮湿的手接触电器。

(2) 电源裸露部分应有绝缘装置(例如电线接头处应裹上绝缘胶布)。

(3) 所有电器的金属外壳都应保护接地。

(4) 实验时,应先连接好电路后再接通电源;实验结束时,应先切断电源再拆线路。

(5) 修理或安装电器时,应先切断电源。

(6) 不能用试电笔去试高压电,使用高压电源应有专门的防护措施。

(7) 如有人触电,首先要迅速切断电源,然后进行抢救。

2. 防止引起火灾

(1) 使用的熔断器等保护装置与设备要与实验室允许的用电量相符。

(2) 导线的安全通电量应大于用电功率。

(3) 室内若有氢气、煤气等易燃易爆气体,应避免产生电火花。继电器工作和开关电闸时,易产生电火花,要特别小心,电器接触点(如电源插头)接触不良时,应及时修理或更换。

(4) 如遇电线起火,立即切断电源,用沙或二氧化碳、四氯化碳灭火器灭火,禁止用水或泡沫灭火器等导电液体灭火。

3. 防止短路

(1) 线路中各接点应牢固,电路元件两端接头应安全分开,以防短路。

(2) 电线、电器不要被水淋湿或浸在导电液体中,例如实验室加热用的灯泡接口不要浸在水中。

任务 2　常用低压电器的作用

任务描述

你知道常用低压电器都有什么作用,用在什么地方吗?

知识链接

任何复杂的控制线路都是由一些基本的单元电路所组成的,而基本单元电路则由若干功能不同的电器元件组合而成。为此，要分析复杂控制线路，我们首先要从了解常用低压电器元件的作用入手。

低压电器能够依据操作信号或外界现场信号的要求，自动或手动地改变电路的状态、参数，实现对电路或被控对象的控制、保护、测量、指示、调节等不同的功能。

常用低压电器的主要作用包括以下几个方面：

(1) 控制作用：如电梯的上下移动、快慢速自动切换与自动停层等。

(2) 保护作用：能根据设备的特点对设备、环境、以及人身实行自动保护，如电机的过热保护、电网的短路保护、漏电保护等。

(3) 测量作用：利用仪表及与之相适应的电器对设备、电网或其他非电参数进行测量，如电流、电压、功率、转速、温度、湿度等。

(4) 调节作用：低压电器可对一些电量和非电量进行调整，以满足用户的要求，如柴油机油门的调整、房间温湿度的调节、照度的自动调节等。

(5) 指示作用：利用低压电器的控制、保护等功能，检测出设备运行状况与电气电路工作情况，如绝缘监测、保护吊牌指示等。

(6) 转换作用：在用电设备之间转换或对低压电器、控制电路分时投入运行，以实现功能切换，如励磁装置手动与自动的转换，供电的市电与自备电的切换等。

当然，低压电器的作用远不止这些，随着科学技术的发展，新功能、新设备会不断出现，如对低压配电电器的要求是灭弧能力强、分断能力好、热稳定性能好、限流准确等；对低压控制电器，则要求其动作可靠、操作频率高、寿命长并具有一定的负载能力等等。总之，为适应社会生产、生活的不同需求，势必会产生品种更多、性能更好、功能更强大的电器元件，这也是科技发展和社会进步的必然结果。

任务实施

(1) 实训安全教育。安全无小事，在电气设备的实训操作中更是如此。在任务的实施过程中，每一个人都要严格遵守操作规程和规范，做到遵规守纪，这是尊重生命、尊重自我、尊重他人的一种表现。珍视生命、重视安全，是每个人的义务，更是每个人的责任，让我们携手共进，共同维护好校园与课堂安全。

(2) 在教师的指导下，对照实物初步认识、了解下列常用低压电器的作用(见表 1-3)。

表 1-3　常用低压电器的作用

序号	实　物　图	名　　称	作　　用
1			

（续表）

序号	实 物 图	名 称	作 用
2			
3			
4			
5			
6			
7			
8	 		

（续表）

序号	实 物 图	名　称	作　用
9			
10			

任务评价

学习任务评价如表 1-4 所示。

表 1-4　学习任务评价表

评价项目		评 价 内 容	评 价 标 准	分值	自评 10%	互评 30%	师评 60%
职业素养	劳动纪律	有时间观念，遵守实训规章制度	没有时间观念，不遵守实训规章制度扣 1～10 分	10			
	工作态度	认真完成学习任务，主动钻研专业技能	态度不认真，不能按指导老师要求完成学习任务扣 1～10 分	10			
	职业规范	遵守电工操作规程及规范；工作台面清洁，工具摆放整齐	不遵守电工操作规程及规范扣 1～8 分；工作台面脏乱，工具摆放无序扣 1～2 分	10			
职业技能	元件识别	能正确识读元器件	元器件识读失误每件扣 5 分	25			
	元件分类	能对元器件正确分类	元器件分类失误每件扣 5 分	45			
合　计				100			
指导教师签字：					年	月	日

知识加油站

你认识如表 1-5 所示的仪器仪表和工具吗？知道它们的正确使用方法吗？

表 1-5　常用电工仪表和电工工具

常用电工仪表		常用电工工具	
直流电压表、电流表	交流电压表、电流表	测电笔	螺丝刀
数字式万用表	指针式万用表	钢丝钳	尖嘴钳
指针式数字式钳形电流表	数字式指针式兆欧表	电工刀	活络扳手

安全使用电器仪表的注意事项

（1）使用前，应先了解电器仪表要求使用的电源是交流电还是直流电，是三相电源还是单相电源以及电源电压的大小（380 V、220 V、110 V 等）。须弄清电器的功率是否符合要求及直流电器仪表的正、负极。

（2）仪表量程应大于待测量值。若待测量大小不明时，应从最大量程开始测量。

（3）实验、实训之前要检查线路连接是否正确，经教师检查同意后方可接通电源。

（4）在电器仪表使用过程中，如发现有不正常声响，局部温升或嗅到绝缘漆过热产生的焦味，应立即切断电源，并上报、检查。

模块 2　开关电器

学习目标

知识目标：了解常用低压开关电器的外形、结构、符号。

技能目标：能分析开关电器的动作原理，会选择合适的开关电器；能根据安全操作规范的要求对低压开关电器进行检测、维护和保养。

素养目标：在检测、维护和保养低压开关电器的过程中，培养爱岗敬业的工作态度与坚持不懈的工匠精神；将5S管理理念融于课堂，落实到学习生活中：提倡整理、整顿、清扫自己的书桌、学习用品与实验、实训工具、设备，养成良好的工作习惯。

任务1　刀开关

任务描述

生活中离不开开关，照明电路、家用电器、生产机械……到处都充满着开与关，让我们从常见的刀开关开始，一起来认识它的结构、动作原理、适用场所以及检测、维护方法。

知识链接

1. 刀开关的基本概念

刀开关是通过动触点(闸刀)与底座上的静触点(刀夹座)相接合或分离，从而接通或分断电路的一种开关。刀开关的外形、结构及图形符号如图1-2所示。

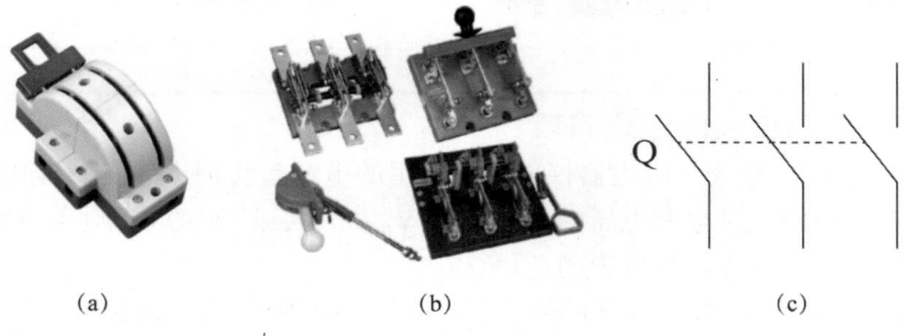

(a)　　(b)　　(c)

图1-2　刀开关外形、结构及图形符号
(a) 外形；(b) 结构；(c) 符号

2. 刀开关的类型及作用

刀开关主要有大电流刀开关、负荷开关、熔断器式刀开关等类型，常用的刀开关有HD型单掷刀开关、HS型双掷刀开关(刀形转换开关)、HR型熔断器式刀开关、HK型闸刀开关等。常用的产品有：HD11～HD14和HS11～HS13系列刀开关。

刀开关是手动电器中结构最简单的一种，主要用作电源隔离开关，以确保电路和设备维修的安全；也可用作非频繁地接通和分断容量较小的低压配电线路或直接启动小容量电机；另外刀开关处于断开位置时，可明显观察到，能确保电路检修人员的安全。各系列刀开关主要用途如表1-6所示。

表 1-6　各系列刀开关主要用途

型　号	名　称	功能特性及适用场合
QA、QF 系列	隔离开关	低压配电
HY122	数模化隔离开关	适用于楼层配电、计量箱、终端组电器
HR3 系列	熔断器式刀开关	具有刀开关和熔断器的双重功能，可简化配电装置结构；广泛用于低压配电屏上
HKl、HK2 系列	开启式负荷开关（胶壳刀开关）	用于电源开关和小容量电动机非频繁启动的操作开关
HH3、HH4 系列	封闭式负荷开关（铁壳开关）	操作机构具有速断弹簧与机械联锁，用于非频繁启动、28 kW 以下的三相异步电动机

3. 刀开关的选择

选择刀开关时应考虑以下两个方面的要求。

（1）刀开关结构形式的选择。应根据刀开关的作用和装置的安装形式来选择，如是否带灭弧装置，若分断负载电流较大时，应选择带灭弧装置的刀开关。根据装置的安装形式来选择，是正面、背面或侧面操作形式，是直接操作还是杠杆传动，是板前接线还是板后接线的结构形式。

（2）刀开关的额定电流的选择。一般应等于或大于所分断电路中各个负载额定电流的总和。对于电动机负载，应考虑其启动电流，所以应选用额定电流大一级的刀开关。若再考虑电路出现的短路电流，还应选用额定电流更大一级的刀开关。

任务实施

1. 实训安全教育

安全无小事，在电气设备的实训操作中更是如此。在任务的实施过程中，每一个人都要严格遵守操作规程和规范，做到遵规守纪，这是尊重生命、尊重自我、尊重他人的一种表现。珍视生命、重视安全，是每个人的义务，更是每个人的责任，让我们携手共进，共同维护好校园与课堂安全。

2. 刀开关的认识

（1）根据实物认识各种类型的刀开关。

（2）选择 HKl 系列刀开关，完成拆卸安装，观察其内部结构。

3. 刀开关的检测

（1）用万用表电阻挡测量刀开关触点电阻值，正常时，触点闭合电阻为 0 Ω，触点断开电阻为∞；若为熔断器式刀开关，则还需测量熔丝电阻值，正常时阻值为 0 Ω。

（2）选择不同型号刀开关，根据检测方法，完成检测任务。与正常值进行比较，如果与正常值不同，则需要更换；思考损坏的元器件可能的损坏原因。

表 1-7 各系列刀开关的检测

检测点	熔断器阻值（选择填写）	触点电阻值		质量判定
		闭合	断开	
QA 系列				
QF 系列				
HKl 系列				
HH3 系列				
HR3 系列				

4. 按 5S 管理要求清理工位

检测任务完成后，关闭电源；按 5S 管理要求清理工位台，清点并整理工具箱，将实训设备恢复到初始状态。

5S 管理能改善和提高企业形象，提高生产效率、减少设备故障、保障产品品质、降低生产成本，保证安全生产，因此我们在学习过程中，就要按照企业要求，养成良好的工作习惯，为营造“快乐学习、快乐工作、快乐生活”的良好氛围而共同努力。

任务评价

学习任务评价如表 1-8 所示。

表 1-8 学习任务评价表

评价项目		评价内容	评价标准	分值	自评 10%	互评 30%	师评 60%
职业素养	劳动纪律	有时间观念，遵守实训规章制度	没有时间观念，不遵守实训规章制度扣 1～10 分	10			
	工作态度	认真完成学习任务，主动钻研专业技能	态度不认真，不能按指导老师要求完成学习任务扣 1～10 分	10			
	职业规范	遵守电工操作规程及规范；工作台面清洁，工具摆放整齐	不遵守电工操作规程及规范扣 1～8 分；工作台面脏乱，工具摆放无序扣 1～2 分	10			
职业技能	元件识别	能正确识读刀开关	识读失误每次扣 3 分	15			
	结构拆装	能正确分析刀开关结构	结构分析错误每处扣 3 分	15			
	元件检测	检测元器件	元器件检测失误每件扣 5 分	20			
	故障检测	(1) 能正确分析故障原因 (2) 能正确查找故障并排除	(1) 分析错误，每处扣 3 分 (2) 每少查出并少排除一个故障点，扣 5 分	20			

(续表)

评价项目	评 价 内 容	评 价 标 准	分值	自评 10%	互评 30%	师评 60%
合 计			100			
指导教师签字：				年	月	日

知识加油站

你知道安装刀开关时有什么原则吗？

安装刀开关时，手柄要向上，不要倒装或平装，防止刀开关自动下落引起误动作合闸。

接线时应将电源线接在上端，负载线接在下端，这样拉闸后刀片与电源隔离，避免意外事故发生。

任务 2 组合开关

任务描述

你知道组合开关吗，是否了解它的结构和用途，它要怎样才能动作，又该如何检测和维护？让我们一起开始探究、学习吧……

知识链接

组合开关也是一种开关电器，它的特点是体积小，触点对数多，接线方式灵活。因此在电气控制线路中有广泛应用。

1. 组合开关的结构和符号

组合开关是由动触点、静触点、转轴、手柄、定位机构及外壳等部分组成。如图 1-3 所示的组合开关有三个静触点，分别装在三层绝缘垫板上，并附有接线柱，伸出盒外，以便和电源及用电设备相接，三个动触点和绝缘垫板一起套在附有手柄的绝缘杆上，当转动手柄时，每层的动触点随转轴一起转动，从而实现对电路的接通、断开控制。组合开关的操作机构采用了扭簧储能，可使触点快速闭合或分断，从而提高了开关的通断能力。

2. 组合开关的用途

组合开关常用在机床电气控制线路中，作为电源的引入开关，也可用来手动不频繁地接通和断开电路、换接电源和负载，还可用来直接控制小容量异步电动机非频繁启动、停止和正反转。

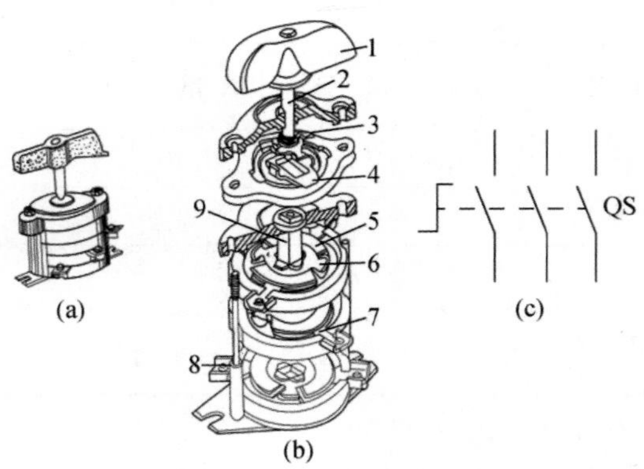

1-手柄；2-转轴；3-弹簧；4-凸轮；5-绝缘垫板；6-动触点；7-静触点；8-接线柱；9-绝缘杆。

图 1-3　组合开关外形、结构及图形符号

(a) 外形；(b) 结构；(c) 符号

3. 组合开关的选择

选择组合开关时应注意以下几点：

(1) 应根据用电设备的电压等级、容量和所需触点数进行选用。组合开关用于一般照明、电热电路时，其额定电流应等于或大于被控制电路中各负载电流的总和；用于控制电动机时，其额定电流一般应取电动机额定电流的 1.5～2.5 倍。

(2) 组合开关本身是不带过载保护和短路保护的，如果需要这类保护，就必须另设其他保护电器。

任务实施

1. 实训安全教育

安全无小事，在电气设备的实训操作中更是如此。在任务的实施过程中，每一个人都要严格遵守操作规程和规范，做到遵规守纪，这是尊重生命、尊重自我、尊重他人的一种表现。珍视生命、重视安全，是每个人的义务，更是每个人的责任，让我们携手共进，共同维护好校园与课堂安全。

2. 组合开关的认识

(1) 根据实物认识不同型号的组合开关。

(2) 选择 HZ10 型组合开关，完成拆卸安装，观察其内部结构。

3. 组合开关的检测

(1) 检测方法。用万用表电阻挡分别测量组合开关三组触点阻值，正常时，触点闭合电阻为 0 Ω，触点断开电阻为∞。

(2) 组合开关常见故障及检修方法如表 1-9 所示。

表 1-9　组合开关常见故障及检修方法

故障现象	造成故障的可能原因	检修方法
手柄转动 90°后，内部触头未动	操作机构损坏	修理或更换操作机构
	手柄上的三角形或半圆形口磨成圆形	更换手柄
	绝缘杆变形	更换绝缘杆
	轴与绝缘杆装配不紧	加固轴与绝缘杆的装配
手柄转动后，三副静触头和动触头不能同时接通或断开	触头角度装配不正确	重新装配
	触头失去弹性或有污垢	更换触头或清除污垢
开关接线相间短路柱短路	接线柱间附着铁屑或油污，形成导电层	清扫或调换开关

(3) 选择不同型号的组合开关，根据检测方法完成检测任务。与正常值进行比较，如果与正常值不同，则需要更换；思考损坏的元器件可能的损坏原因。各系列组合开关的检测如表 1-10 所示。

表 1-10　各系列组合开关的检测

型号	检测点	触点电阻值		质量判定
		闭合	断开	
	第 1 组触点			
	第 2 组触点			
	第 3 组触点			
	第 1 组触点			
	第 2 组触点			
	第 3 组触点			

4. 按 5S 管理要求清理工位

检测任务完成后，关闭电源；按 5S 管理要求清理工位台，清点并整理工具箱，将实训设备恢复到初始状态。

任务评价

学习任务评价如表 1-11 所示。

表 1-11　学习任务评价表

评价项目		评价内容	评价标准	分值	自评 10%	互评 30%	师评 60%
职业素养	劳动纪律	有时间观念，遵守实训规章制度	无时间观念，不遵守实训规章制度扣 1～10 分	10			
	工作态度	认真完成学习任务，主动钻研专业技能	态度不认真，不能按指导老师要求完成学习任务扣 1～10 分	10			

（续表）

评价项目		评 价 内 容	评 价 标 准	分值	自评 10%	互评 30%	师评 60%
职业素养	职业规范	遵守电工操作规程及规范；工作台面清洁，工具摆放整齐	不遵守电工操作规程及规范扣1～8分；工作台面脏乱，工具摆放无序扣1～2分	10			
职业技能	元件识别	能正确识读组合开关	识读失误每次扣3分	15			
	结构拆装	能正确分析组合开关结构	结构分析错误每处扣3分	15			
	元件检测	检测元器件	元器件检测失误每件扣5分	20			
	故障检测	(1) 能正确分析故障原因 (2) 能正确查找故障并排除	(1) 分析错误，每处扣3分 (2) 每少查出并少排除一个故障点，扣5分	20			
合　　计				100			
指导教师签字：				年　月　日			

任务3　断路器

任务描述

说到断路器，大家可能会很陌生，但是看到如图1-4所示的图片，相信所有人都会恍然大悟：原来这就是断路器，家家户户都有啊……

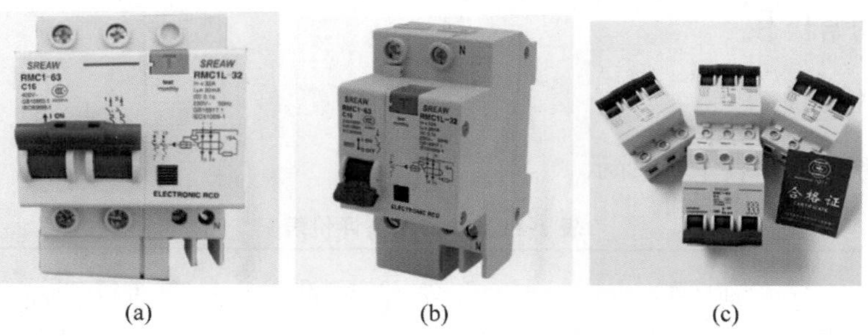

(a)　(b)　(c)

图1-4　断路器

你了解断路器的结构、用途吗，它怎样才会工作？工作原理是什么，又该如何去检测及维护呢？让我们一起来探究、学习吧……

知识链接

断路器是当前低压配电网络中一种非常重要的开关电器，它集控制和多种保护功能于一体，当电路中发生短路、欠电压、过载等非正常现象时，能自动切断电路，因此在电气控制线路中有广泛应用。

1. 断路器的结构和符号

低压断路器也称自动空气开关，可用来接通和分断负载电路，也可用于控制不频繁启动的电动机电路。它的功能相当于闸刀开关、过电流继电器、欠电压继电器、热继电器等的部分或全部功能的总和。

断路器一般由触点系统、灭弧装置、操作机构、脱扣器、外壳等构成。如图 1-5 所示的 DZ5-20 型断路器采用立体布置，操作机构在中间，外壳顶部的分断按钮（红色）和闭合按钮（绿色）通过储能弹簧连同杠杆机构实现开关的接通和分断；热脱扣器由热元件和双金属片构成，起过载保护作用；电磁脱扣器由电流线圈和铁心组成，起短路保护作用；电流调节装置用以调节瞬时脱扣整定电路；主触点系统由动触点和静触点组成，用以接通和分断主电路大电流；另外还有动合、动断辅助触点各一对；主、辅触点接线柱伸出壳外便于接线。

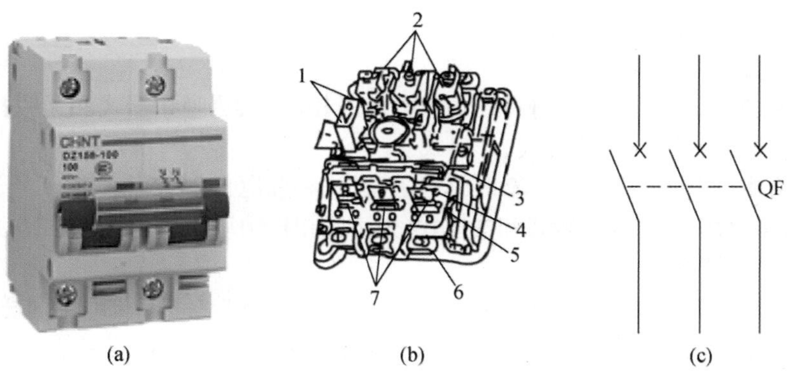

1-按钮；2-电磁脱扣器；3-自由脱扣器；4-动触点；5-静触点；6-接线柱；7-热脱扣器。

图 1-5　断路器外形、结构及图形符号

(a) 外形；(b) 结构；(c) 符号

2. 断路器的工作原理

自动空气断路器的工作原理如图 1-6 所示。其主触点由耐弧合金（如银钨合金）制成，采用灭弧栅片灭弧。其操作机构比较复杂，通断靠手动操作或电动合闸完成，故障时自动脱扣。触点通断时瞬时动作，与手柄的操作速度无关。

主触点闭合后，自由脱扣机构将主触点锁在合闸位置上。过电流脱扣器的线圈和热脱扣器的热元件与主电路串联，欠电压脱扣器的线圈和电源并联。当电路发生短路或严重过载时，过电流脱扣器的衔铁吸合，使自由脱扣机构动作，主触点断开主电路；当电路过载时，热脱扣器的热元件发热使双金属片弯曲，推动自由脱扣机构动作；当电路欠电压时，欠电压脱扣器的衔铁释放，也使自由脱扣机构动作。

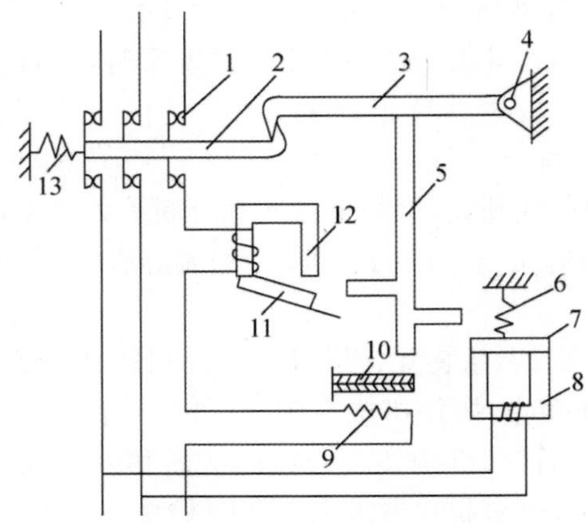

1-触点；2-锁键；3-搭钩；4-转轴；5-杠杆；6-弹簧；7-衔铁；8-欠电压脱扣器；9-加热电阻丝；10-热脱扣器双金属片；11-衔铁；12-过电流脱扣器；13-弹簧。

图 1-6　自动空气断路器原理

3. 断路器的分类

(1) 按极数可分为单极、两极和三极。

(2) 按保护形式可分为复式脱扣器式、电磁脱扣器式、热脱扣器式和无脱扣器式。

(3) 按结构形式可分为装置式、开启式。

(4) 按功能可分为限流式、直流快速式、灭磁式和漏电保护式。

(5) 按分断时间可分为一般式和快速式(先于脱扣机构动作，脱扣时间在 0.02 s 以内)。

4. 断路器的选择

根据线路对保护的要求选择断路器的类型和保护形式，选择断路器时应注意以下几点：

(1) 断路器的额定工作电压 U_N 应等于或大于被保护线路的额定电压。

(2) 断路器欠电压脱扣器额定电压应等于被保护线路的额定电压。

(3) 断路器的额定电流及过流脱扣器的额定电流应大于或等于被保护线路的计算电流。

(4) 热脱扣器的整定电流应等于所控制负载的额定电流。

(5) 电磁脱扣器的瞬时整定电流应大于负载电路正常工作时的峰值电流。

(6) 断路器的长延时脱扣电流应小于导线允许的持续电流。

(7) 配电线路中的上、下级断路器的保护特性应协调配合，下级的保护特性应位于上级保护特性的下方且不相交。

5. 典型低压断路器产品

1) 装置式断路器

装置式断路器，又称为塑料壳式断路器，有绝缘塑料外壳，内装触点系统、灭弧室、脱扣器等，可手动或电动（对大容量断路器而言）合闸。有较高的分断能力和动稳定性，有较完善的选择性保护功能，广泛用于配电线路。

目前常用的有 DZ15、DZ20、DZX19 和 C45N（目前已升级为 C65N）等系列产品。其中 C45N（C65N）断路器具有体积小，分断能力高、限流性能好、操作轻便，型号规格齐全、可以方便地在单极结构基础上组合成二极、三极、四极断路器的优点，广泛使用在 60 A 及以下的民用照明支干线及支路中（多用于住宅用户的进线开关及商场照明支路开关）。

2）开启式断路器

开启式断路器又称为框架式或万能式断路器，框架式断路器一般容量较大，具有较高的短路分断能力和较高的动稳定性。适用于交流 50 Hz，额定电压 380 V 的配电网络中作为配电干线的主保护。

开启式断路器主要由触点系统、操作机构、过电流脱扣器、分励脱扣器及欠压脱扣器、附件及框架等部分组成，全部组件进行绝缘后装于框架结构底座中。

目前我国常用的有 DW15、ME、AE、AH 等系列的框架式低压断路器。DW15 系列断路器是我国自行研制生产的，全系列有 1000、1500、2500 和 4000 等几个型号，ME、AE、AH 等系列断路器是利用引进技术生产的。它们的规格型号较为齐全（ME 开关电流等级从 630～5 000 A 共 13 个等级），额定分断能力较 DW15 更强，常用于低压配电干线的主保护中。

3）智能化断路器

目前国内生产的智能化断路器有框架式和塑料外壳式两种。框架式智能化断路器主要用于智能化自动配电系统中的主断路器；塑料外壳式智能化断路器主要用在配电网络中分配电能和作为线路及电源设备的控制与保护，亦可用于三相笼型异步电动机的控制。

智能化断路器的特征是采用了以微处理器或单片机为核心的智能控制器（智能脱扣器），它不仅具备普通断路器的各种保护功能，同时还具备实时显示电路中的各种电气参数（电流、电压、功率、功率因数等），对电路进行在线监视、自行调节、测量、试验、自诊断、可通信等功能，能够对各种保护功能的动作参数进行显示、设定和修改，保护电路动作时的故障参数能够存储在非易失存储器中以便查询。

目前国内 DW45、DW40、DW914（AH）、DW18（AE-S）、DW48、DW19（3WE）、DW17（ME）等智能化框架断路器和智能化塑壳断路器，都配有 ST 系列智能控制器及配套附件，它采用积木式配套方案，可直接安装于断路器本体中，无需重复二次接线，并可多种方案任意组合。

任务实施

1. 实训安全教育

安全无小事，在电气设备的实训操作中更是如此。在任务的实施过程中，每一个人都

要严格遵守操作规程和规范，做到遵规守纪，这是尊重生命、尊重自我、尊重他人的一种表现。珍视生命、重视安全，是每个人的义务，更是每个人的责任，让我们携手共进，共同维护好校园与课堂安全。

2. 断路器的认识

(1) 根据实物认识不同型号的断路器。

(2) 选择 DZ5-20 型断路器，拆卸外壳，观察其内部结构。

3. 断路器的检修

断路器常见故障及检修如表 1-12 所示，如出现下列情况，则需要更换。

表 1-12　断路器常见故障及检修方法

故障现象	造成故障的可能原因	检修
手动操作的断路器不能闭合	欠电压脱扣器无电压或线圈损坏	
	储能弹簧变形，闭合力减小	
	反作用弹簧力太大	
	机构不能复位再扣	
电动操作的断路器不能闭合	操作电源不符	
	电磁铁或电动机损坏	
	电磁铁拉杆行程不够	
	控制器中整流管或电容器损坏	
电流达到整定值，断路器不工作	热脱扣器双金属片损坏	
	电磁脱扣器的衔铁与铁心距离过大	
	电磁线圈损坏	
启动电动机时自动断开	电磁脱扣器瞬动整定电流太小	
	电磁脱扣器损坏	
断路器在工作一段时间后自动断开	过电流脱扣器整定值过小	
	热元件或半导体元件损坏	
断路器温升过高	触头接触面压力太小	
	触头表面过分磨损或接触不良	
	导电零件的连接螺钉松动	

4. 按 5S 管理要求清理工位

检测任务完成后，关闭电源；按 5S 管理要求清理工位台，清点并整理工具箱，将实训设备恢复到初始状态。

任务评价

学习任务评价如表 1-13 所示。

表 1-13　学习任务评价表

评价项目		评价内容	评价标准	分值	自评 10%	互评 30%	师评 60%
职业素养	劳动纪律	有时间观念，遵守实训规章制度	无时间观念，不遵守实训规章制度扣 1～10 分	10			
	工作态度	认真完成学习任务，主动钻研专业技能	态度不认真，不能按指导老师要求完成学习任务扣 1～10 分	10			
	职业规范	遵守电工操作规程及规范；工作台面保持清洁，工具摆放整齐	不遵守电工操作规程及规范扣 1～8 分；工作台面脏乱，工具摆放无序扣 1～2 分	10			
职业技能	元件识别	能正确识读断路器	识读失误每次扣 3 分	15			
	结构拆装	能正确分析断路器结构	结构分析错误每处扣 3 分	15			
	元件检测	检测元器件	元器件检测失误每件扣 5 分	20			
	故障检测	（1）能正确分析故障原因 （2）能正确查找故障并排除	（1）分析错误，每处扣 3 分 （2）每少查出并少排除一个故障点，扣 5 分	20			
合　计				100			
指导教师签字：					年	月	日

模块 3　主令电器

学习目标

知识目标：了解主令电器的外形、结构、符号。

技能目标：能分析主令电器的动作原理，会选择适用的主令电器；能根据安全操作规范的要求，对主令电器进行检测、维护和保养。

素养目标：在检测、维护和保养主令电器的过程中，培养耐心细致的工作态度与一丝不苟的工匠精神；将 5S 管理理念融于课堂、落实到学习生活中：提倡整理、整顿、清扫自己的书桌、学习用品与实验、实训工具、设备，养成良好的工作习惯。

任务1　控制按钮

任务描述

你知道什么是主令电器吗，最常用的主令电器有哪些，控制按钮算主令电器吗？控制按钮的结构和动作原理是怎样的，又该如何检测、维护它们？让我们带着这些问题开启探究之旅吧……

知识链接

在控制系统中专用于发布控制命令的电器，通常称为主令电器。主令电器常用于控制电力拖动系统中电动机的启动、停车、调速及制动等。常用的主令电器有：控制按钮、行程开关、接近开关、万能转换开关、主令控制器等。

控制按钮是最常见的一种主令电器，通过对其结构、动作原理的分析与研究，能够更好地应用、维护控制电路。

1. 控制按钮的结构、符号及动作原理

控制按钮是一种结构简单、使用广泛的手动主令电器，主要用于控制接触器、电磁启动器、继电器线圈及其他控制线路，也可用于电气联锁线路等。控制按钮结构及图形符号如图 1-7 所示，原来就接通的触点称为常闭触点，原来就断开的触点称为常开触点，将按钮按下时，下面一对原来断开的静触点被动触点接通，而上面一对静触点则被断开。其触点从一常闭、一常开到六常闭、六常开数量不等。

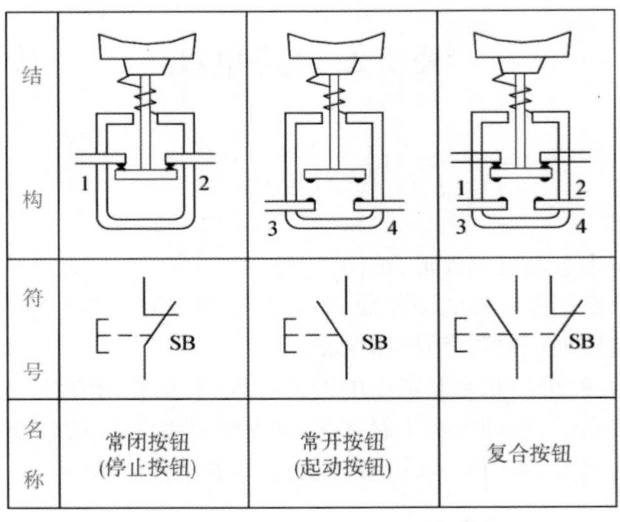

图 1-7　控制按钮结构及图形符号

2. 控制按钮的型号和含义

控制按钮的种类很多，根据不同的使用场合有安装式、防护式、防水式、防腐式和钥匙式等，控制按钮型号含义如图 1-8 所示，实物如图 1-9 所示。

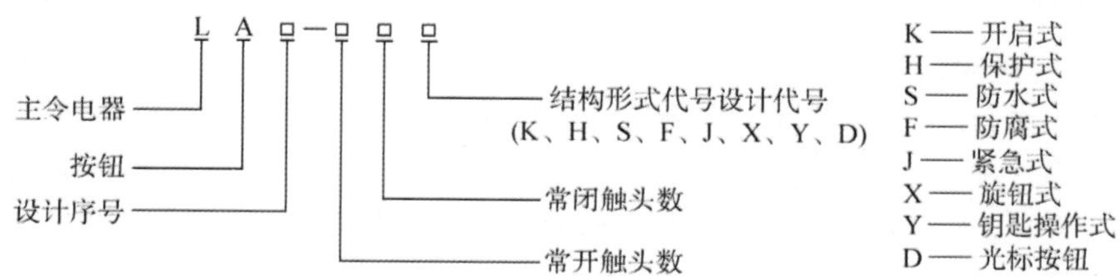

图 1-8　控制按钮型号含义

图 1-9　控制按钮实物

3. 控制按钮颜色含义

控制按钮颜色含义如表 1-14 所示。

表 1-14　控制按钮颜色含义

颜色	含　义	说　　明	应 用 举 例
红	紧急	危险或紧急情况时操作	急停
黄	异常	异常情况时操作	干预、制止异常情况，干预、重新启动中断了的自动循环
绿	安全	安全情况或为正常情况准备时操作	启动/接通
蓝	强制性的	要求强制动作情况下的操作	复位功能
白	未赋予特定含义	除急停以外的一般功能的启动	启动/接通(优先) 停止/断开
灰			启动/接通 停止/断开
黑			启动/接通 停止/断开(优先)

4. 控制按钮的选用原则

(1) 根据使用场合和具体用途选择按钮的种类。

(2) 根据工作状态指示和工作情况要求，选择按钮的颜色。

(3) 根据控制回路的需要选择按钮的数量。

任务实施

1. 实训安全教育

安全无小事，在电气设备的实训操作中更是如此。在任务的实施过程中，每一个人都要严格遵守操作规程和规范，做到遵规守纪，这是尊重生命、尊重自我、尊重他人的一种表现。珍视生命、重视安全，是每个人的义务，更是每个人的责任，让我们携手共进，共同维护好校园与课堂安全。

2. 控制按钮的认识

(1) 根据实物认识不同型号的控制按钮。

(2) 选择不同型号的控制按钮，完成拆卸安装，观察其内部结构。

3. 控制按钮的检测

(1) 控制按钮的检测方法是用万用表电阻挡分别测量控制按钮常闭(动断)、常开(动合)触点阻值。正常时，常闭(动断)触点电阻为 0 Ω，常开(动合)触点电阻为∞。

(2) 选择不同型号的控制按钮，完成检测任务，并与正常数值进行比较，如果与正常值不同，则需要更换。思考损坏的元器件产生的原因。各系列按钮的检测情况如表 1-15 所示。

表 1-15　各系列按钮的检测

检 测 点	位　　置	触点电阻值		质 量 判 定
		动　作　前	动　作　后	
常开触点				
常闭触点				

4. 按 5S 管理要求清理工位

检测任务完成后，关闭电源。按 5S 管理要求清理工位台，清点并整理工具箱，将实训设备恢复到初始状态。

任务评价

学习任务评价如表 1-16 所示。

表 1-16　学习任务评价表

评价项目		评 价 内 容	评 价 标 准	分值	自评 10%	互评 30%	师评 60%
职业素养	劳动纪律	有时间观念，遵守实训规章制度	没有时间观念，不遵守实训规章制度扣 1～10 分	10			
	工作态度	认真完成学习任务，主动钻研专业技能	态度不认真，不能按指导老师要求完成学习任务扣 1～10 分	10			

(续表)

评价项目		评 价 内 容	评 价 标 准	分值	自评 10%	互评 30%	师评 60%
职业素养	职业规范	遵守电工操作规程及规范;工作台面保持清洁,工具摆放整齐	不遵守电工操作规程及规范扣1～8分;工作台面脏乱,工具摆放无序扣1～2分	10			
职业技能	元件识别	能正确识读按钮元件	识读失误每次扣3分	15			
	结构拆装	能正确分析按钮结构	结构分析错误每处扣3分	15			
	元件检测	检测元器件	元器件检测失误每件扣5分	20			
	故障检测	(1) 能正确分析故障原因 (2) 能正确查找故障并排除	(1) 分析错误,每处扣3分 (2) 每少查出并少排除一个故障点,扣5分	20			
合 计				100			
指导教师签字:					年	月	日

任务2 行程开关

任务描述

大家都有乘电梯的经历吧,你们注意过电梯门的开关过程吗?电梯门开到什么位置会停下来,它的停止是由谁来控制的?完成本次任务的学习你就可以回答这些问题了,另外你也可以想想还有哪些地方也同样使用到了这些开关元件。

知识链接

行程开关又称限位开关、位置开关,其动作原理与按钮相同,但其触点动作条件并非靠手动操作完成。有的需通过机械碰撞,有的则通过电子开关量传感器等来实现。

本任务除了探究通过传统机械碰撞实现触点动作的行程开关(限位开关)外,还将探究超越传统行程控制的无触点接近开关和光电开关的结构和动作原理。

行程开关是一种常用的小电流主令电器,它的种类很多,按运动形式可分为直动式、滚轮式、微动式等;按触点的性质可分为有触点式和无触点式。

其中有触点式的行程开关是利用生产机械运动部件的碰撞使其触点动作来实现接通或分断控制电路,达到相应的控制目的。它通常被用来限制机械运动的位置或行程,使运动机械按一定位置或行程自动停止、反向运动、变速运动或自动往返运动等。行程开关广泛用于各类机床和起重机械,用以控制其行程、进行终端限位保护。

在我们熟悉的电梯控制电路中，就是利用行程开关来控制开关电梯轿门的速度、自动开关门的限位，轿厢的上、下限位保护等。

1. 有触点式行程开关

有触点式行程开关图形符号如图 1-10 所示。

(1) 直动式行程开关结构原理如图 1-11 所示，动作原理与按钮开关相同，但其触点的分合速度取决于生产机械的运行速度，不宜用于速度低于 0.4 m/min 的场所。

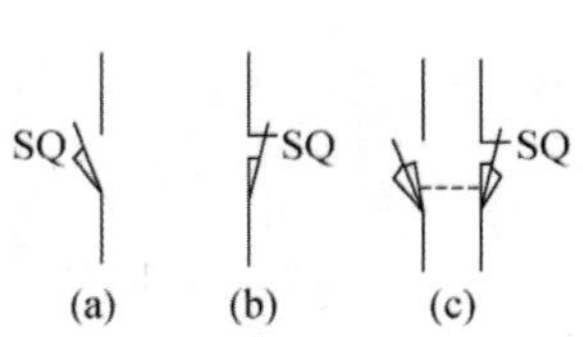

图 1-10　有触点式行程开关图形符号

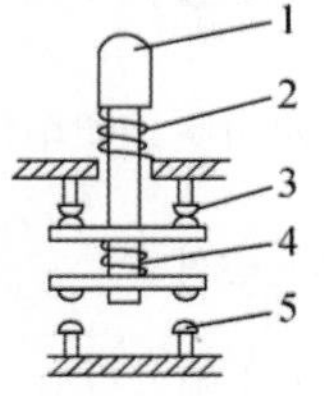

1-顶杆；2-弹簧；3-常闭触点；4-触点弹簧；5-常开触点。

图 1-11　直动式行程开关结构示意

(2) 滚轮式行程开关结构原理如图 1-12 所示，当被控机械上的撞块撞击带有滚轮的撞杆时，撞杆转向右边，带动凸轮转动，顶下推杆，使行程开关中的触点迅速动作。当运动机械返回时，在复位弹簧的作用下，各部分动作部件复位。

滚轮式行程开关又分为单滚轮自动复位和双滚轮(羊角式)非自动复位式，双滚轮行程开关具有两个稳态位置，有"记忆"作用，在某些情况下可以简化控制线路。

(3) 微动式行程开关结构原理如图 1-13 所示，和滚轮式以及直动式行程开关相比，微动行程开关的动作行程小，定位精度高，通常触点容量也较小。

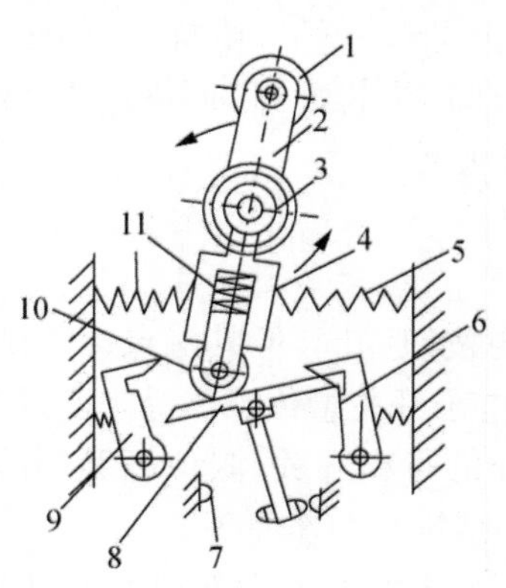

1-滚轮；2-上转臂；3、5、11-弹簧；4-套架；6、9-压板；7-触点；8-触点推杆；10-小滑轮。

图 1-12　滚轮式行程开关结构示意

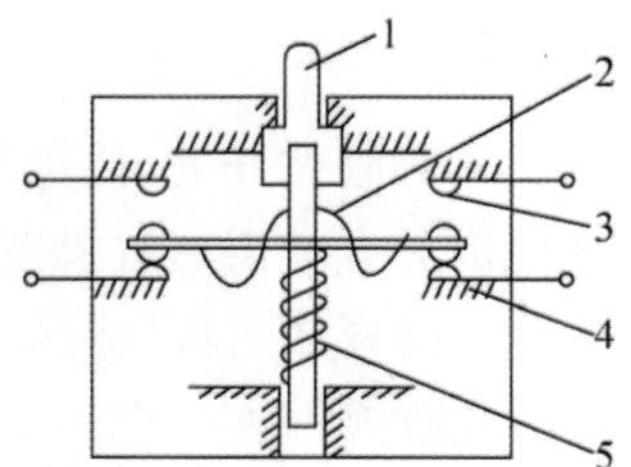

1-推杆；2-弯形片状弹簧；3-常开触点；4-常闭触点；5-恢复弹簧。

图 1-13　微动行程开关结构示意

2. 无触点行程开关

无触点行程开关又称接近开关，它是一种理想的电子开关量传感器，可以实现无接触检测，无触点式行程开关图形符号如图 1-14 所示。

那么接近开关是怎样做到无接触检测的呢？下面让我们一起来看一下它的工作原理。

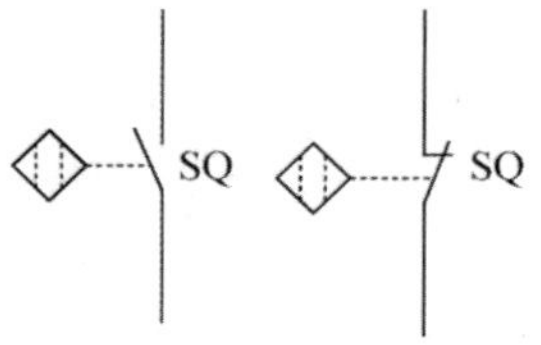

图 1-14　无触点行程开关图形符号

接近开关由振荡器、开关电路及放大输出电路三部分组成。振荡器产生一个交变磁场，当金属目标接近这一磁场，并达到感应距离时，在金属目标内产生涡流，从而导致振荡衰减，以至停振。振荡器振荡及停振的变化被后级放大电路处理并转换成开关信号，触发驱动控制器件，从而达到非接触位置检测目的。举例来说，当一被测金属体靠近接近开关区域时，接近开关可以根据上述原理，在无接触、无压力、无火花的情况下迅速准确地判定出金属体的位置。

接近开关除检测金属体位置外，还可以用于高速计数测速，以及检测零件尺寸等。若将其用于一般行程开关控制，其定位精度、操作频率、使用寿命、安装调整的方便性和对恶劣环境的适应能力，都是一般机械式行程开关所不能相比的。

目前应用较为广泛的接近开关按工作原理可以分为以下几种类型：

(1) 高频振荡型：用以检测各种金属体。

(2) 电容型：用以检测各种导电或不导电的液体及固体。

(3) 光电型：用以检测所有不透光物质。

(4) 超声波型：用以检测不透过超声波的物质。

(5) 电磁感应型：用以检测导磁或不导磁的金属。

接近开关按供电方式可分为直流型和交流型；按输出形式又可分为直流两线制、直流三线制、直流四线制、交流两线制和交流三线制。

电感式接近开关属于一种有开关量输出的位置传感器，它由 LC 高频振荡器和放大处理电路组成，利用金属物体在接近这个能产生电磁场的振荡感应头时，使物体内部产生涡流。这个涡流反作用于接近开关，使接近开关振荡能力衰减，内部电路的参数发生变化，由此识别出有无金属物体接近，进而控制开关的通或断。这种接近开关所能检测的物体必须是金属物体。图 1-15 所示为 LJ2 系列电感式晶体管接近开关的电路图。开关的振荡器为电容耦合型，由晶体管 V_1、电感振荡线圈 L 及电容 C_1～C_3 组成。电感式接近开关实物如图 1-16 所示。

3. 红外线光电开关

红外线光电开关分为对射式和反射式两种。这两种光电开关是怎样动作的呢？

反射式光电开关是利用物体对光电开关发射出的红外线反射回去，由光电开关接收，从而判断是否有物体存在。如果有物体存在，光电开关能接收到反射红外线，其触点动作，否则其触点复位。

对射式光电开关是由分离的发射器和接收器组成。当无遮挡物时，接收器接收到发射器发出的红外线，其触点动作；当有物体挡住时，接收器便接收不到红外线，其触点复位。红外线光电开关的实物如图 1-17 所示。

光电开关和接近开关的用途已远超出一般行程控制和限位保护，可用于高速计数、测速、液面控制、检测物体的存在、检测零件尺寸等许多场合。

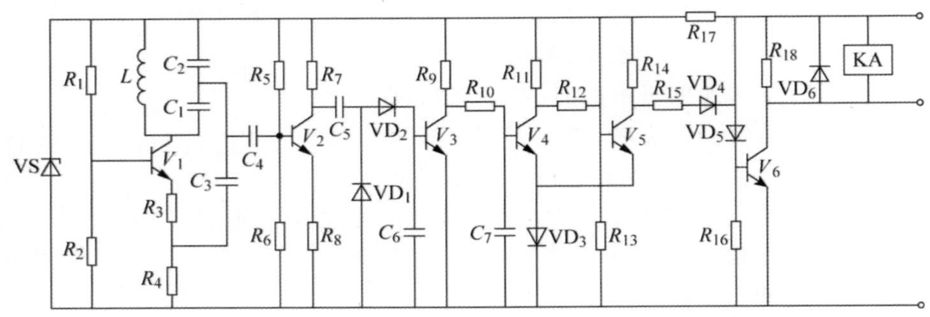

图 1-15　LJ2 系列电感式晶体管接近开关电路

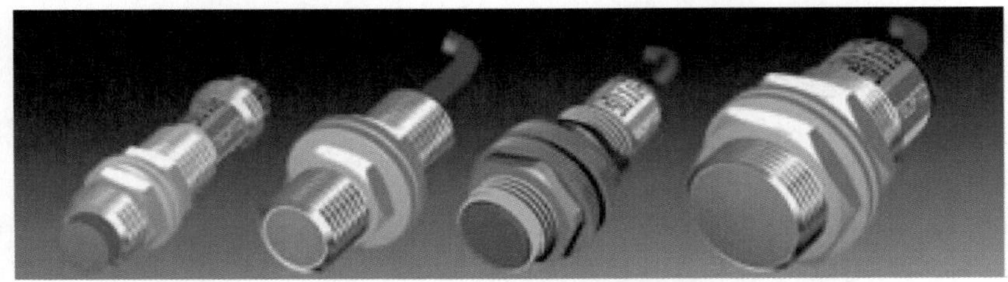

图 1-16　电感式接近开关实物

图 1-17　红外线光电开关实物

任务实施

1. 实训安全教育

安全无小事，在电气设备的实训操作中更是如此。在任务的实施过程中，每一个人都要严格遵守操作规程和规范，做到遵规守纪，这是尊重生命、尊重自我、尊重他人的一种表现。珍视生命、重视安全，是每个人的义务，更是每个人的责任，让我们携手共进，共同维护好校园与课堂安全。

2. 行程开关的认识

(1) 根据实物认识不同型号的行程开关。

(2) 选择相关型号的行程开关，完成拆卸安装，观察其内部结构。

3. 行程开关的检测

(1) 用万用表电阻挡分别测量行程开关常闭(动断)、常开(动合)触点阻值，正常时，常闭(动断)触点电阻为 0 Ω，常开(动合)触点电阻为∞。

(2) 选择相关型号行程开关，完成上述检测任务，并与正常数值进行比较，如果与正常值不同，则需要更换；思考损坏的元器件可能的损坏原因。各系列行程开关的检测如表 1-17 所示。

表 1-17 各系列行程开关的检测

检测点	位置	触点电阻值		质量判定
		动作前	动作后	
常开触点				
常闭触点				

4. 按 5S 管理要求清理工位

检测任务完成后，关闭电源；按 5S 管理要求清理工位台，清点并整理工具箱，将实训设备恢复到初始状态。

任务评价

学习任务评价如表 1-18 所示。

表 1-18 学习任务评价表

评价项目		评价内容	评价标准	分值	自评 10%	互评 30%	师评 60%
职业素养	劳动纪律	有时间观念，遵守实训规章制度	没有时间观念，不遵守实训规章制度扣 1～10 分	10			
	工作态度	认真完成学习任务，主动钻研专业技能	态度不认真，不能按指导老师要求完成学习任务扣 1～10 分	10			
	职业规范	遵守电工操作规程及规范；工作台面保持清洁，工具摆放整齐	不遵守电工操作规程及规范扣 1～8 分；工作台面脏乱，工具摆放无序扣 1～2 分	10			
职业技能	元件识别	能正确识读行程开关元件	识读失误每次扣 3 分	15			
	结构拆装	能正确分析行程开关结构	结构分析错误每处扣 3 分	15			

（续表）

<table>
<tr><th colspan="2">评价项目</th><th>评 价 内 容</th><th>评 价 标 准</th><th>分值</th><th>自评
10%</th><th>互评
30%</th><th>师评
60%</th></tr>
<tr><td rowspan="2">职业技能</td><td>元件检测</td><td>检测元器件</td><td>元器件检测失误每件扣 5 分</td><td>20</td><td></td><td></td><td></td></tr>
<tr><td>故障检测</td><td>(1) 能正确分析故障原因
(2) 能正确查找故障并排除</td><td>(1) 分析错误,每处扣 3 分
(2) 每少查出并少排除一个故障点,扣 5 分</td><td>20</td><td></td><td></td><td></td></tr>
<tr><td colspan="4">合　　计</td><td>100</td><td></td><td></td><td></td></tr>
<tr><td colspan="4">指导教师签字：</td><td colspan="4">年　　月　　日</td></tr>
</table>

任务 3　万能转换开关

任务描述

万能转换开关是一种多挡式、可以控制多回路的主令电器。由于开关的触点挡数多，换接线路多，用途广泛，因此被称为万能转换开关。那么这种开关是如何做到“万能”的，它的结构、动作原理是什么，就是本次任务要探究的主要内容。

知识链接

万能转换开关是由多组相同结构的开关元件叠装而成，主要用于各种控制线路的转换，电压表、电流表的换相测量控制，配电装置线路的转换和遥控等。万能转换开关还可以用于直接控制小容量电动机的启动、制动、调速和换向。

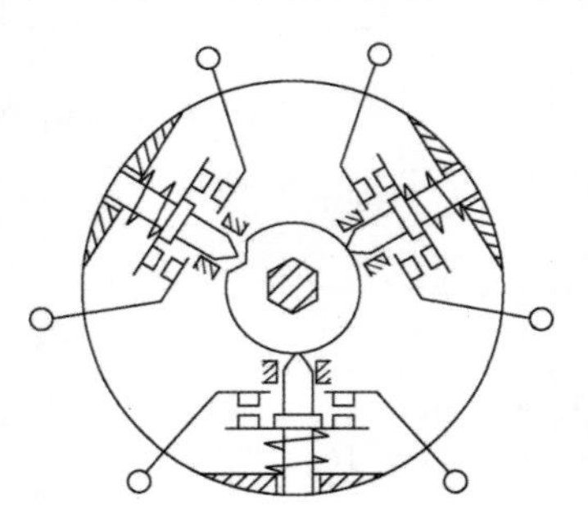

图 1-18　万能转换开关单层结构示意

万能转换开关由很多层触点底座叠装而成，每层触点底座内装有一对(或三对)触点和一个装在转轴上的凸轮。操作时，手柄带动转轴和凸轮一起旋转，凸轮就可接通或分断触点，图 1-18 所示为万能转换开关单层结构示意图。由于凸轮的形状不同，当手柄在不同的操作位置时，触点的分合情况也不同，从而达到换接电路的目的。

万能转换开关的手柄操作位置是以角度表示的。不同型号的万能转换开关的手柄有不同万能转换开关的触点，其图形符号如图 1-19 所示。转换开关有自复位式和定位式两种操作方式。自复位式转换开关当人手离开操作手柄时能自动回复到原始位置；定位式转换开关则每隔 30°或 45°有一个定位。

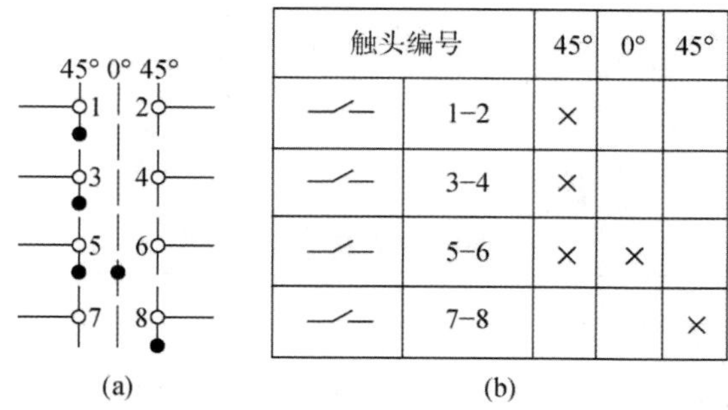

触头编号		45°	0°	45°
—⁄—	1–2	×		
—⁄—	3–4	×		
—⁄—	5–6	×	×	
—⁄—	7–8			×

图 1-19　万能转换开关图形符号

(a) 图形符号；(b) 触点闭合表

任务实施

1. 实训安全教育

安全无小事，在电气设备的实训操作中更是如此。在任务的实施过程中，每一个人都要严格遵守操作规程和规范，做到遵规守纪，这是尊重生命、尊重自我、尊重他人的一种表现。珍视生命、重视安全，是每个人的义务，更是每个人的责任，让我们携手共进，共同维护好校园与课堂安全。

2. 万能转换开关的认识

(1) 根据实物认识不同型号的万能转换开关。

(2) 选择相关型号的万能转换开关，完成拆卸安装，观察其内部结构。

3. 万能转换开关的检测

(1) 用万用表电阻挡分别测量万能转换开关常闭(动断)、常开(动合)触点阻值，正常时，常闭(动断)触点电阻为 0 Ω，常开(动合)触点电阻为∞。

(2) 选择不同型号的万能转换开关，完成检测任务。各系列万能转换开关的检测如表 1-19 所示。

表 1-19　各系列万能转换开关的检测

型　　号	检　测　点	触点电阻值		质 量 判 定
		闭　　合	断　　开	
	第 1 组触点			
	第 2 组触点			
	第 3 组触点			
	第 1 组触点			
	第 2 组触点			
	第 3 组触点			

4. 按 5S 管理要求清理工位

检测任务完成后，关闭电源。按 5S 管理要求清理工位台，清点并整理工具箱，将实训设备恢复到初始状态。

任务评价

学习任务评价如表 1-20 所示。

表 1-20　学习任务评价表

评价项目		评 价 内 容	评 价 标 准	分值	自评 10%	互评 30%	师评 60%
职业素养	劳动纪律	有时间观念，遵守实训规章制度	没有时间观念，不遵守实训规章制度扣 1～10 分	10			
	工作态度	认真完成学习任务，主动钻研专业技能	态度不认真，不能按指导老师要求完成学习任务扣 1～10 分	10			
	职业规范	遵守电工操作规程及规范；工作台面保持清洁，工具摆放整齐	不遵守电工操作规程及规范扣 1～8 分；工作台面脏乱，工具摆放无序扣 1～2 分	10			
职业技能	元件识别	能正确识读万能转换开关	识读失误每次扣 3 分	15			
	结构拆装	能正确分析万能转换开关结构	结构分析错误每处扣 3 分	15			
	元件检测	检测元器件	元器件检测失误每件扣 5 分	20			
	故障检测	(1) 能正确分析故障原因 (2) 能正确查找故障并排除	(1) 分析错误，每处扣 3 分 (2) 每少查出并少排除一个故障点，扣 5 分	20			
合　　计				100			
指导教师签字：					年	月	日

任务 4　主令控制器

任务描述

主令控制器是用来按顺序频繁切换多个控制电路的主令电器。它可在控制系统中发布命令，通过接触器来实现控制电动机的启动、制动、调速和换向。主令控制器是如何发布命令的，它的结构、动作原理是什么，就是本次任务要探究的主要内容。

知识链接

主令控制器一般由触点系统、操作机构、转轴、齿轮减速机构、凸轮、外壳等几部分组成。其动作原理与万能转换开关相同，都是靠凸轮来控制触点系统的关合。但与万能转换开关相比，它的触点容量更大，操纵挡位也较多。

不同形状凸轮的组合可使触点按一定顺序动作，而凸轮的转角是由控制器的结构决定的，凸轮数量的多少则取决于控制线路的要求。

成组的凸轮通过螺杆与对应的触点系统连成一个整体，其转轴既可直接与操作机构联结，也可经过减速器与之联结。如果被控制的电路数量很多，即触点系统档次很多，则将它们分为2～3列，并通过齿轮啮合机构来联系，以免主令控制器过长。主令控制器还可组合成联动控制台，以实现多点、多位控制。

图1-20(a)所示为主令控制器的结构原理图，一般由触点装置和带有凸轮的轴组成。凸轮位置随手柄工作位置而变动，从而改变了相应的触点闭合或断开状态。图1-20(b)所示是主令控制器的图形符号。

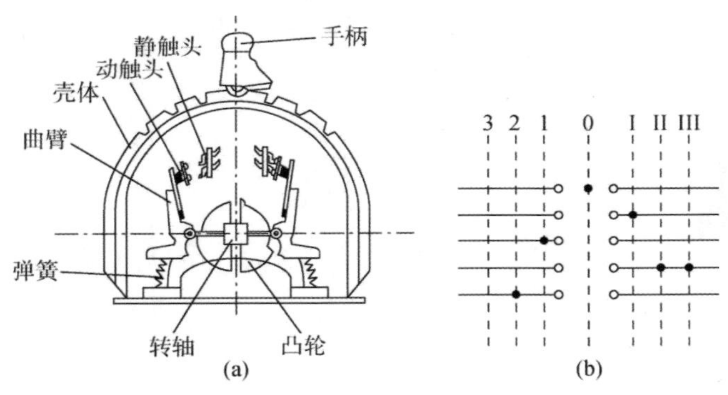

图1-20　主令控制器

(a) 结构示意图；(b) 图形符号

配备万向轴承的主令控制器可将操纵手柄放在纵横倾斜的任意方位上转动，以控制工作机械(如电动行车和起重工作机械)作上下、前后、左右等方向的运动，操作控制灵活方便。主令控制器实物如图1-21所示。

图1-21　主令控制器实物

任务实施

1. 实训安全教育

安全无小事，在电气设备的实训操作中更是如此。在任务的实施过程中，每一个人都要严格遵守操作规程和规范，做到遵规守纪，这是尊重生命、尊重自我、尊重他人的一种表现。珍视生命、重视安全，是每个人的义务，更是每个人的责任，让我们携手共进，共同维护好校园与课堂安全。

2. 主令控制器的认识

(1) 根据实物认识不同型号的主令控制器。

(2) 选择相关系列主令控制器，观察其内部结构(见表 1-21)。

表 1-21　主令控制器的认识

序号	实　物　图	型　　号	结 构 观 察
1			
2			
3			

3. 按 5S 管理要求清理工位

检测任务完成后，关闭电源。按 5S 管理要求清理工位台，清点并整理工具箱，将实训设备恢复到初始状态。

任务评价

学习任务评价如表 1-22 所示。

表 1-22　学习任务评价表

<table>
<tr><th colspan="2">评价项目</th><th>评 价 内 容</th><th>评 价 标 准</th><th>分值</th><th>自评
10%</th><th>互评
30%</th><th>师评
60%</th></tr>
<tr><td rowspan="3">职业素养</td><td>劳动纪律</td><td>有时间观念，遵守实训规章制度</td><td>没有时间观念，不遵守实训规章制度扣 1～10 分</td><td>10</td><td></td><td></td><td></td></tr>
<tr><td>工作态度</td><td>认真完成学习任务，主动钻研专业技能</td><td>态度不认真，不能按指导老师要求完成学习任务扣 1～10 分</td><td>10</td><td></td><td></td><td></td></tr>
<tr><td>职业规范</td><td>遵守电工操作规程及规范；工作台面保持清洁，工具摆放整齐</td><td>不遵守电工操作规程及规范扣 1～8 分；工作台面脏乱，工具摆放无序扣 1～2 分</td><td>10</td><td></td><td></td><td></td></tr>
<tr><td rowspan="2">职业技能</td><td>元件识别</td><td>能正确识读主令控制器元件</td><td>识读失误每次扣 5 分</td><td>35</td><td></td><td></td><td></td></tr>
<tr><td>结构拆装</td><td>能正确分析主令控制器结构</td><td>结构分析错误每处扣 5 分</td><td>35</td><td></td><td></td><td></td></tr>
<tr><td colspan="4">合　　计</td><td>100</td><td></td><td></td><td></td></tr>
<tr><td colspan="4">指导教师签字：</td><td colspan="4">年　　月　　日</td></tr>
</table>

模块 4　控制电器

学习目标

知识目标：了解控制电器的外形、结构、符号。

技能目标：能分析控制电器的动作原理，会选择适用的控制电器；能根据安全操作规范的要求，对控制电器进行检测、维护和保养。

素养目标：在检测、维护和保养控制电器的过程中，培养恪尽职守的工作态度与吃苦耐劳的工匠精神；将 5S 管理理念融于课堂、落实到学习生活中：提倡整理、整顿、清扫自己的书桌、学习用品与实验、实训工具、设备，养成良好的工作习惯。

任务 1　接触器

任务描述

接触器是用来接通或切断电动机或其他负载主电路的一种控制电器，其动作原理是利用线圈流过电流产生磁场，使触点闭合，以达到控制负载的功能。本任务将从触点系统、电磁机构和灭弧装置几个方面来探究接触器的结构、动作原理、适用条件和选择方法等。

知识链接

接触器是一种能频繁接通或切断、承载正常电流及规定的过载电流的电器控制装置，因此广泛应用于电动机、电力负荷如电热器、电焊机、照明支路等配电与用电系统装置的控制。它具有低压释放保护性能、控制容量大、能远距离控制等优点。但也存在噪声大、寿命短等缺点。

1. 接触器的结构

接触器由电磁系统（铁心、静铁心、电磁线圈）、触点系统（常开触点和常闭触点）和灭弧装置组成。电磁式接触器按触点控制的电流种类分为直流接触器和交流接触器。两类接触器在触点系统、电磁机构、灭弧装置等方面均有所不同。CJ10-20交流接触器结构如图1-22所示。接触器的图形符号如图1-23所示，文字符号为KM。

1
2
3
4
5
6
7
8
9
10
11

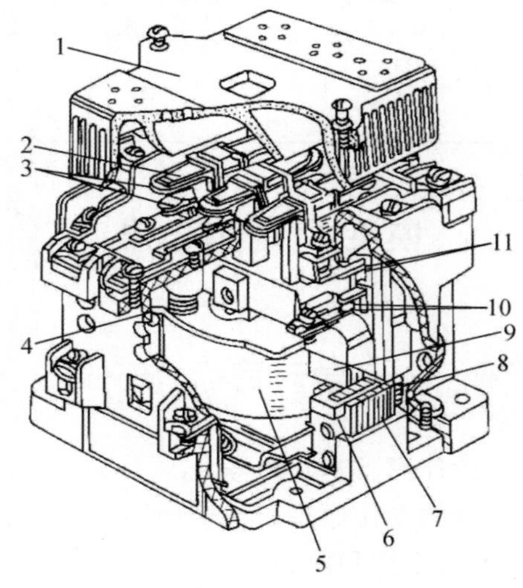

1-灭弧罩；2-触点压力弹簧片；3-主触点；4-释放弹簧；5-线圈；6-短路环；7-静铁心；8-释放弹簧；9-动铁心；10-辅助常开触点；11-辅助常闭触点。

图1-22　CJ10-20交流接触器结构

KM
KM
KM
KM
KM
(a)
(b)
(c)

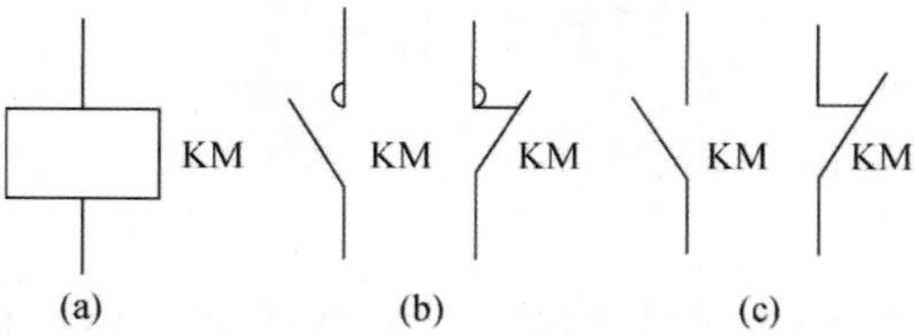

图1-23　接触器的图形符号

(a) 线圈；(b) 主触点；(c) 辅助触点

1）触点系统

接触器的触点系统受电磁机构控制而工作，用来接通或断开被控制的电路。触点系统包括主触点、辅助触点和触点弹簧。

辅助触点联接在控制电路中，流过信号电流。根据实际需要辅助触点有常开和常闭触点两种方式。常开（动合）触点是接触器在吸引线圈失电、衔铁未被吸引时，处于断开状态，而在吸引线圈通电时，处于闭合状态的触点。而常闭（动断）触点则相反。

主触点可制成单极、双极、三极、四极或五极，且多为常开触点。

触点弹簧的作用是使触点闭合时能紧密接触，减少触点间的接触电阻和触点通断时引起的跳动。

触点的结构形式很多，按其接触形式可分为三种：点接触桥式、面接触桥式和指形等结构形式，交流接触器一般采用双断点桥式触点结构。图 1-24(a)所示为点接触桥式触点，适用于电流不大且触点压力小的地方，如辅助触点；图 1-24(b)所示为面接触式的桥式触点，适用于大电流的地方，如主触点，而直流接触器一般采用单断点指形结构，如图 1-24(c)所示。

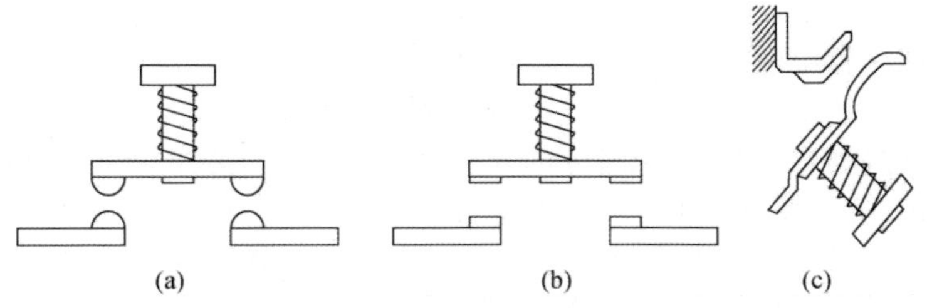

图 1-24　接触器的触点形式

(a) 点接触桥式；(b) 面接触桥式；(c) 指形

2）电磁机构

电磁机构由线圈、动铁心（衔铁）和静铁心组成，其作用是将电磁能转换成机械能，产生电磁吸力。当电磁机构吸引线圈通电后，产生的电磁吸力与磁通 Φ 的平方成正比，将衔铁吸合，带动触点工作；当线圈断电或电信号小到一定程度时，由反力弹簧作用使衔铁释放，触点复位。

(1) 交流接触器电磁机构。交流接触器的电磁机构由铁心、吸引线圈、衔铁等组成的 E 形电磁铁和反力弹簧（释放弹簧）构成，如图 1-25 所示。交流接触器的吸引线圈是一只交流电压线圈，这种电磁机构在作用原理上属“恒磁链”系统。因为是恒磁链（$N\Phi$：常数，其中 N 是线圈匝数），所以

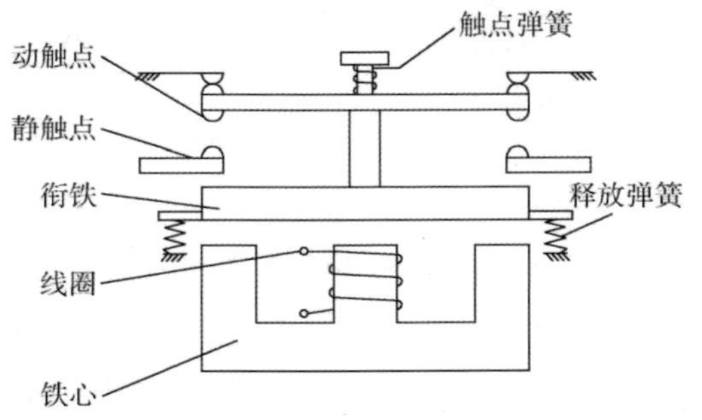

图 1-25　交流接触器的电磁机构

线圈通电后电磁铁产生的吸力 $F(F\propto\Phi^2)$ 恒定不变且与气隙 δ 的大小无关。但恒磁链系统电磁机构的线圈电流 I 正比于气隙 δ。因此，交流接触器在线圈刚通电、衔铁尚未吸合的瞬间，电流很大，一旦衔铁吸合，电流又自动下降到额定值。对交流接触器(或对恒磁链系统的电磁机构)来说，当衔铁卡住、衔铁吸合不紧密或操作频率过高时，都可能造成线圈发热以至烧坏。

交流接触器的线圈铁芯和衔铁由硅钢片叠成，以便减少铁损。而直流接触器的铁心和衔铁可用整块钢构成。交流接触器的吸引线圈因具有较大的交流阻抗，故线圈匝数比较少，且采用较粗的漆包铜线绕制。相比之下，直流接触器的线圈匝数较多，绕制的漆包线较细。

交流接触器的电磁铁心上必须装有短路环(见图 1-26)，以消除交流接触器工作时的振动和噪声。因为单相交流电所产生的磁通是脉动的，在一个周期内，磁通两次过零，吸力也过零，使衔铁发生振动，发出噪声。加装短路环后，线圈电流过零时，短路环中的磁通却不为零，电磁铁仍有吸力。如果此吸力大于反力，虽然吸力的脉动仍然存在，但衔铁的振动已消除。

(2) 直流接触器电磁机构。直流接触器的电磁机构中，吸引线圈是一只直流电压线圈，这种电磁机构作用原理属"恒磁势"系统。因为是恒磁势(IN=常数)，电磁机构工作过程中线圈电流 I 恒定不变，与气隙 δ 的大小无关。但恒磁势系统电磁机构的磁通 Φ 反比于气隙 δ，所以电磁吸力反比于气隙的平方($F\propto 1/\delta^2$)。因此，直流接触器的吸力在衔铁吸合前后变化很大，而线圈电流却不变。为了减少吸引线圈的功耗和发热，一般在直流接触器衔铁吸合后，在线圈中串入电阻以减少线圈电流。直流接触器电磁机构一般采用转动拍合式结构(见图 1-27)。

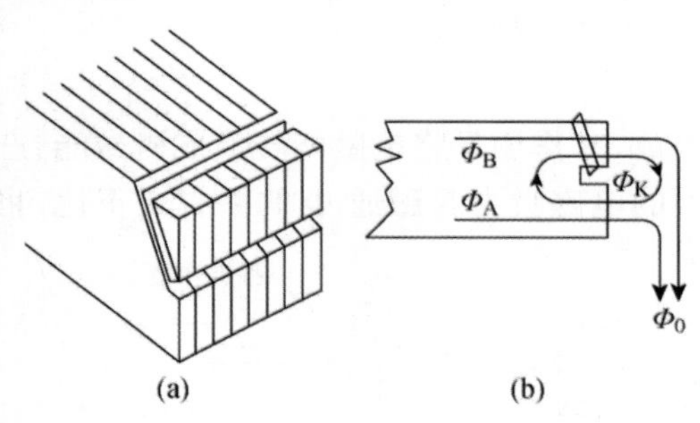

图 1-26　短路环

(a) 恒磁链机构；(b) 恒磁势机构

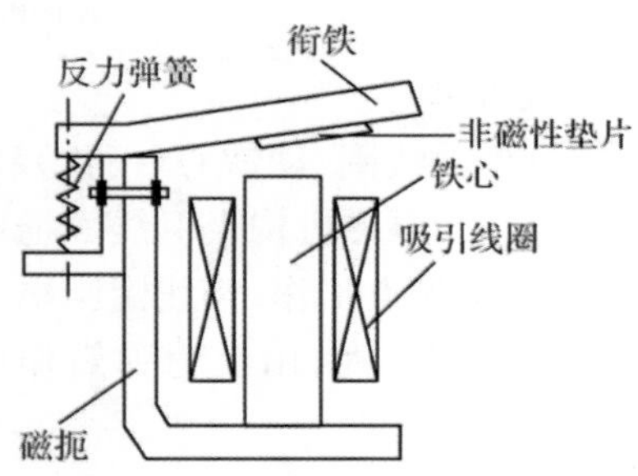

图 1-27　转动拍合式电磁机构

交直流接触器的吸力 F 与气隙 δ 的关系曲线 $F=f(\delta)$，称为吸力特性曲线。电流 I 与气隙 δ 的关系曲线 $I=f(\delta)$ 称为电流特性曲线。电磁机构的特性曲线如图 1-28 所示。

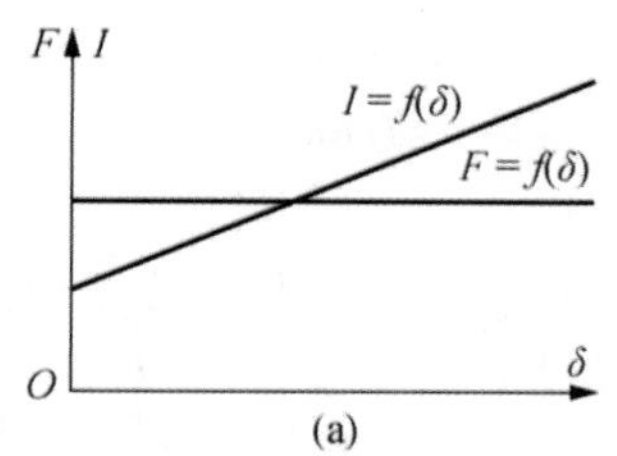

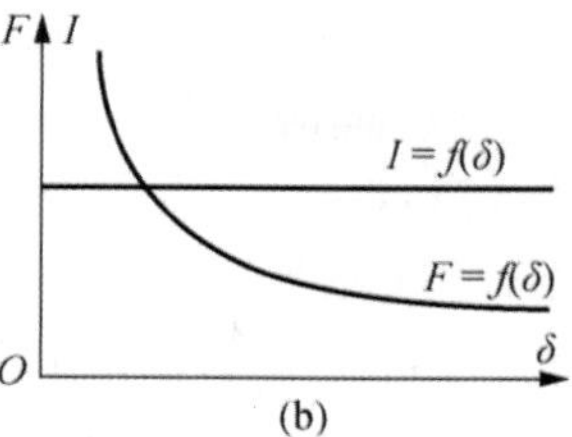

图 1-28　电磁机构的特性曲线

（a）恒磁链机构；（b）恒磁势机构

3）灭弧装置

接触器主触点在断开主电路时，产生的电弧会使切断电路的时间延长甚至会烧坏触点。为了减少电弧对触点的损伤，延长接触器的使用寿命，采用灭弧装置在触点断开时可靠熄灭电弧，典型的灭弧方法有栅片灭弧和磁吹灭弧，前者多用于交流接触器中，后者则应用于直流接触器中。

（1）栅片灭弧。栅片灭弧装置的原理如图 1-29 所示。灭弧栅片由镀铜的铁片（可制成方口形、尖口形或矩形）组成，按一定距离插装在陶瓷灭弧罩内。当触点断开时，电弧在电动力（在铁栅片下，电弧产生的磁通力从铁片中通过使电弧受到吸引力而被拉入灭弧栅中）和热空气流的作用下迅速进入灭弧罩内，被相互绝缘的栅片分隔成多段短电弧，这些短电弧被周围介质迅速冷却。此外，由于维持一段电弧燃烧必须要有一定的电压，被分割后的短电弧增大了整个电弧的电压降，使电源电压不能继续维持电弧燃烧，从而使电弧快速熄灭。因为交流电过零之后电弧不易再燃，灭弧栅非常适合作交流接触器的灭弧装置。

（2）磁吹灭弧。在直流接触器中广泛应用磁吹灭弧装置。如图 1-30 所示为串励磁吹灭弧装置原理图。灭弧线圈与触点串联，电弧在线圈磁场中受力向上运动。灭弧角与静触点连接，起引导电弧的作用。电弧由静触点向上转移到灭弧角，被拖长扩散而迅速冷却熄灭。这种串接励磁的优点是当触点电流反向时，磁吹力的作用不变。由于磁吹力与电流的平方成正比，电弧电流越大，灭弧能力就越强。在断开小电流时，由于磁吹力减弱将造成灭弧困难。

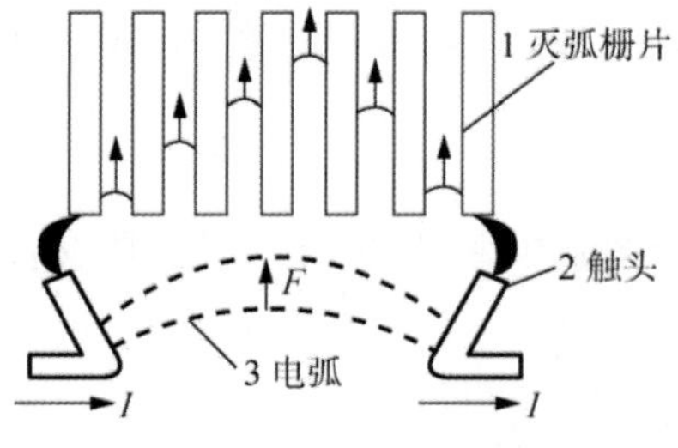

图 1-29　栅片灭弧装置原理

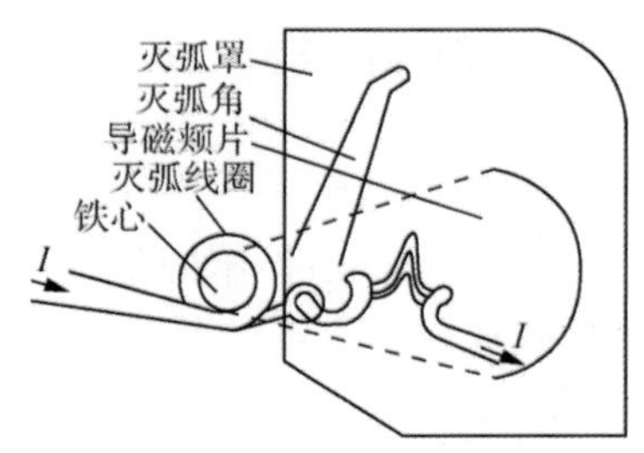

图 1-30　串励磁吹灭弧装置

除了上述的串接励磁外，还有并接励磁或永久磁铁励磁法，其优点是能得到恒定的磁吹力，缺点是具有方向性，当触点上电流反向时，磁吹力方向变反。

2. 接触器的工作原理

交流接触器工作原理如图 1-31 所示，电磁线圈接通电源后，线圈电流产生磁场，使静铁心产生足够的吸引力克服弹簧反作用力，将动铁心向左吸合，三对常开（动合）主触点闭合，同时常开（动合）辅助触点闭合，常闭（动断）辅助触点断开。当接触器线圈失电时，静铁心吸引力消失，动铁心在反作用弹簧力的作用下复位，各触点同时复位。

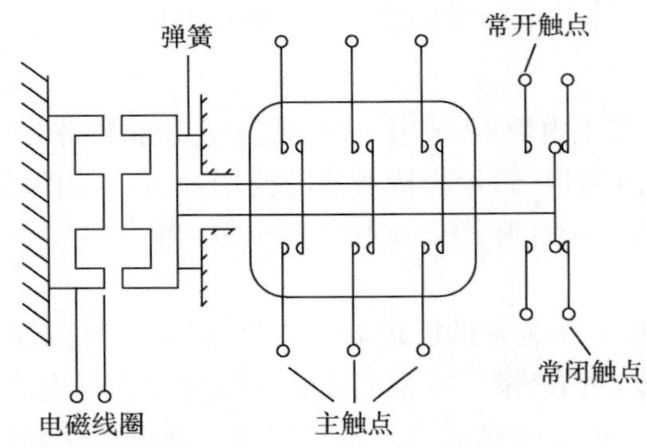

图 1-31　交流接触器工作原理

3. 接触器的技术参数

1) 额定电压

接触器的额定电压是指主触点的额定电压。交流有 220 V、380 V 和 660 V；直流有 110 V、220 V 和 440 V。

2) 额定电流

接触器的额定电流是指主触点的额定工作电流。目前常用电流等级为 10～1 000 A。

3) 吸引线圈的额定电压

交流有 36 V、127 V、380 V；直流有 24 V、48 V、220 V 和 440 V。

4) 额定操作频率

接触器的额定操作频率是指每小时允许的操作次数，一般为 360 次/h、600 次/h 和 1 200 次/h。

4. 接触器的选择

(1) 根据接触器所控制的负载性质来选择接触器的类型，即交流负载选用交流接触器，直流负载选用直流接触器。

(2) 接触器的触点数量和种类应满足主电路和控制电路的要求。

(3) 根据被控对象和工作参数如电压、电流、功率、频率等确定接触器的额定参数。

任务实施

1. 实训安全教育

安全无小事,在电气设备的实训操作中更是如此。在任务的实施过程中,每一个人都要严格遵守操作规程和规范,做到遵规守纪,这是尊重生命、尊重自我、尊重他人的一种表现。珍视生命、重视安全是每个人的义务,更是每个人的责任,让我们携手共进,共同维护好校园与课堂安全。

2. 接触器的认识

(1) 根据实物认识不同型号的接触器(见表 1-23)。

(2) 选择不同系列的接触器,完成拆卸安装,观察其内部结构。

表 1-23 接触器的认识

序号	实物图	型号	结构观察
1			
2			
3			

3. 接触器的检测

1) 检测项目

(1) 检查接触器线圈是否完好。

(2) 判断接触器线圈、主触点、常开辅助触点、常闭辅助触点的位置及质量好坏。

2) 检测方法

(1) 用万用表测量电磁线圈电阻,从而判断电磁线圈是否完好。

- 将万用表拨至电阻 $R\times100$ 挡(需调零)。
- 将万用表表笔分别接接触器线圈进线螺丝与线圈出线螺丝,测量电磁线圈电阻,若电阻为零，说明线圈短路；若电阻为无穷大，说明线圈开路；若测得电阻值为几百 Ω 左右，则为正常。（一般触点的额定电流越大，控制线圈的电阻越小。这是因为触点的额定电流越大，触点体积越大，只有控制线圈电阻小，线径更粗，才能流过更大的电流，并产生更强的磁场吸合触点。）

(2) 主触点、常开辅助触点与常闭辅助触点的位置及质量状况判断。

- 用万用表电阻 $R\times100$ 档。
- 两表笔点击任意两触点，若指针不动，则可能是常开触点对；若指针为零，则是常闭触点对。
- 若要确定判断是否正确，须按下机械按键。判断模拟接触器通电状态：若按下机械按键表针不动，说明这对触点不是常开触点对；若按下机械按键，表针指向零，说明这对触点是常开触点对；若按下机械按键，表针指向无穷大，说明这对触点是常闭触点对。

4. 完成检测任务

根据检测方法，完成检测任务，并与正常值进行比较，如果与正常值不同，则需要更换。思考损坏的元器件产生的原因(见表 1-24)。

表 1-24　各种型号接触器的检测

检 测 点	接线柱位置	电 阻 值		质 量 判 定
		动 作 前	动 作 后	
线圈				
主触点				
常开辅助触点				
常闭辅助触点				

5. 按 5S 管理要求清理工位

检测任务完成后，关闭电源，按 5S 管理要求清理工位台，清点并整理工具箱，将实训设备恢复到初始状态。

任务评价

学习任务评价如表 1-25 所示。

表 1-25　学习任务评价表

评价项目		评 价 内 容	评 价 标 准	分值	自评 10%	互评 30%	师评 60%
职业素养	劳动纪律	有时间观念，遵守实训规章制度	没有时间观念，不遵守实训规章制度扣 1～10 分	10			
	工作态度	认真完成学习任务，主动钻研专业技能	态度不认真，不能按指导老师要求完成学习任务扣 1～10 分	10			

（续表）

<table>
<tr><th colspan="2">评价项目</th><th>评 价 内 容</th><th>评 价 标 准</th><th>分值</th><th>自评
10%</th><th>互评
30%</th><th>师评
60%</th></tr>
<tr><td>职业素养</td><td>职业规范</td><td>遵守电工操作规程及规范；工作台面保持清洁，工具摆放整齐</td><td>不遵守电工操作规程及规范扣1～8分；工作台面脏乱，工具摆放无序扣1～2分</td><td>10</td><td></td><td></td><td></td></tr>
<tr><td rowspan="4">职业技能</td><td>元件识别</td><td>能正确识读各种型号的接触器</td><td>识读失误每次扣3分</td><td>15</td><td></td><td></td><td></td></tr>
<tr><td>结构拆装</td><td>能正确分析接触器结构</td><td>结构分析错误每处扣3分</td><td>15</td><td></td><td></td><td></td></tr>
<tr><td>元件检测</td><td>检测元器件</td><td>元器件检测失误每件扣5分</td><td>20</td><td></td><td></td><td></td></tr>
<tr><td>故障检测</td><td>(1) 能正确分析故障原因
(2) 能正确查找故障并排除</td><td>(1) 分析错误，每处扣3分
(2) 每少查出并少排除一个故障点，扣5分</td><td>20</td><td></td><td></td><td></td></tr>
<tr><td colspan="4">合　　计</td><td>100</td><td></td><td></td><td></td></tr>
<tr><td colspan="4">指导教师签字：</td><td colspan="4">年　　月　　日</td></tr>
</table>

知识小贴士

你知道安装接触器时应注意什么吗？

安装接触器时，其底面应与地面垂直，倾斜度小于5°，否则会影响接触器的工作特性。

任务2　中间继电器

任务描述

中间继电器在电路中主要起信号传递与转换作用，用它可实现多路控制，并可将小功率的控制信号转换为大容量的触点动作。那么中间继电器是如何实现这些功能的，本任务将在了解中间继电器结构的基础上探究其工作原理。

知识链接

1. 中间继电器的结构

中间继电器属于电磁式继电器的一种，其实质上是一种电压继电器，但它的触点数量较多，容量较小，是作为控制开关使用的电器。

中间继电器的结构和工作原理类似于接触器，它与接触器的主要区别在于：接触器的主触点可以通过大电流；中间继电器的触点组数多，并且没有主、辅之分，一般主要用于反应控制信号，其触点通常接在控制电路中；各组触点允许通过的电流大小是相同的，其额定电流约为 5 A，由于其触点容量较小，因此不需要灭弧装置。中间继电器外形、结构及符号如图 1-32 所示。

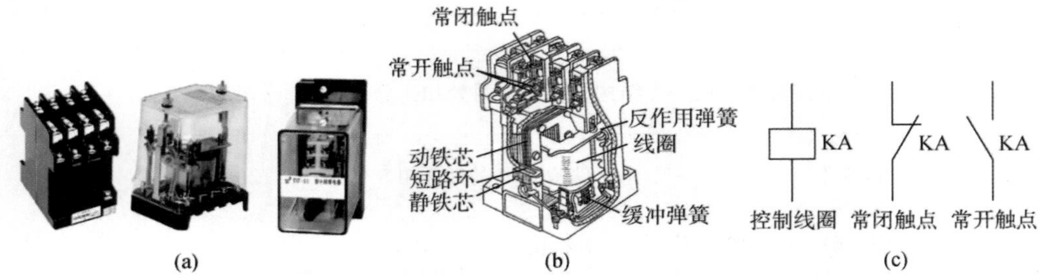

图 1-32　中间继电器外形、结构及符号示意
(a) 外形；(b) 结构；(c) 符号

2. 中间继电器的选用

在选用中间继电器时，主要考虑以下几个方面：

(1) 触点的额定电压和电流应等于或大于所接电路的电压和电流。

(2) 触点类型及数量应满足电路的要求。

(3) 绕组电压应与所接电路电压相同。

3. 中间继电器的用途

中间继电器根据其电磁线圈所用电源不同，分为直流和交流两种。其作用主要是在继电保护与自动控制系统中，用来扩展控制触点的数量和增加触点的容量；在控制电路中，用来传递信号(将信号同时传给几个控制元件)和同时控制多条线路。

任务实施

1. 实训安全教育

安全无小事，在电气设备的实训操作中更是如此。在任务的实施过程中，每一个人都要严格遵守操作规程和规范，做到遵规守纪，这是尊重生命、尊重自我、尊重他人的一种表现。珍视生命、重视安全，是每个人的义务，更是每个人的责任，让我们携手共进，共同维护好校园与课堂安全。

2. 中间继电器的认识

(1) 根据实物认识不同型号的中间继电器(见表 1-26)。

表 1-26 中间继电器的认识

序号	实物外形及拆分图	结构观察
1		
2		
3		

(2) 选择不同系列的中间继电器,完成拆卸安装,观察其内部结构。

3. 中间继电器的检测

1) 检测项目

(1) 检测中间继电器线圈是否完好。

(2) 判断中间继电器线圈、常开辅助触点、常闭辅助触点的位置及质量好坏的判断。

2) 检测方法

(1) 用万用表测量电磁线圈电阻,从而判断电磁线圈是否完好。

- 将万用表拨至电阻 $R\times100$ 挡(需调零)。
- 将万用表表笔分别接中断继电器线圈进线螺丝与线圈出线螺丝,测量电磁线圈电阻,若电阻为零,说明线圈短路;若电阻为无穷大,说明线圈开路;若测得电阻值为几百 Ω,则为正常。

(2) 常开辅助触点与常闭辅助触点的位置及质量状况判断。

- 用万用表电阻 $R\times100$ 挡。
- 两表笔点击任意两触点,若指针不动,则是常开触点对;若指针为零,则是常闭触点对。
- 若要确定判断是否正确,须按动机械按键,模拟中间继电器通电状态:若按下机械按键表针不动,说明这对触点不是常开触点对;若按下机械按键,表针指向零,说明这对触点是常开触点对;若按下机械按键,表针指向无穷大,说明这对触点是常闭触点对。

4. 完成检测任务

根据检测方法，完成检测任务；与正常值进行比较，如果与正常值不同，则需要更换；思考损坏的元器件产生的原因(见表 1-27)。

表 1-27　各种型号中间继电器的检测

检测点	接线柱位置	电阻值		质量判定
		动作前	动作后	
线圈				
常开辅助触点				
常闭辅助触点				

5. 按 5S 管理要求清理工位

检测任务完成后，关闭电源，按 5S 管理要求清理工位台，清点并整理工具箱，将实训设备恢复到初始状态。

任务评价

学习任务评价如表 1-28 所示。

表 1-28　学习任务评价表

评价项目		评价内容	评价标准	分值	自评 10%	互评 30%	师评 60%
职业素养	劳动纪律	有时间观念，遵守实训规章制度	没有时间观念，不遵守实训规章制度扣 1～10 分	10			
	工作态度	认真完成学习任务，主动钻研专业技能	态度不认真，不能按指导老师要求完成学习任务扣 1～10 分	10			
	职业规范	遵守电工操作规程及规范；工作台面清洁，工具摆放整齐	不遵守电工操作规程及规范扣 1～8 分；工作台面脏乱，工具摆放无序扣 1～2 分	10			
职业技能	元件识别	能正确识读各种型号的中间继电器	识读失误每次扣 3 分	15			
	结构拆装	能正确分析中间继电器结构	结构分析错误每处扣 3 分	15			
	元件检测	检测元器件	元器件检测失误每件扣 5 分	20			
	故障检测	(1) 能正确分析故障原因 (2) 能正确查找故障并排除	(1) 分析错误，每处扣 3 分 (2) 每少查出并少排除一个故障点，扣 5 分	20			
合计				100			
指导教师签字：				年	月	日	

任务3　时间继电器

任务描述

在影视剧中，我们经常会看到定时炸弹爆炸的场面，那么定时炸弹是如何实现时间控制功能的呢？本次任务将探究时间继电器的工作原理。

知识链接

时间继电器是一种利用电磁原理或机械动作原理来延迟触点闭合或分断的自动控制电器。它具有接收信号后触点延时动作的特点，一般用于以时间为函数的电动机启动过程控制。时间继电器有电磁式、空气阻尼式、电动式、钟摆式及半导体式等多种类型。时间继电器的图形符号如图1-33所示。下面就分别以JSJ系列和JS7A系列为例介绍一下半导体和空气阻尼式时间继电器的工作原理。

KT　KT 或　KT 或
(a)　(b)　(c)
KT　KT 或　KT 或
(d)　(e)　(f)

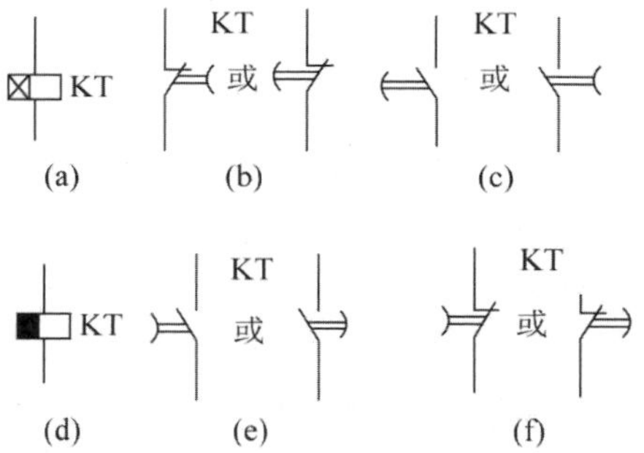

图1-33　时间继电器的图形符号

(a) 通电延时继电器线圈；(b) 延时断开的动断触点；(c) 延时闭合的动合触点；
(d) 断电延时继电器线圈；(e) 延时断开的动合触点；(f) 延时闭合的动断触点

1. 半导体时间继电器

半导体时间继电器又称电子式时间继电器。这类继电器机械结构简单，延时范围宽，经久耐用，得到广泛应用。JSJ系列半导体时间继电器工作原理如图1-34所示。

图1-34中C_1、C_2为滤波电容。当电源变压器接上电源，正、负半波由两个二次绕组分别向电容C_4充电，A点电位按指数规律上升。原始状态VT_1管导通、VT_2管截止。当A点电位高于B点电位，VT_1管截止、VT_2管导通，VT_2管集电极电流通过高灵敏继电器K的线圈，继电器K的触点输出信号，同时K的常闭触点断开充电电路，K的常开触点闭合使电容放电，为下次工作做好准备。调节电位器RW_1的数值，就可以改变延时的大小，此电路延时可达0.2～300 s。

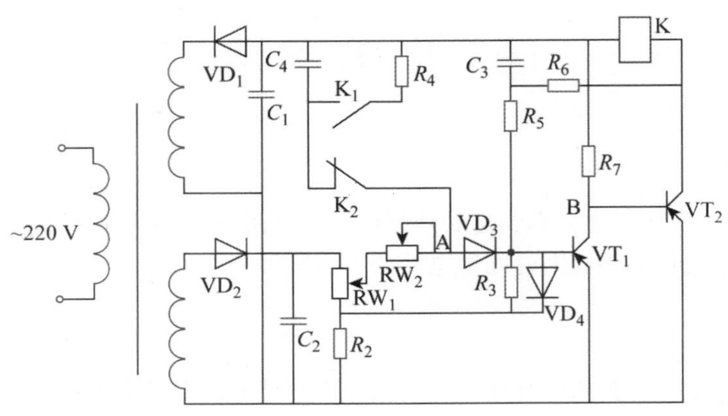

图 1-34　JSJ 系列半导导器工作原理

随着电子技术的发展，电子式时间继电器在时间继电器中已成为主流产品，采用大规模集成电路技术的电子智能式数字显示时间继电器，具有多种工作模式，不但可以实现长延时时间，而且延时精度高，体积小，调节方便，使用寿命长，使得控制系统更加简单可靠。

2. 空气阻尼式时间继电器

空气阻尼式时间继电器主要由电磁机构、工作触点(微动开关)、气室及传动机构等组成，它有通电延时与断电延时两种。图 1-35 所示为通电延时型空气阻尼式时间继电器结构原理图。当线圈通电时，衔铁被吸引，这时滑块因失去连杆的支托而在反力弹簧的作用下移动，由于橡皮膜运动时受到空气阻尼作用，活塞杆移动缓慢，滑块经过一定时间后，触动微动开关的推杆使其触点动作；当线圈断电时，衔铁在拉紧弹簧的作用下释放，推动活塞，使气室内的空气通过排气阀门迅速排出，触点瞬时复位。

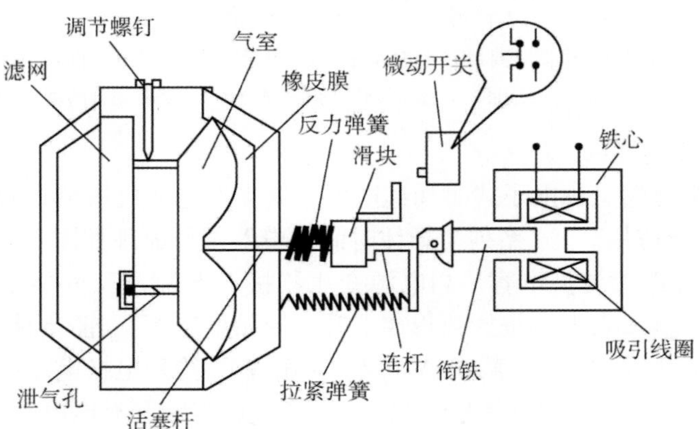

图 1-35　通电延时型空气阻尼式时间继电器结构示意

延时时间的长短与气室的进气量有关，调节螺钉可整定延时时间，延时范围在 0.4～180 s 之间。

3. 时间继电器的选用

在选用时间继电器时，主要考虑以下几个方面：

（1）延时方式的选择。时间继电器有通电延时和断电延时两种，应根据控制电路的要求选用。

（2）类型的选择。对延时精度要求不高的场合，一般采用价格较低的电磁式或空气阻尼式时间继电器；反之，对延时精度要求较高的场合，则可采用电子式时间继电器。

（3）线圈（或电源）的电流种类和电压等级的选择。选择应与控制电路相同。

（4）电源参数变化的选择。在电源电压波动大的场合，采用空气阻尼式或电动式时间继电器比采用晶体管式好；而在电源频率波动大的场合，不宜采用电动式时间继电器；在温度变化较大处，则不宜采用空气阻尼式时间继电器。

任务实施

1. 实训安全教育

安全无小事，在电气设备的实训操作中更是如此。在任务的实施过程中，每一个人都要严格遵守操作规程和规范，做到遵规守纪，这是尊重生命、尊重自我、尊重他人的一种表现。珍视生命、重视安全是每个人的义务，更是每个人的责任，让我们携手共进，共同维护好校园与课堂安全。

2. 时间继电器的认识

（1）根据实物认识不同型号的时间继电器。

（2）选择 JSZ3 型时间继电器，观察其外形、辨析其引脚功能。

① JSZ3 型时间继电器外形认识。

JSZ3 型时间继电器外形如图 1-36(a)所示，在其面板右下角有两个设置开关，通过这两个开关可以设定时间继电器的定时时间。如图 1-36(b)所示，开关在 2、4 位置时定时时间为 0～1 s，开关在 1、4 位置时定时时间为 0～10 s，开关在 2、3 位置时定时时间为 0～60 s，开关在 1、3 位置时定时时间为 0～6 min。使用者可以根据需要自行调整设定时间。

② JSZ3 型时间继电器引脚功能辨析。

如图 1-37 所示，对于不同型号的电子式时间继电器引脚所对应功能稍微不同：引脚 7 为线圈进（正极），引脚 2 为线圈出（负极）；有的时间继电器则既有延时触点，也有瞬时触点，还有复位触点；如图 1-37(a)所示，延时常开触点为 1、3 和 6、8，延时常闭触点为 1、4 和 5、8。

请自行分析图 1-37(b)、1-37(c)中引脚所对应的触点类型。

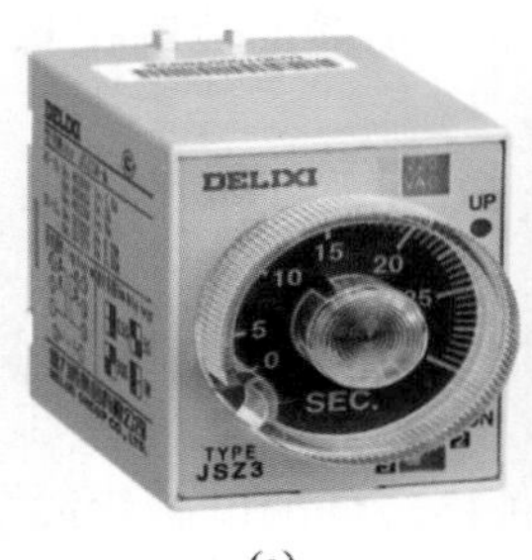

(a)

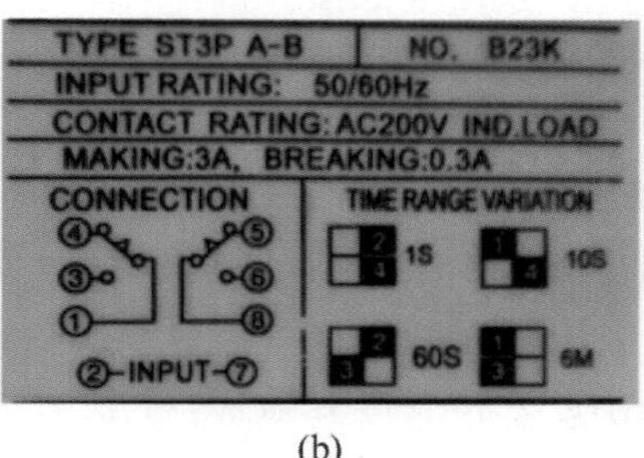

TYPE ST3P A-B	NO. B23K
INPUT RATING: 50/60Hz	
CONTACT RATING: AC200V IND.LOAD	
MAKING:3A, BREAKING:0.3A	
CONNECTION	TIME RANGE VARIATION
②-INPUT-⑦	1S 10S 60S 6M

(b)

(c)

图 1-36　电子式时间继电器

(a) 外形；(b) 侧面面板；(c) 时间继电器底座

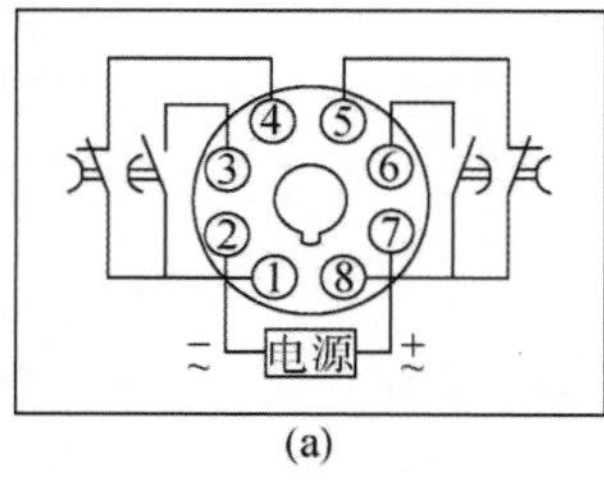

(a)

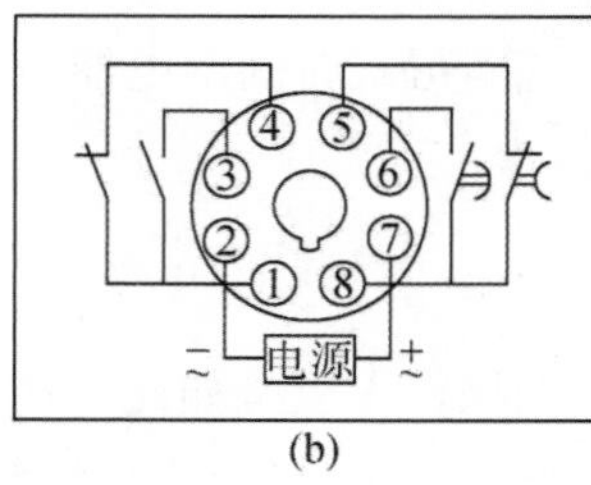

(b)

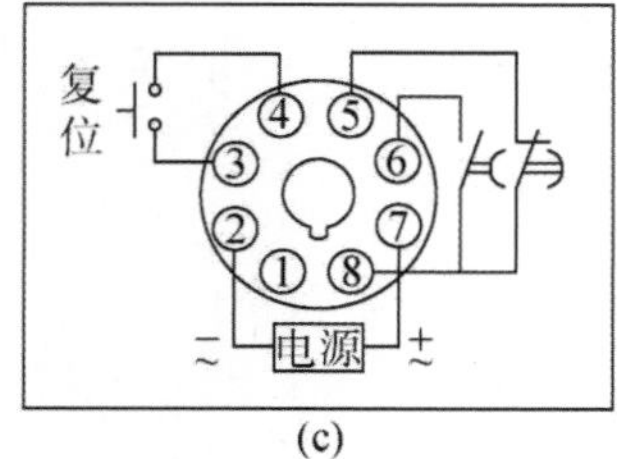

(c)

图 1-37　电子式时间继电器引脚图

(a) JSZ3A 型；(b) JSZ3C 型；(c) JSZ3F 型

3. 时间继电器延时特性的探究

1) 探究电路

电子式时间继电器延时特性探电路如图 1-38 所示。

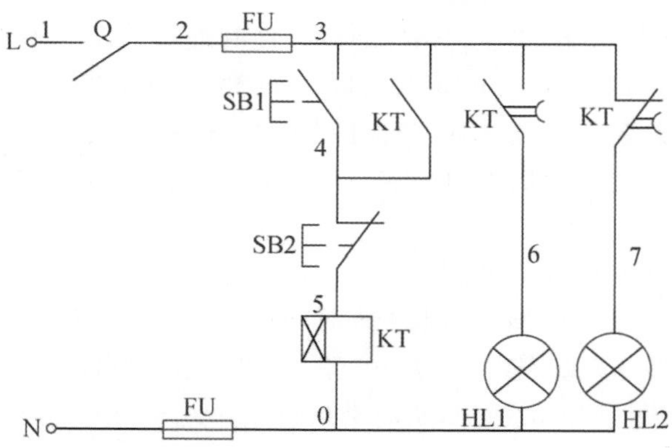

图 1-38　电子式时间继电器延时特性探究电路

2) 探究器材

根据探究电路，正确选择元器件的型号规格和数量并填写在元器件明细表中(见表 1-29)。

表 1-29　元器件明细表

序号	符号	元件实物图	名　　称	型　　号
1	QF	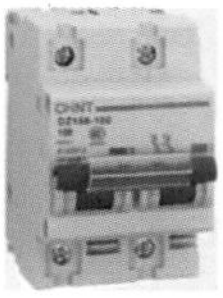		
2	FU			
3	KT			
4	SB			
5	XD			
6	—		万用表	

（续表）

序号	符号	元件实物图	名　称	型　号
7	—		工具	
8	—		导线	

3）线路安装

清点工具、分析电路，根据图 1-38 完成电路安装。确定安装导线的数量、位置（见表 1-30）。注意：本教材在线路的安装、检测、调试及故障排除等任务中均只考虑所涉及线路的控制电路，同时各测量数据也由编者所用实训装置设备型号测量得出，后续不再重复说明。

表 1-30　探究时间继电器延时线路接线表

线　号	根　数	位　置
0 号线		FU 出—KT 线圈出—HL1 出—HL2 出
1 号线		
2 号线		
3 号线		
4 号线		
5 号线		
6 号线		
7 号线		

4）线路检测

一般采用电阻法进行线路通电前检测，该测量法是断电测量，比较安全；缺点是测量电阻不太准确，特别是寄生电路对测量电阻影响较大。

电阻测量法：是通过测量电路电阻，判别电路情况的一种方法。电阻测量法主要有分阶测量法与分段测量法。

电阻分阶测量法：以电路某一点为基准点（一般选择起点、或终点）放置一表棒，另一表棒在回路中依次测量电阻，通过电阻测量，判别电路是否正常的方法。

分阶测量法步骤：检查时，先断开电源（或拆下熔断器），把万用表扳到电阻挡，按下 SB_1 不放；然后逐段分阶测量 1—2、1—3、1—4、1—5、1—0 各点的电阻值；当测量到某标号时，若电阻值与理论值不同，说明表棒刚跨过的触点或连接线有问题。电路采用分阶法测量的电路结果如表 1-31 所示。

表 1-31 电阻分阶测量法测量结果举例

位置	电阻值（正常）	电阻值（测量值）	故障点判断
1—2	0	0	
1—3	0	0	
1—4	0	∞	3—4 之间是故障点
1—5	0	∞	
1—0	1.4 kΩ	∞	

分阶测量法熟练后可以简化测量步骤：按下 SB_1 不放，测量 1—0 之间的电阻，对于如图 1-39 所示电路，如果正常，则其电阻应该为 1.4 kΩ 左右；如果不为该值，则存在故障，需逐段检查。

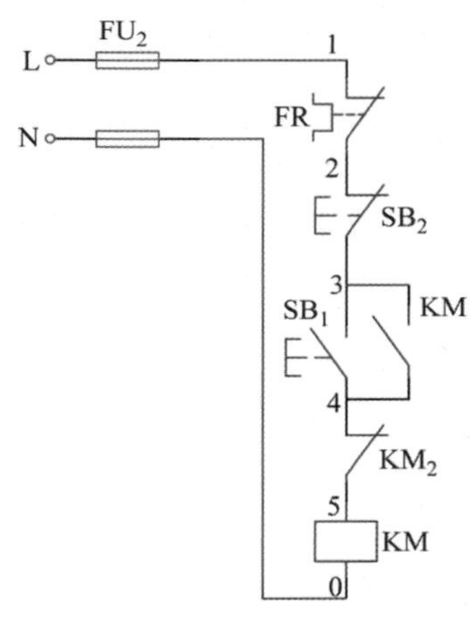

图 1-39 电阻分阶法测量电路示意

电阻分段测量法：把电路分成若干段，分别测量各段电阻，通过电阻测量，判别电路是否正常的方法。

分段测量法步骤：检查时，先断开电源（或拆下熔断器），把万用表扳到电阻挡，按下 SB_1 不放；然后逐段分阶测量 1—2、2—3、3—4、4—5、5—0 各点的电阻值；当测量到某标号时，若电阻值与理论值不同，说明表棒刚跨过的触点或连接线有问题。采用分段法测量结果如表 1-32 所示。

表 1-32 电阻分段测量法测量结果举例

位置	电阻值（正常）	电阻值（测量值）	故障点判断
1—2	0	0	
2—3	0	0	
3—4	∞（不按按钮）	∞	
3—4	0（按下按钮）	∞	3—4 之间是故障点

（续表）

位置	电阻值(正常)	电阻值(测量值)	故障点判断
4—5	0	0	
5—0	1.4 kΩ	1.4 kΩ	

采用电阻法测量图 1-38 时间继电器延时探究电路，如表 1-33 所示。

表 1-33　电阻分段测量法测量时间继电器延时探究电路结果

位置	电阻值(正常)	电阻值(测量值)	故障点判断
2—3	0		
3—4	∞(不按按钮)		
3—4	0(按下按钮)		
4—5	0(不按按钮)		
4—5	∞(按下按钮)		
5—0	∞(时间继电器线圈电路有电容器)		

如果测量结果与正常值相符，表示安装电路正确，可通电调试电路。

5) 通电调试

(1) 检查电路后在教师的指导下接通电源。

(2) 按照表 1-34 的操作顺序，观察时间继电器的动作。

表 1-34　时间继电器延时探究电路动作原理

序号	操　　作	动 作 线 圈	动 作 结 果
1	合上电源开关 QS		→指示灯 HL_2 亮
2	按下启动按钮 SB_1	→KT 线圈得电	→KT(常开)触点瞬时闭合，自锁
			→KT 常开触点延时闭合，指示灯 HL_1 亮
			→KT 常闭触点延时断开，HL_2 熄灭
3	按下停止按钮 SB_2	→KT 线圈失电	→指示灯 HL_1 熄灭，HL_2 亮
4	拉开电源开关 QS		

6) 按 5S 管理要求清理工位

电路调试完毕后，关闭电源；按 5S 管理要求清理工位台，清点并整理工具箱，经指导教师同意后，拆线，将电路安装板恢复到初始状态。

任务评价

学习任务评价如表 1-35 所示。

表 1-35　学习任务评价表

<table>
<tr><th colspan="2">评价项目</th><th>评 价 内 容</th><th>评 价 标 准</th><th>配分</th><th>自评
10%</th><th>互评
30%</th><th>师评
60%</th></tr>
<tr><td rowspan="3">职业素养</td><td>劳动纪律</td><td>有时间观念，遵守实训规章制度</td><td>没有时间观念，不遵守实训规章制度扣 1～10 分</td><td>10</td><td></td><td></td><td></td></tr>
<tr><td>工作态度</td><td>认真完成学习任务，主动钻研专业技能</td><td>态度不认真，不能按指导老师要求完成学习任务扣 1～10 分</td><td>10</td><td></td><td></td><td></td></tr>
<tr><td>职业规范</td><td>遵守电工操作规程及规范；工作台面保持清洁，工具摆放整齐</td><td>不遵守电工操作规程及规范扣 1～8 分；工作台面脏乱，工具摆放无序扣 1～2 分</td><td>10</td><td></td><td></td><td></td></tr>
<tr><td rowspan="4">职业技能</td><td>元器件选择及检测</td><td>(1) 根据电路图，选择元器件的型号规格和数量
(2) 元器件检测</td><td>(1) 接触器、熔断器、热继电器选择不当每处扣 2 分，其他元件选择不当每处扣 1 分
(2) 元器件检测失误每处扣 2 分</td><td>10</td><td></td><td></td><td></td></tr>
<tr><td>安装工艺</td><td>导线连接紧固、接触良好</td><td>接线松动，露铜、接触不良等每处扣 1 分</td><td>10</td><td></td><td></td><td></td></tr>
<tr><td>安装与调试</td><td>(1) 按图接线正确
(2) 能正确调整热继电器、时间继电器的整定值
(3) 通电试车一次成功
(4) 通电操作步骤正确</td><td>(1) 未按图接线，或线路功能不全每处扣 10 分
(2) 整定不当每处扣 2～4 分
(3) 一次不成功扣 10 分，三次不成功本项不得分
(4) 通电操作步骤不正确扣 2～10 分</td><td>30</td><td></td><td></td><td></td></tr>
<tr><td>故障检测</td><td>(1) 能正确分析故障原因
(2) 能正确查找故障并排除</td><td>(1) 分析错误，每处扣 3 分
(2) 每少查出并少排除一个故障点，扣 5 分</td><td>20</td><td></td><td></td><td></td></tr>
<tr><td colspan="4">合　　计</td><td>100</td><td></td><td></td><td></td></tr>
<tr><td colspan="5">指导教师签字：</td><td>年</td><td>月</td><td>日</td></tr>
</table>

知识小贴士

你知道怎样选择时间继电器吗？

时间继电器的类型一般是根据系统的延时范围和要求的延时精度来选择的，对于延时精度要求不高的场合，可以选择价格较低的空气阻尼式时间继电器；对于精度要求较高的场合，可选择电子式时间继电器。

任务4　速度继电器

任务描述

速度继电器顾名思义与速度有关，它是一种可以按照被控电动机转速的大小，使控制电路接通或断开的继电器。本任务将研究速度继电器的结构、动作原理及应用。

知识链接

速度继电器是传递转速信号的继电器，又称为反接制动继电器，主要与接触器配合，用于电动机的反接制动电路中。在机床控制电路中，常用的速度继电器有JY1型和JFZ0型两种系列。

1. 速度继电器的结构及工作原理

如图1-40所示，速度继电器转子与电动机轴相连，转轴上装有永久磁铁，圆环与转轴同心，并能独自转动，环上嵌有笼形绕组。当电动机轴转动时，带动永久磁铁转动，笼式环中感应电流，使圆环沿永久磁铁旋转方向转动（其转动原理与笼式异步电动机转子沿旋转磁场方向转动相同），带动环上固定的胶木摆锤转动一角度，使触点动作。胶木摆锤推动触点的同时，也压缩反力弹簧，其反作用阻止定子继续转动。当转子的转速下降到一定数值（100 r/min）时，电磁转矩小于反力弹簧的反作用力矩，定子返回原来位置，对应的触点恢复原始状态。调整反力弹簧的拉力即可改变触点动作的转速。

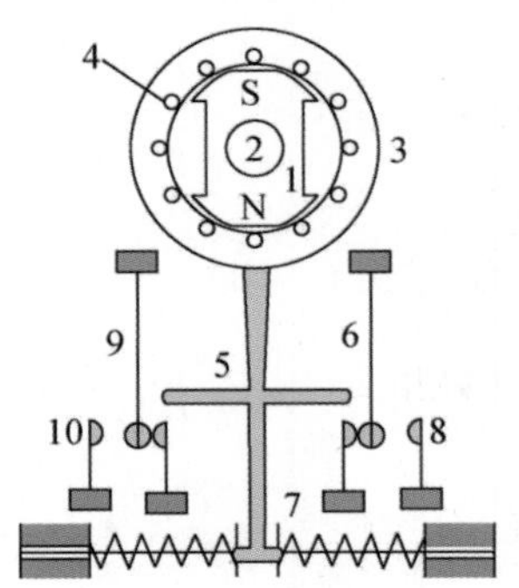

1-转子；2-电动机轴；3-定子；4-笼形绕组；
5-胶木摆锤；6、9-动触点；7-反力弹簧；8、10-静触头。

图1-40　速度继电器结构原理

2. 速度继电器的动作条件

一般速度继电器的动作转速为120 r/min，触点复位转速为100 r/min以下，当转速在3 000～3 600 r/min以下时，速度继电器能可靠动作。

速度继电器有两组常开触点和常闭触点，在转子顺时针旋转时，动触点9动作，常闭触点断开，常开触点（9～10）闭合；在转子逆时针旋转时，动触点6动作，常闭触点断开，常开触点（6～8）闭合。

速度继电器的外形和图形符号如图1-41所示。

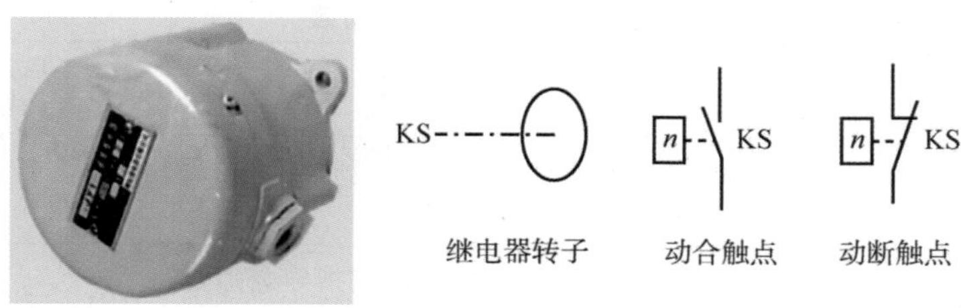

图 1-41　速度继电器外形和图形符号

任务实施

1. 实训安全教育

安全无小事，在电气设备的实训操作中更是如此。在任务的实施过程中，每一个人都要严格遵守操作规程和规范，做到遵规守纪，这是尊重生命、尊重自我、尊重他人的一种表现。珍视生命、重视安全是每个人的义务，更是每个人的责任，让我们携手共进，共同维护好校园与课堂安全。

2. 速度继电器的认识

(1) 根据实物认识速度继电器(见表 1-36)。

表 1-36　速度继电器的认识

序号	实物外形及拆分图	结 构 观 察
1		
2		

(2) 选择 JY1 型速度继电器，拆开其外壳，观察其内部结构。

3. 按 5S 管理要求清理工位

拆装任务完成后，关闭电源，按 5S 管理要求清理工位台，清点并整理工具箱，将实训设备恢复到初始状态。

任务评价

学习任务评价如表 1-37 所示。

表 1-37　学习任务评价表

评价项目		评价内容	评价标准	分值	自评 10%	互评 30%	师评 60%
职业素养	劳动纪律	有时间观念，遵守实训规章制度	没有时间观念，不遵守实训规章制度扣 1～10 分	10			
	工作态度	认真完成学习任务，主动钻研专业技能	态度不认真，不能按指导老师要求完成学习任务扣 1～10 分	10			
	职业规范	遵守电工操作规程及规范；工作台面保持清洁，工具摆放整齐	不遵守电工操作规程及规范扣 1～8 分；工作台面脏乱，工具摆放无序扣 1～2 分	10			
职业技能	元件识别	能正确识读速度继电器元件	识读失误每次扣 5 分	35			
	结构拆装	能正确分析速度继电器结构	结构分析错误每处扣 5 分	35			
合　计				100			
指导教师签字：					年	月	日

知识加油站

我国低压电器行业经历了 60 年左右的发展，从修配、仿制再到自主研发，已经迭代了四代产品，基本形成了较为完整的生产体系，整体品类已经超过了 1 000 个系列，生产企业达到 2 000 家左右。目前低压电器行业还是被施耐德、ABB、西门子等海外企业的产品垄断，国内部分低压电器企业已经掌握了第三代产品的核心技术和知识产权，正在进行第四代产品的研发与制造，这是我国制造业几代人共同努力的成果。但是我们也要看到，我国的制造业还任重道远，与制造强国相比较还有着相当大的差距，还需要后浪们共同奋斗。

低压电器四代产品的特点对比如表 1-38 所示。

表 1-38　低压电器四代产品的特点

代　际	研发时间	与国际比较	特　点
第一代	20 世纪 60 年代	相当于国际 20 世纪 50 年代水平	性能指标低、产品体积大、功能单一。目前已经基本淘汰
第二代	20 世纪 70 年代末至 80 年代末	相当于国际 20 世纪 70 年代水平	性能指标较第一代产品水平有较大提高，体积明显缩小，保护功能扩大，性能指标符合当时的国际标准(IEC)；第二代产品与第一代相比由于产品体积缩小，结构上可以适应成套装置的要求

（续表）

代　际	研 发 时 间	与国际比较	特　　点
第三代	20 世纪 90 年代	相当于国际 20 世纪 80 年代水平	具有高性能、小型化、电子化、智能化、模块化、多功能化、组合化的特点，目前已成为我国低压电器的主流产品。与第二代相比，电磁技术和芯片技术的应用使得低压电器开始具有智能化的功能
第四代	21 世纪至今	基本达到与接近国际水平	具有高性能、多功能、小体积、高可靠、绿色环保、节能与节材等特性，以及双向高速通信和智能控制等功能，包含了现场总线技术和微机处理器的大量应用

模块 5　保护电器

学习目标

知识目标：了解保护电器的外形、结构、符号。

技能目标：能分析保护电器的动作原理，会选择适用的保护电器；能根据安全操作规范的要求，对保护电器进行检测、维护和保养。

素养目标：在检测、维护和保养保护电器的过程中，培养脚踏实地、认真严谨的工作态度；将 5S 管理理念融于课堂、落实到学习生活中：提倡整理、整顿、清扫自己的书桌、学习用品与实验、实训工具、设备，养成良好的工作习惯。

任务 1　熔断器

任务描述

保护电器有什么作用，电气控制线路中一定需要保护电器吗？你知道最常见的保护电器是什么？在生产及日常生活中该如何正确应用、选择合适的保护电器呢？让我们一起开始探究与学习吧……

知识链接

保护电器是一类用于保护用电设备的装置，当电路出现短路、过电流、过电压等异常状况时，可以立即断开电路，从而避免烧毁电气设备或发生电气火灾等严重事故。因此保护电器是电气设备中不可缺少的一种重要电器。熔断器就是一种最常用的保护电器。

熔断器是一种利用熔化作用而切断电路的保护电器，在电路中主要起短路保护作用。

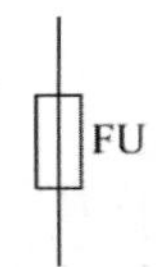

图 1-42　熔断器的图形符号

熔断器主要由熔体和熔断管两部分组成。其中熔体是主要部分，它既是敏感元件又是执行元件，因此熔断器结构比较简单。熔断器是一种简单而有效的保护电器，使用时，熔体串接于被保护的电路中，当电路发生短路故障时，熔体被瞬时熔断而分断电路，起到保护作用。图 1-42 所示为熔断器的图形符号。

1. 常用的熔断器

熔断器种类很多，通常可按热惯性（发热时间常数）分为无热惯性、大热惯性、小热惯性三种。热惯性越小，熔化越快；按熔体形状分为丝状、片状、笼状（栅状）三种；按支架结构分有插入式、螺旋式和管式两种，管式又分为有填料式与无填料式两种，填料采用石英砂等材料以增强灭弧能力。

1）插入式熔断器

插入式熔断器如图 1-43 所示，它常用于 380 V 及以下电压等级的线路末端，作为配电支线或电气设备的短路保护用。

2）螺旋式熔断器

螺旋式熔断器如图 1-44 所示，熔体的上端盖有一熔断指示器，一旦熔体熔断，指示器马上弹出，可透过瓷帽上的玻璃孔观察到，它常用于机床电气控制设备中。螺旋式熔断器分断电流较大，可用于电压等级 500 V 及其以下、电流等级 200 A 以下的电路中作短路保护用。

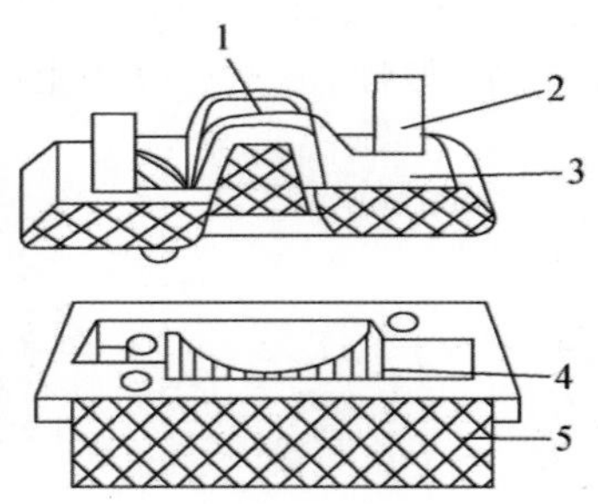

1-动触点；2-熔体；3-瓷插件；4-静触点；5-瓷座。

图 1-43　插入式熔断器

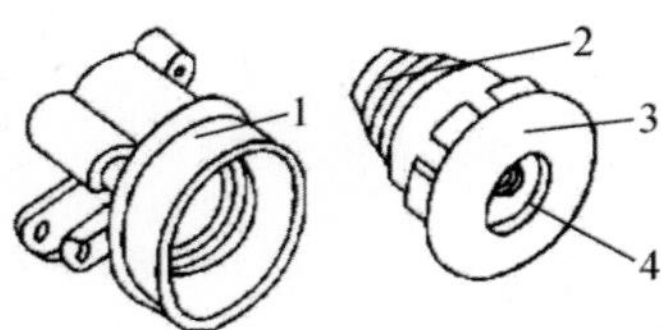

1-底座；2-熔体；3-瓷帽；4-玻璃窗。

图 1-44　螺旋式熔断器

3）封闭管式熔断器

封闭管式熔断器分无填料熔断器和有填料熔断器两种，如图 1-45 和图 1-46 所示。无填料密闭式熔断器将熔体装入密闭式圆筒中，分断能力稍小，用于 500 V 以下，600 A 以下电力网或配电设备中。有填料熔断器一般用方形瓷管，内装石英砂及熔体，分断能力强，用于电压等级 500 V 以下、电流等级 1 kA 以下的电路中。

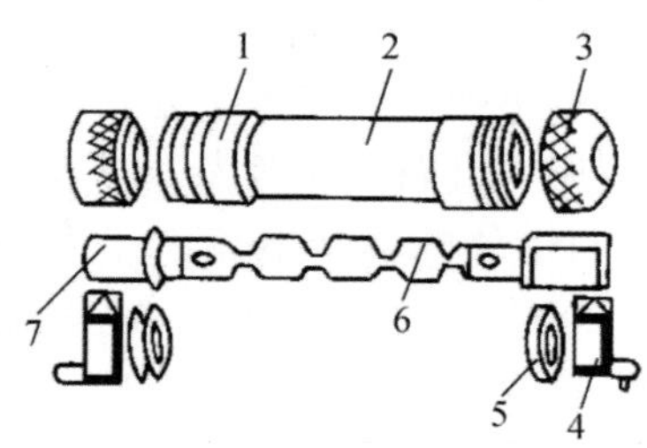

1-铜圈；2-熔断管；3-管帽；4-插座；
5-特殊垫圈；6-熔体；7-熔片。

图 1-45　无填料密闭管式熔断器

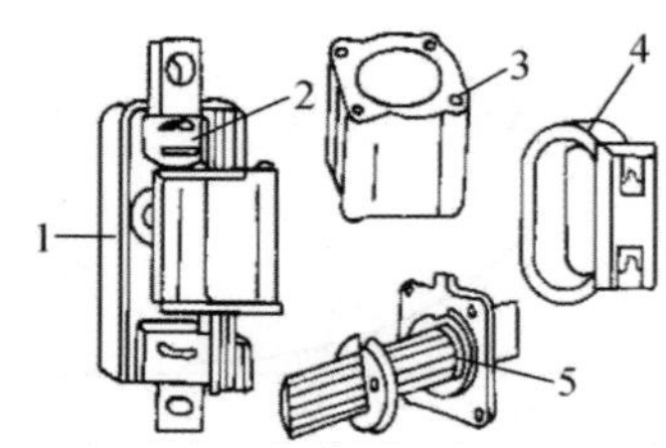

1-瓷底座；2-弹簧片；3-管体；
4-绝缘手柄；5-熔体。

图 1-46　有填料封闭管式熔断器

4）快速熔断器

快速熔断器如图 1-47 所示，主要用于半导体整流元件或整流装置的短路保护中。由于半导体元件的过载能力很低，只能在极短时间内承受较大的过载电流，因此要求短路保护具有快速熔断的能力。快速熔断器的结构和有填料封闭式熔断器基本相同，但熔体材料和形状不同，熔体的材质为纯银，形状为矩形薄片，且具有圆孔狭颈。

5）自复熔断器

自复熔断器如图 1-48 所示，采用金属钠作熔体，在常温下具有高电导率。当电路发生短路故障时，短路电流产生高温使钠迅速汽化，气态钠呈现高阻态，从而限制了短路电流。当短路电流消失后，温度下降，金属钠恢复原来的良好导电性能。自复熔断器只能限制短路电流，不能真正分断电路。其优点是不必更换熔体，能重复使用。

图 1-47　快速熔断器

图 1-48　自复熔断器

2. 熔断器的选择

熔断器用于不同负载，其额定电流的选择方法各有不同。

1）熔断器的安秒特性

熔断器的动作是靠熔体的熔断来实现的，当电流较大时，熔体熔断所需的时间就较短。而电流较小时，熔体熔断所需用的时间就较长，甚至不会熔断。因此对熔体来说，其动作电流和动作时间特性即熔断器的安秒特性为反时限特性，如图 1-49 所示。

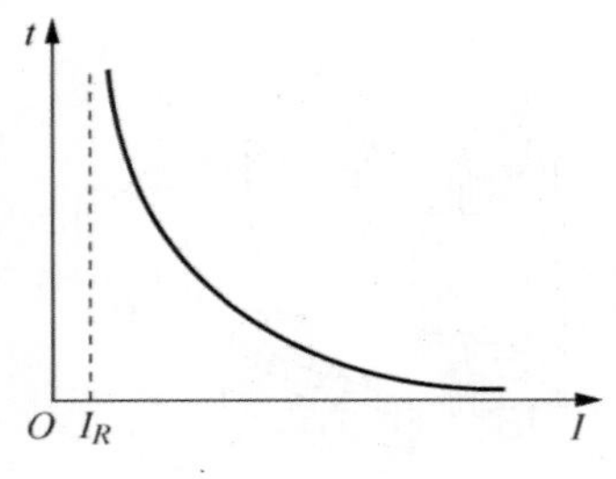

图 1-49 熔断器的安秒特性

每一熔体都有一最小熔化电流。相应于不同的温度，最小熔化电流也不同。虽然该电流受外界环境的影响，但在实际应用中可以不加考虑。一般定义熔体的最小熔断电流与熔体的额定电流之比为最小熔化系数，常用熔体的熔化系数大于 1.25，也就是说额定电流为 10 A 的熔体在电流 12.5 A 以下时将不会熔断。熔断电流与熔断时间之间的关系如表 1-39 所示。

表 1-39 熔断电流与熔断时间之间的关系

熔断电流	$1.25\sim1.3/I_N$	$1.6/I_N$	$2/I_N$	$2.5/I_N$	$3/I_N$	$4/I_N$
熔断时间	∞	1 h	40 s	8 s	4.5 s	2.5 s

从表 1-39 中可以看出，熔断器只能起到短路保护作用，不能起过载保护作用。如确需在过载保护中使用，必须降低其使用的额定电流，如 8A 的熔体用于 10A 的电路中，作短路保护兼作过载保护用，但此时的过载保护特性并不理想。

2) 熔断器的选择

熔断器主要依据负载的保护特性和短路电流的大小来选择。

对于容量小的电动机和照明支线，常采用熔断器作为过载及短路保护，因而希望熔体的熔化系数适当小些，通常选用铅锡合金熔体的 RQA 系列熔断器；对于较大容量的电动机和照明干线，则应着重考虑短路保护和分断能力，通常选用具有较高分断能力的 RM_{10} 和 RL_1 系列的熔断器；当短路电流很大时，宜采用具有限流作用的 RT_0 和 RTl_2 系列的熔断器。

熔体的额定电流可按以下方法选择。

(1) 保护无启动过程的平稳负载如照明线路、电阻、电炉等时，熔体额定电流略大于或等于负荷电路中的额定电流。

(2) 保护单台长期工作的电机，熔体电流可按最大启动电流选取，也可按下式选取：

$$I_{RN} \geqslant (1.5 \sim 2.5) I_N \tag{1-1}$$

式中，I_{RN} 为熔体额定电流；I_N 为电动机额定电流。如果电动机频繁启动，式(1-1)中的系数可适当加大至 3～3.5，具体应根据实际情况而定。

(3) 保护多台长期工作的电机(供电干线)

$$I_{RN} \geqslant (1.5 \sim 2.5) I_{N\max} + \Sigma I_N \tag{1-2}$$

式中，$I_{N\max}$ 指容量最大单台电机的额定电流；ΣI_N 其余电动机额定电流之和。

3) 熔断器的级间配合

为防止发生越级熔断、扩大事故范围，上、下级(即供电干、支线)线路的熔断器间应有良好配合。选用时，应使上级(供电干线)熔断器的熔体额定电流比下级(供电支线)的大 1～2 个级差。常用的熔断器有管式熔断器 R1 系列、螺旋式熔断器 RLl 系列、填料封闭式

熔断器 RT_0 系列及快速熔断器 RS_0、RS_3 系列等。

任务实施

1. 实训安全教育

安全无小事，在电气设备的实训操作中更是如此。在任务的实施过程中，每一个人都要严格遵守操作规程和规范，做到遵规守纪，这是尊重生命、尊重自我、尊重他人的一种表现。珍视生命、重视安全是每个人的义务，更是每个人的责任，让我们携手共进，共同维护好校园与课堂安全。

2. 熔断器的认识

(1) 根据实物认识不同型号的熔断器。

(2) 选择不同系列的熔断器，观察其结构。

3. 熔断器的检测

(1) 检测方法。用万用表电阻挡测量熔断器阻值，正常时，熔断器熔丝阻值为 0，若测得阻值为∞，则说明熔丝已经熔断。

(2) 选择不同型号的熔断器，完成检测任务。

4. 按 5S 管理要求清理工位

检测任务完成后，关闭电源，按 5S 管理要求清理工位台，清点并整理工具箱，将实训设备恢复到初始状态。

任务评价

学习任务评价如表 1-40 所示。

表 1-40　学习任务评价表

评价项目		评价内容	评价标准	分值	自评 10%	互评 30%	师评 60%
职业素养	劳动纪律	有时间观念，遵守实训规章制度	没有时间观念，不遵守实训规章制度扣 1～10 分	10			
	工作态度	认真完成学习任务，主动钻研专业技能	态度不认真，不能按指导老师要求完成学习任务扣 1～10 分	10			
	职业规范	遵守电工操作规程及规范；工作台面清洁，工具摆放整齐	不遵守电工操作规程及规范扣 1～8 分；工作台面脏乱，工具摆放无序扣 1～2 分	10			
职业技能	元件识别	能正确识读各种型号的熔断器	识读失误每次扣 3 分	15			
	结构拆装	能正确分析熔断器结构	结构分析错误每处扣 3 分	15			

（续表）

评价项目		评 价 内 容	评 价 标 准	分值	自评 10%	互评 30%	师评 60%
职业技能	元件检测	检测元器件	元器件检测失误每件扣 5 分	20			
	故障检测	(1) 能正确分析故障原因 (2) 能正确查找故障并排除	(1) 分析错误，每处扣 3 分 (2) 每少查出并少排除一个故障点，扣 5 分	20			
合　计				100			
指导教师签字：					年	月	日

任务 2　热继电器

任务描述

热继电器是一种控制保护电器，顾名思义它的动作原理与热效应有关，本任务将探究热继电器的结构、动作原理及它的动作值的整定方法。

知识链接

热继电器是利用电流的热效应来推动动作机构，使控制电路分断，从而切断主电路的电气元件，它适用于交流电动机的过载及断相保护。

1. 热继电器的外形、结构及符号

热继电器的外形及结构如图 1-50 所示，其结构包含以下几个方面。

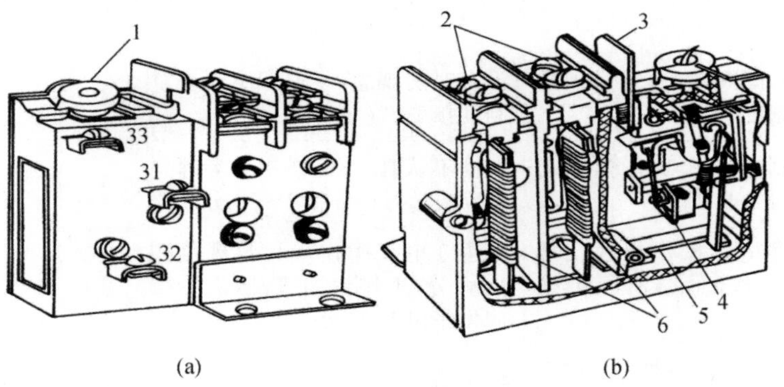

1-电流整定装置；2-主电路接线柱；3-复位按钮；4-常闭触点；5-动作机构；6-热元件；31-常闭触点接线柱；32-公共动触点接线柱；33-常开触点接线柱。

图 1-50　热继电器

(a) 外形；(b) 结构图

（1）热元件共有两片，是热继电器的主要部分，它是由双金属片及围绕在双金属片外面的电阻丝组成的。

（2）动作机构是利用杠杆传递及弹簧跳跃式机构完成触点动作的。

（3）复位机构有手动和自动两种形式，可根据使用要求自行选择调整。

（4）电流整定装置是通过旋钮和偏心轮来调节整定电流值的。

热继电器符号如图 1-51 所示。

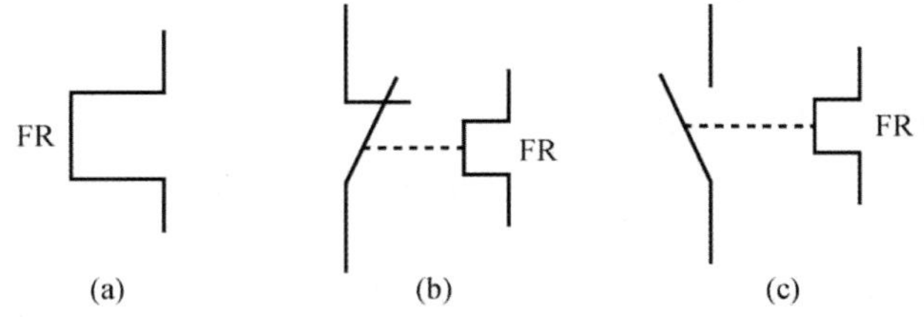

图 1-51　热继电器符号

（a）热元件；（b）常闭触点；（c）常开触点

2. 热继电器的工作原理

热继电器动作原理如图 1-52 所示。双金属片由两种膨胀系数不同的金属片牢固轧焊在一起，膨胀系数大的称为主动层，小的称为被动层，在电流热效应的作用下，主动层向被动层方向弯曲。当电动机过载时，过载电流经发热元件发出的热量传到双金属片上，使双金属片受热向上弯曲，右端脱开杠杆，在弹簧的作用下杠杆逆时针旋转，带动触点动作，从而切断电动机的控制电路。热继电器脱扣后，经过一段时间冷却可自动或手动复位。热继电器的工作特性为反时限特性。

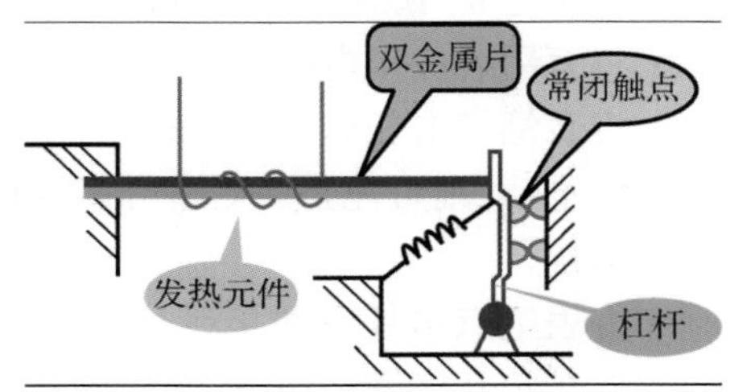

图 1-52　热继电器动作原理

3. 热继电器主要参数

热继电器主要参数包含热继电器额定电流、相数、热元件额定电流、整定电流及调节范围等。

4. 热继电器的选择

选择热继电器时主要根据电动机定子绕组的联结方式来确定热继电器的型号，在三相异步电动机电路中，对 Y 联结的电动机可选用两相或三相结构的热继电器，一般采用两相结构，即在两相主电路中串接热元件。但对于定子绕组为△联结的电动机必须采用带断相保护的热继电器。

任务实施

1. 实训安全教育

安全无小事，在电气设备的实训操作中更是如此。在任务的实施过程中，每一个人都

要严格遵守操作规程和规范，做到遵规守纪，这是尊重生命、尊重自我、尊重他人的一种表现。珍视生命、重视安全是每个人的义务，更是每个人的责任，让我们携手共进，共同维护好校园与课堂安全。

2. 热继电器的认识

(1) 根据实物认识不同型号的热继电器。

(2) 选择典型热继电器，完成拆卸安装，观察其内部结构。

3. 热继电器的检测

1) 检测项目

(1) 判定热元件主接线柱位置及其质量好坏。

(2) 判定常闭触点接线柱和常开触点接线柱位置及质量好坏。

2) 检测方法

(1) 判定热元件主接线柱位置及其质量好坏：

- 将万用表拨至电阻 $R\times10$ 挡(需调零)；
- 通过表笔接触主接线柱任意两点，由于热元件的阻值比较小(接近于 0 Ω)，若测得阻值为 0 Ω，说明这两点是热元件的一对接线柱，且热元件质量完好；若测得阻值为∞，则说明这两点不是热元件的一对接线柱，或者热元件已经损坏。

(2) 判定常闭触点接线柱和常开触点接线柱位置及质量好坏：

- 将万用表拨至电阻 $R\times10$ 挡(需调零)；
- 将表笔点击任意两接线柱，若测得电阻为 0 Ω，说明这是一对常闭触点接线柱；若指针不动，则可能是一对常开触点接线柱，如需确定，需拨动机械按键，模拟热继电器动作；
- 将表笔点击任意两接线柱，拨动机械按键，若指针从无穷大指向零，说明这对接线柱是常开接线柱；若指针从零指向无穷大，说明这对接线柱是常闭接线柱；若指针不动，说明不是一对接线柱。

4. 完成检测任务

根据检测方法，完成检测任务。与正常值进行比较，如果与正常值不同，则需要更换；思考损坏的元器件产生的原因。各种型号热继电器的检测情况如表 1-41 所示。

表 1-41 各种型号热继电器的检测

检测点	位置	电阻值		质量判定
		动作前	动作后	
热元件主接线柱				
常开触点接线柱				
常闭触点接线柱				

5. 按5S管理要求清理工位

检测任务完成后，关闭电源，按5S管理要求清理工位台，清点并整理工具箱，将实训设备恢复到初始状态。

任务评价

学习任务评价如表1-42所示

表1-42 学习任务评价表

评价项目		评价内容	评价标准	分值	自评10%	互评30%	师评60%
职业素养	劳动纪律	有时间观念，遵守实训规章制度	没有时间观念，不遵守实训规章制度扣1～10分	10			
	工作态度	认真完成学习任务，主动钻研专业技能	态度不认真，不能按指导老师要求完成学习任务扣1～10分	10			
	职业规范	遵守电工操作规程及规范；工作台面保持清洁，工具摆放整齐	不遵守电工操作规程及规范扣1～8分；工作台面脏乱，工具摆放无序扣1～2分	10			
职业技能	元件识别	能正确识读各种型号的热继电器	识读失误每次扣3分	15			
	结构拆装	能正确分析热继电器结构	结构分析错误每处扣3分	15			
	元件检测	检测元器件	元器件检测失误每件扣5分	20			
	故障检测	(1) 能正确分析故障原因 (2) 能正确查找故障并排除	(1) 分析错误，每处扣3分 (2) 每少查出并少排除一个故障点，扣5分	20			
合计				100			
指导教师签字：					年	月	日

知识小贴士

热继电器能否用作短路保护元件？

热继电器不能执行短路保护，因为要使双金属片加热到一定温度（这是需要时间积累的），热继电器才会动作，当热元件流过脉冲电流甚至短路电流时，热继电器也可能不会立即动作。

任务3　电压继电器

任务描述

电压继电器从结构上来说属于电磁式继电器，本任务将从电磁式继电器的结构出发探究电压继电器的工作原理。

知识链接

1. 电磁式继电器的结构

电磁式继电器的结构和工作原理类似于接触器，只是其触点容量较小，没有灭弧装置。电磁式继电器也有交直流之分，交流继电器的铁心用硅钢片叠成，磁极端面装有短路铜环。直流继电器的铁心用整块钢制成，没有短路环。电磁式继电器结构原理如图 1-53 所示。电磁式继电器装上不同型式的电压线圈或电流线圈，可构成电压继电器、电流继电器等。

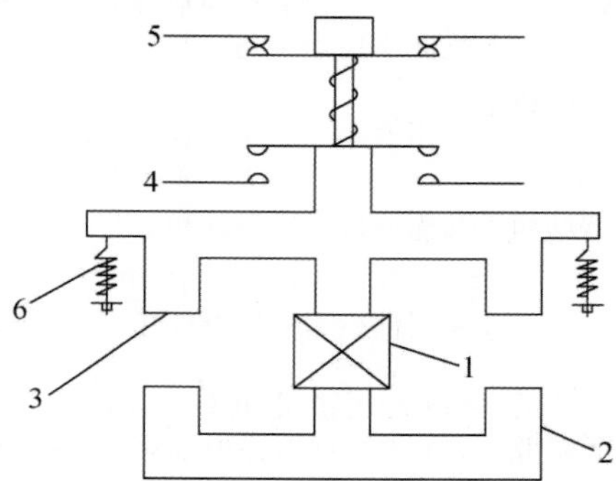

1-电磁线圈；2-铁心；3-衔铁；4-常开触点；5-常闭触点；6-复位弹簧。

图 1-53　电磁式继电器结构原理示意

2. 电压继电器

电压继电器用于电力拖动系统的电压保护和控制。其线圈并联接入主电路，感测主电路的线路电压；触点接于控制电路，为执行元件。图 1-54 为电压继电器的图形符号。

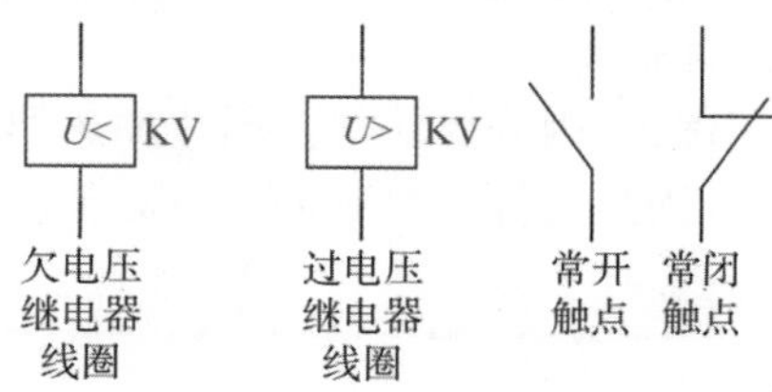

图 1-54　电压继电器的图形符号

按吸合电压的大小，电压继电器可分为过电压继电器和欠电压继电器。

1) 过电压继电器

过电压继电器(KV)用于线路的过电压保护，其吸合整定值为被保护线路额定电压的1.05～1.2倍。当被保护的线路电压正常时，衔铁不动作；当被保护线路的电压高于额定值，达到过电压继电器的整定值时，衔铁吸合，触点机构动作，控制电路失电，控制接触器及时分断被保护电路。

2) 欠电压继电器

欠电压继电器(KV)用于线路的欠电压保护，其释放整定值为线路额定电压的0.1～0.6倍。当被保护线路电压正常时，衔铁可靠吸合；当被保护线路电压降至欠电压继电器的释放整定值时，衔铁释放，触点机构复位，控制接触器及时分断被保护电路。零电压继电器是当电路电压降低到额定电压的5%～25%时释放，对电路实现零电压保护。用于线路的失压保护。

任务实施

1. 实训安全教育

安全无小事，在电气设备的实训操作中更是如此。在任务的实施过程中，每一个人都要严格遵守操作规程和规范，做到遵规守纪，这是尊重生命、尊重自我、尊重他人的一种表现。珍视生命、重视安全，是每个人的义务，更是每个人的责任，让我们携手共进，共同维护好校园与课堂安全。

2. 电压继电器的认识

(1) 根据实物认识不同型号的电压继电器。

(2) 选择典型电压继电器，完成拆卸安装，观察其内部结构。

3. 电压继电器的检测

1)检测项目

(1) 线圈阻值测量及其质量好坏判定。

(2) 常闭触点和常开触点阻值测量及质量好坏判定。

2) 检测方法

(1) 线圈阻值测量及其质量好坏判定：

- 将万用表拨至电阻 $R\times100$ 挡(需调零)；
- 通过表笔接触线圈任意两接线柱，测量线圈阻值，并与正常值比较，确定该接线柱是否为线圈接线柱，同时确定线圈质量好坏；若测得其阻值为无穷大，则线圈已断路损坏；若测得其阻值低于正常值很多，则线圈内部有短路故障；如果线圈有局部短路，则用此方法不易发现。

(注：不同型号的电压继电器的线圈阻值一般为25 Ω～2 kΩ。额定电压低的电压继电器线圈的阻值较低，额定电压高的电压继电器线圈的阻值较高。)

(2) 常闭触点和常开触点阻值测量及质量好坏判定：

• 两表笔点击任意两触点，若指针不动，则可能是常开触点对；若指针为零，则是常闭触点对；

• 若要确定判断是否正确，要看这个继电器是否能使用手动方式去推动吸合部分，如果能推动的，则可以模拟继电器通电状态：若按下机械按键表针不动，说明这对触点不是常开触点对；若按下机械按键，表针指向零，说明这对触点是常开触点对，若按下机械按键，表针指向无穷大，说明这对触点是常闭触点对。如果不能采用手动方式，则需直接给线圈接上一个工作电压，让继电器得电动作，再测量继电器的两种触点状态是否改变了，即可判定触点是否正常。

4. 完成检测任务

根据检测方法，完成检测任务；与正常值进行比较，如果与正常值不同，则需要更换；思考损坏的元器件可能的损坏原因。各种型号电压继电器的检测情况如表 1-43 所示。

表 1-43　各种型号电压继电器的检测

检测点	位置	电阻值		质量判定
		动作前	动作后	
线圈				
常开辅助触点				
常闭辅助触点				

5. 按 5S 管理要求清理工位

检测任务完成后，关闭电源，按 5S 管理要求清理工位台，清点并整理工具箱，将实训设备恢复到初始状态。

任务评价

学习任务评价如表 1-44 所示。

表 1-44　学习任务评价表

评价项目		评价内容	评价标准	分值	自评 10%	互评 30%	师评 60%
职业素养	劳动纪律	有时间观念，遵守实训规章制度	没有时间观念，不遵守实训规章制度扣 1～10 分	10			
	工作态度	认真完成学习任务，主动钻研专业技能	态度不认真，不能按指导老师要求完成学习任务扣 1～10 分	10			
	职业规范	遵守电工操作规程及规范；工作台面保持清洁，工具摆放整齐	不遵守电工操作规程及规范扣 1～8 分；工作台面脏乱，工具摆放无序扣 1～2 分	10			

（续表）

评价项目		评 价 内 容	评 价 标 准	分值	自评 10%	互评 30%	师评 60%
职业技能	元件识别	能正确识读各种型号的电压继电器	识读失误每次扣 3 分	15			
	结构拆装	能正确分析电压继电器结构	结构分析错误每处扣 3 分	15			
	元件检测	检测元器件	元器件检测失误每件扣 5 分	20			
	故障检测	(1) 能正确分析故障原因 (2) 能正确查找故障并排除	(1) 分析错误，每处扣 3 分 (2) 每少查出并少排除一个故障点，扣 5 分	20			
合　　计				100			
指导教师签字：					年	月	日

任务 4　电流继电器

任务描述

电流继电器与电压继电器一样，从结构上来说同属于电磁式继电器，本任务将探究电流继电器的工作原理。

知识链接

电流继电器用于电力拖动系统的电流保护和控制。其线圈串联接入主电路中，用来感测主电路的线路电流；触点接于控制电路，为执行元件。电流继电器反映的是电流信号。常用的电流继电器有欠电流继电器和过电流继电器两种。如图 1-55 所示为电流继电器的图形符号。

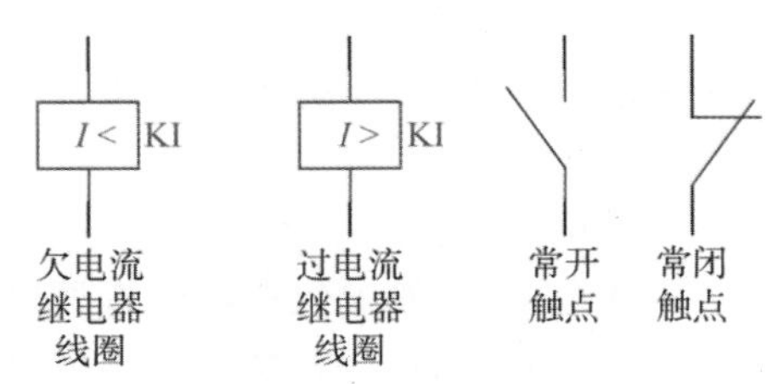

图 1-55　电流继电器的图形符号

欠电流继电器（KI）用于电路的欠电流保护，吸引电流为线圈额定电流的 30%～65%，释放电流为额定电流的 10%～20%，因此，在电路正常工作时，衔铁是吸合的，只有当电流降低到某一整定值时，继电器释放，控制电路失电，从而控制接触器及时分断电路。

过电流继电器（KI）在电路正常工作时不动作，整定范围通常为额定电流的 1.1～4 倍，当被保护线路的电流高于额定值，达到过电流继电器的整定值时，衔铁吸合，触点机构动作，控制电路失电，从而控制接触器及时分断电路。对电路起过流保护作用。

任务实施

1. 实训安全教育

安全无小事，在电气设备的实训操作中更是如此。在任务的实施过程中，每一个人都要严格遵守操作规程和规范，做到遵规守纪，这是尊重生命、尊重自我、尊重他人的一种表现。珍视生命、重视安全是每个人的义务，更是每个人的责任，让我们携手共进，共同维护好校园与课堂安全。

2. 电流继电器的认识

(1) 根据实物认识不同型号的电流继电器。

(2) 选择典型电流继电器，完成拆卸安装，观察其内部结构。

3. 电流继电器的检测

1) 检测项目

(1) 测量线圈阻值及其质量好坏判定。

(2) 测量常闭触点和常开触点阻值及质量好坏判定。

2) 检测方法

(1) 测量线圈阻值及其质量好坏判定：

- 将万用表拨至电阻 $R\times 10$ 挡(需调零)；
- 通过表笔接触线圈任意两接线柱，测量线圈阻值，并与正常值比较，确定该接线柱是否为线圈接线柱，同时确定线圈质量好坏；若测得其阻值为无穷大，则线圈已断路损坏；若测得其阻值低于正常值很多，则线圈内部有短答路故障；如果线圈有局部短路，则用此方法不易发现。

(注：不同型号的电流继电器的线圈阻值一般为 25 Ω～2 kΩ。)

(2) 测量常闭触点和常开触点阻值及质量好坏判定：

- 两表笔点击任意两触点，若指针不动，则可能是常开触点对；若指针为零，则是常闭触点对；
- 若要确定判断是否正确，要看这个继电器是否能使用手动方式去推动吸合部分，如果能推动的，则可以模拟继电器通电状态：若按下机械按键表针不动，说明这对触点不是常开触点对；若按下机械按键，表针指向零，说明这对触点是常开触点对，若按下机械按键，表针指向无穷大，说明这对触点是常闭触点对。如果不能采用手动方式，则需直接给线圈接上一个工作电压，让继电器得电动作，再测量继电器的两种触点状态是否改变了，即可判定触点是否正常。

4. 选择典型电流继电器，完成检测任务

根据检测方法，完成检测任务；与正常值进行比较，如果与正常值不同，则需要更换；思考损坏的元器件产生的原因。各种型号电流继电器的检测情况如表 1-45 所示。

表 1-45　各种型号电流继电器的检测

检 测 点	位　　置	电 阻 值		质量判定
		动 作 前	动 作 后	
线圈				
常开辅助触点				
常闭辅助触点				

5. 按 5S 管理要求清理工位

检测任务完成后，关闭电源，按 5S 管理要求清理工位台，清点并整理工具箱，将实训设备恢复到初始状态。

任务评价

学习任务评价如表 1-46 所示。

表 1-46　学习任务评价表

评价项目		评 价 内 容	评 价 标 准	分值	自评 10%	互评 30%	师评 60%
职业素养	劳动纪律	有时间观念，遵守实训规章制度	没有时间观念不遵守实训规章制度扣 1～10 分	10			
	工作态度	认真完成学习任务，主动钻研专业技能	态度不认真，不能按指导老师要求完成学习任务扣 1～10 分	10			
	职业规范	遵守电工操作规程及规范；工作台面保持清洁，工具摆放整齐	不遵守电工操作规程及规范扣 1～8 分；工作台面脏乱，工具摆放无序扣 1～2 分	10			
职业技能	元件识别	能正确识读各种型号的电流继电器	识读失误每次扣 3 分	15			
	结构拆装	能正确分析电流继电器结构	结构分析错误每处扣 3 分	15			
	元件检测	检测元器件	元器件检测失误每件扣 5 分	20			
	故障检测	(1) 能正确分析故障原因 (2) 能正确查找故障并排除	(1) 分析错误，每处扣 3 分 (2) 每少查出并少排除一个故障点，扣 5 分	20			
合　　计				100			
指导教师签字：					年	月	日

模块6　其他常用低压电器

学习目标

知识目标：了解典型继电器等其他常用低压电器的外形、结构、符号。

技能目标：能分析典型继电器等其他常用低压电器的动作原理，会选择适用的典型继电器等其他常用低压电器；能根据安全操作规范的要求，对典型继电器等进行检测、维护和保养。

素养目标：在检测、维护和保养典型继电器的过程中，培养精益求精、追求卓越的工匠精神；将5S管理理念融于课堂、落实到学习生活中：提倡整理、整顿、清扫自己的书桌、学习用品与实验、实训工具、设备，养成良好的工作习惯。

任务1　常用典型继电器

任务描述

生产、生活中怎样才能把一些电量或非电量信号如温度、压力等的变化反映到控制线路中，从而调整控制线路的工作状态呢？本任务将通过探究干簧继电器、固态继电器、温度继电器及可编程通用逻辑控制继电器的基本结构及工作原理，来回答这些问题……

知识链接

继电器是根据电量（如电流、电压）或非电量（如时间、温度、压力、转速等）的变化而通断控制线路的电器，常用于信号传递和多个电路的扩展控制。

1. 干簧继电器

干簧继电器是一种具有密封触点的电磁式继电器，它可以反映电压、电流、功率以及电流极性等信号，在检测、自动控制、计算机控制技术等领域中应用广泛。

1）干簧继电器的结构及工作原理

干簧继电器主要由干式舌簧片与励磁线圈组成。干式舌簧片（触点）是密封的，由铁镍合金做成，舌片的接触部分通常镀有贵重金属（如金、铑、钯等），接触良好，具有优良的导电性能。触点密封在充有氮气等惰性气体的玻璃管中，因而有效地防止了尘埃的污染，减少了触点的腐蚀，提高了工作可靠性。干簧继电器结构原理如图1-56所示。

当线圈通电后，管中两个舌簧片的自由端分别被磁化成N极和S极而相互吸引，因而接通被控电路。线圈断电后，干簧片在本身的弹力作用下分开，将线路切断。

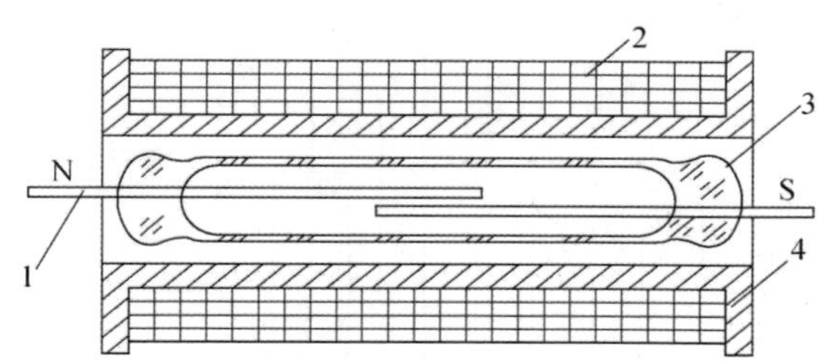

1-舌簧片;2-线圈;3-玻璃管;4-骨架。

图 1-56　干簧继电器结构原理图

2）干簧继电器的特点

干簧继电器结构简单、体积小、吸合功率小、灵敏度高，一般吸合与释放时间均在 0.5～2 ms 以内。触点密封，不受尘埃、潮气及有害气体污染，动片质量小，动程小，触点电寿命长，一般动作次数可高达 10^7 次左右。

3）干簧继电器的用途

干簧继电器可以用永磁体来驱动，反映非电信号，用作限位及行程控制以及非电量检测等。主要部件为干簧继电器的干簧水位信号器，适用于工业与民用建筑中的水箱、水塔及水池等开口容器的水位控制和水位报警。

2. 固态继电器

固态继电器是具有隔离功能的无触点电子开关，在开关过程中无机械接触部件，因此固态继电器除具有与电磁继电器一样的功能外，还具有其自身的特点。

1）固态继电器的结构

固态继电器有三部分组成:输入电路，隔离(耦合)和输出电路。按输入电压的不同类别，输入电路可分为直流输入电路，交流输入电路和交直流输入电路三种。有些输入控制电路还具有与 TTL/CMOS 兼容，正负逻辑控制和反相等功能。

固态继电器的输入与输出电路的隔离和耦合方式有光电耦合和变压器耦合两种。固态继电器的输出电路也可分为直流输出电路，交流输出电路和交直流输出电路等形式。交流输出时，通常使用两个可控硅或一个双向可控硅，直流输出时可使用双极性器件或功率场效应管。如图 1-57 所示为光电耦合式双向可控硅输出工作原理图。

2）固态继电器的特点

固态继电器具有逻辑电路兼容，耐振、耐机械冲击，安装位置无限制，良好的防潮防霉防腐蚀等性能;在防爆和防止臭氧污染方面的性能也极佳，同时还具有输入功率小，灵敏度高，控制功率小，电磁兼容性好，噪声低和工作频率高等特点。

3）固态继电器的用途

专用的固态继电器可以具有短路保护、过载保护和过热保护功能，与组合逻辑固化封装就可以实现用户需要的智能模块，直接用于控制系统中。

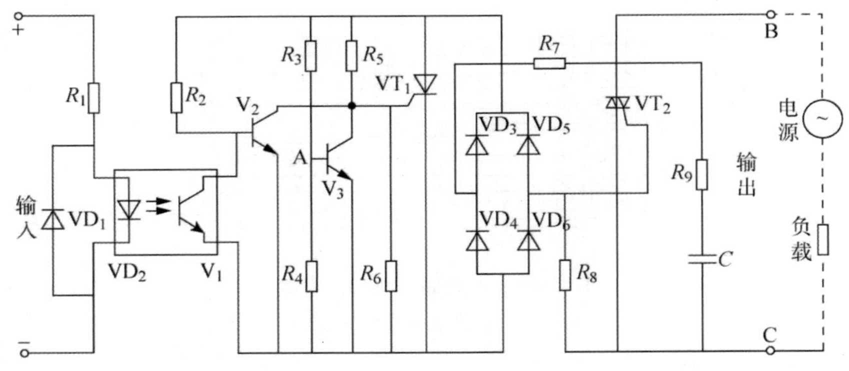

图 1-57　固态继电器的工作原理

3. 热敏电阻式温度继电器

温度继电器又称温度开关，用于当测量点的温度达到设定值时给出一个控制信号。一个热敏电阻只能检测一相电动机绕组的温度，因此，一台三相电动机至少需要三个热敏电阻。每相绕组的各部分温升不会完全相同，热敏电阻应埋在温升最高的绕组端部，当发生匝间、相间的断路或接地故障时，绕组各处的温差很大，如果埋设的热敏电阻并非处于过热部位，则保护就会失效。因此对于大中型电动机和某些特种电动机，可在每相绕组的几个地方埋设热敏电阻。热敏电阻并联组成的温度继电器电路如图 1-58 所示。

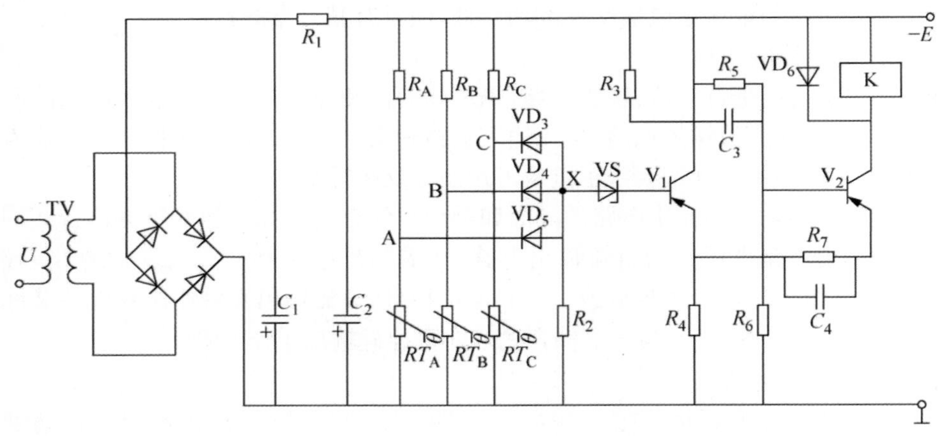

图 1-58　热敏电阻并联组成的温度继电器电路图

4. 可编程通用逻辑控制继电器

可编程通用逻辑控制继电器是近年来发展应用的一种新型通用逻辑控制继电器，亦称通用逻辑控制模块。它是将控制程序预先存储在内部存储器中，用户程序采用梯形图或功能图等语言编程来实现。按钮、开关等输入开关量信号通过执行程序对输入信号进行逻辑运算、模拟量比较、计时、计数等。另外还有显示参数、通信、仿真运行等功能，其内部软件功能和编程软件可替代传统逻辑控制器件及继电器电路，并具有很强的抗干扰抑制能力。

可编程通用逻辑控制继电器其硬件是标准化的，要改变控制功能只需改变程序即可。因此，在继电逻辑控制系统中，可以“以软代硬”替代其中的时间继电器、中间继电器、计数器等，以简化线路设计，并能完成较复杂的逻辑控制，甚至可以完成传统继电逻辑控制方式无法实现的功能。因此，广泛应用在工业自动化控制系统、小型机械和装置、建筑电器等系统的控制方面，如智能建筑中适用于照明系统、取暖通风系统、门、窗、栅栏和出入口等的控制。可编程通用逻辑控制继电器实物如图 1-59 所示。

图 1-59　可编程通用逻辑控制继电器实物

任务实施

1. 实训安全教育

安全无小事，在电气设备的实训操作中更是如此。在任务的实施过程中，每一个人都要严格遵守操作规程和规范，做到遵规守纪，这是尊重生命、尊重自我、尊重他人的一种表现。珍视生命、重视安全是每个人的义务，更是每个人的责任，让我们携手共进，共同维护好校园与课堂安全。

2. 常用典型继电器的认识

(1) 根据实物认识不同型号的常用典型继电器。

(2) 选择常用典型继电器，观察其结构。

3. 干簧继电器与固态继电器的检测

1) 检测项目

(1) 干簧继电器的检测。

(2) 固态继电器的检测。

2) 检测方法

(1) 干簧继电器的检测：

- 静止状态的检测，将万用表置于“R×1”挡(需调零)，两个表笔分别接干簧继电器的两个引脚，测量的阻值应为无穷大；
- 动做状态的检测，用一块小磁铁靠近干簧继电器，此时万用表指针应向右摆至零，说明两个簧片已接通，然后将小磁铁移开干簧继电器，万用表指针应向左回摆至无穷大。

测试时，若磁铁靠近干簧继电器时，万用表指针不动或摆不到零位，说明其内部簧片不能很好地吸合，表明该簧片间隙过大或已发生位移；若移开磁铁后，簧片不能断开，说明该簧片弹性已经减弱，这样的干簧继电器就不能使用。

（2）固态继电器的检测：

- 输入、输出端引脚及其质量的判别，在交流固态继电器的输入端，一般标有“＋”“－”字样，而在其输出端则不分正、负；在直流固态继电器的输入和输出端上均标有“＋”“－”，并注有“DC 输入”和“DC 输出”的字样，以示区别；
- 用万用表检测时，可使用“R×1 k”挡，分别测量 4 个引脚间的正、反向电阻值。其中必能测出一对管脚间的电阻值符合正向导通、反向截止的特点（二极管），据此便可判定这两个管脚为固态继电器的输入端；其他各管脚间的电阻值，则无论怎样测量均应为无穷大；
- 对于直流固态继电器，找到其输入端后，一般与其横向两两相对的便是输出端的正极和负极；
- 有些固态继电器的输出端带有保护二极管，如直流五端器件，测试时，可先找出输入端的两个引脚，然后采用测量其余 3 个引脚间正、反向电阻值的方法，以区别公共地、输出正端和输出负端。

4. 选择典型干簧继电器、固态继电器，完成检测任务

根据检测方法，完成检测任务；与正常值进行比较，如果与正常值不同，则需要更换；思考损坏的元器件可能的损坏原因。干簧继电器的检测如表 1-47 所示，固态继电器的检测如表 1-48 所示。

表 1-47　干簧继电器的检测

检 测 项 目	现　　象	质 量 判 定
静止状态		
动作状态		

表 1-48　固态继电器的检测

检 测 项 目	现　　象	判 定 方 法
输入输出引脚判断		

5. 按 5S 管理要求清理工位

检测任务完成后，关闭电源，按 5S 管理要求清理工位台，清点并整理工具箱，将实训设备恢复到初始状态。

任务评价

学习任务评价如表 1-49 所示。

表 1-49　学习任务评价表

评价项目		评价内容	评价标准	分值	自评 10%	互评 30%	师评 60%
职业素养	劳动纪律	有时间观念，遵守实训规章制度	没有时间观念，不遵守实训规章制度扣 1～10 分	10			
	工作态度	认真完成学习任务，主动钻研专业技能	态度不认真，不能按指导老师要求完成学习任务扣 1～10 分	10			
	职业规范	遵守电工操作规程及规范；工作台面保持清洁，工具摆放整齐	不遵守电工操作规程及规范扣 1～8 分；工作台面脏乱，工具摆放无序扣 1～2 分	10			
职业技能	元件识别	能正确识读常用典型继电器	识读失误每次扣 3 分	15			
	结构拆装	能正确分析常用典型继电器	结构分析错误每处扣 3 分	15			
	元件检测	检测元器件	元器件检测失误每件扣 5 分	20			
	故障检测	(1) 能正确分析故障原因 (2) 能正确查找故障并排除	(1) 分析错误，每处扣 3 分 (2) 每少查出并少排除一个故障点，扣 5 分	20			
合　计				100			
指导教师签字：					年	月	日

任务 2　电磁制动器

任务描述

你知道电磁制动器的作用吗，它能用在什么地方，它的结构和工作原理又是怎样的？让我们一起来探究、学习吧……

知识链接

电磁制动器是一种常用的低压执行电器，它能够根据控制系统的输出要求，实现电动机的机械制动，令电气设备停止。常见的电磁制动器有圆盘式和抱闸式两种。

1. 圆盘式电磁制动器

如图 1-60(a)所示，当电动机运转时，电磁刹车线圈通电，产生吸力，将静摩擦片（即电磁铁的衔铁）吸住，使其与动摩擦片相脱开，于是电动机可自由旋转。停车时，刹车线圈失电，静摩擦片被反作用弹簧紧压到安装在电动机轴上的动摩擦片上，产生摩擦力矩，迫使电动机停转，如图 1-60(b)所示。

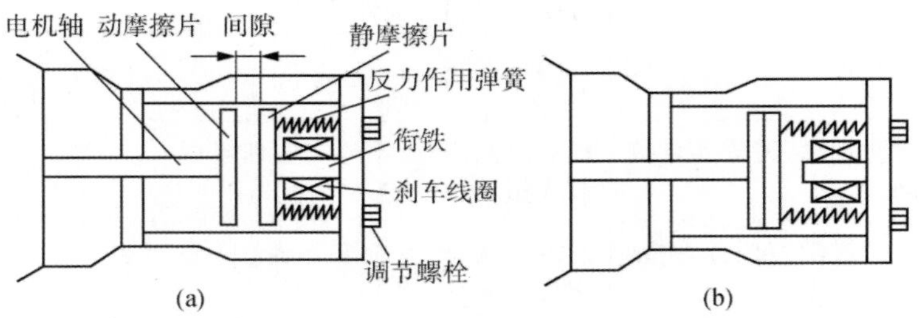

图 1-60　圆盘式电磁制动器

(a) 松闸时;(b) 制动时

调整制动器外壳上的螺栓,可以改变反作用弹簧制动力矩,但必须注意所有螺栓要调得均匀,否则会使摩擦片歪斜、气隙不均匀,出现噪声大、振动大等现象。

圆盘式电磁制动器工作时静、动摩擦片之间的间隙通常在 2～6 mm 之间,间隙过小,容易造成松闸时静、动摩擦片之间的擦碰;间隙过大,则在制动时产生较大机械碰撞。

2. 抱闸式电磁制动器

抱闸式电磁制动器又叫电磁抱闸,其制动原理与圆盘式电磁制动器相仿。它由制动电磁铁和制动闸瓦制成。当制动电磁铁线圈通电后,产生吸力,使抱闸闸瓦松开,电动机便能自由转动;当线圈断电时,闸瓦在弹簧力作用下,将电动机闸轮刹住,使电动机迅速停转。抱闸式电磁制动器如图 1-61 所示。

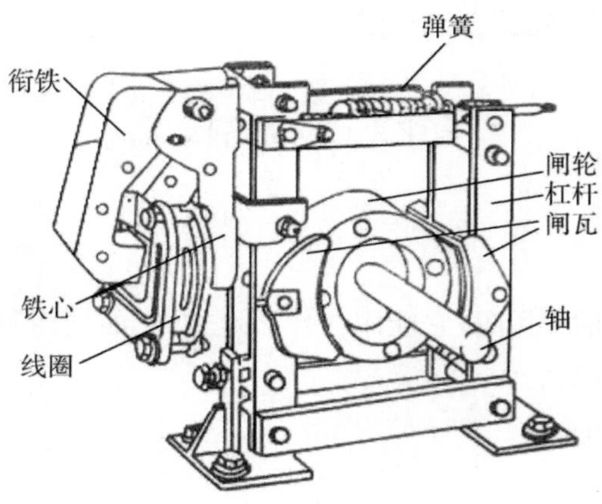

图 1-61　抱闸式电磁制动器

任务实施

1. 实训安全教育

安全无小事,在电气设备的实训操作中更是如此。在任务的实施过程中,每一个人都要严格遵守操作规程和规范,做到遵规守纪,这是尊重生命、尊重自我、尊重他人的一种表现。珍视生命、重视安全是每个人的义务，更是每个人的责任，让我们携手共进，共同维护好校园与课堂安全。

2. 根据实物认识不同型号的常用电磁制动器

(1) 根据实物认识不同型号的常用电磁制动器。

(2) 选择常用电磁制动器，拆开其外壳，观察其内部结构。

3. 按 5S 管理要求清理工位

拆装任务完成后，关闭电源，按 5S 管理要求清理工位台，清点并整理工具箱，将实训设备恢复到初始状态。

任务评价

学习任务评价如表 1-50 所示。

表 1-50 学习任务评价表

评价项目		评价内容	评价标准	分值	自评 10%	互评 30%	师评 60%
职业素养	劳动纪律	有时间观念，遵守实训规章制度	没有时间观念，不遵守实训规章制度扣 1～10 分	10			
	工作态度	认真完成学习任务，主动钻研专业技能	态度学习不认真，不能按指导老师要求完成学习任务扣 1～10 分	10			
	职业规范	遵守电工操作规程及规范；工作台面保持清洁，工具摆放整齐	不遵守电工操作规程及规范扣 1～8 分；工作台面脏乱，工具摆放无序扣 1～2 分	10			
职业技能	元件识别	能正确识读常用电磁制动器	识读失误每次扣 5 分	35			
	结构拆装	能正确分析常用电磁制动器结构功能	结构分析错误每处扣 5 分	35			
合计				100			
指导教师签字：					年	月	日

任务 3 软启动器

任务描述

你知道怎样让三相异步电动机转起来吗，通常对它的启动有什么要求？软启动器有什么功能，它是怎样工作的？让我们带着这些问题开启探究之旅吧……

知识链接

在民用和工业工程电动设备中，最常用的就是三相异步电动机，这一类的电机如果直接连接供电系统(硬启动)，将会产生高达电机额定电流 5～7 倍的浪涌(冲击)电流，使得供电系统和串联的开关设备过载；另一方面，三相异步电动机直接启动，还会产生较高的峰值转矩，这种冲击不但会对驱动电动机产生冲击，而且会使机械装置受损；甚至影响接在同一电网上的其他电气设备正常工作。因此在三相异步电动机启动时，必须采取相应的措施减小其启动电流和峰值转矩，而软启动器就有这样的功能。

异步电机启动性能主要有两个指标衡量，即启动电流倍数和启动转矩倍数。如表 1-50 所示，给出了传统启动方法启动转矩和启动电流相对额定值的倍数，从表 1-51 中可以看出，传统启动方法相较于电动机直接启动在启动性能方面已经有了较大改善，但还有一定的局限性，因此适用于对启动特性要求不高的场合。

表 1-51　传统启动方法的启动转矩、启动电流的比较

名　　称	直 接 启 动	定子串电阻启动	自耦变压器启动	星-三角形启动
$\frac{\text{启动转矩}}{\text{额定转矩}}$倍数	0.5～1.5	0.5～0.75	0.4～0.85	0.5～0.9
$\frac{\text{启动电流}}{\text{额定电流}}$倍数	4～8	1.5～6	1.6～4	1.8～2.5

软启动器(soft starter)是一种集电机软启动、软停车、轻载节能和多种保护功能于一体的新颖电机控制装置，它是在启动过程中通过改变加在电机上的电源电压，以减小启动电流和启动转矩的装置。

软启动器是由串接于电源与被控电机之间的三相反并联晶闸管交流调压器构成。改变晶闸管的触发角，就可调节晶闸管调压电路的输出电压。在整个启动过程中，软启动器的输出是一个平滑的升压过程(且可具有限流功能)，直到晶闸管全导通，电机在额定电压下工作。在一些对启动要求较高的场合，可选用软启动器控制异步电动机启动。其主要特点是：具有软启动和软停车功能，启动电流、启动转矩可调节，还具有电动机过载保护等功能。如图 1-62 所示为软启动器的应用。

1. 软启动器的工作原理和组成

1) 软启动器的工作原理

软启动器的工作原理是通过控制其内部晶闸管的导通角，使电机输入电压从零以预设函数关系逐渐上升，直至启动结束，赋予电机全电压。在电机软启动过程中，其启动转矩是逐渐增加的，转速也是逐渐增加的。

晶闸管电机软启动器实质上就是晶闸管交流调压器，通过这个交流调压器来改变加到电机上的电源电压，软启动器主电路原理如图 1-63 所示。

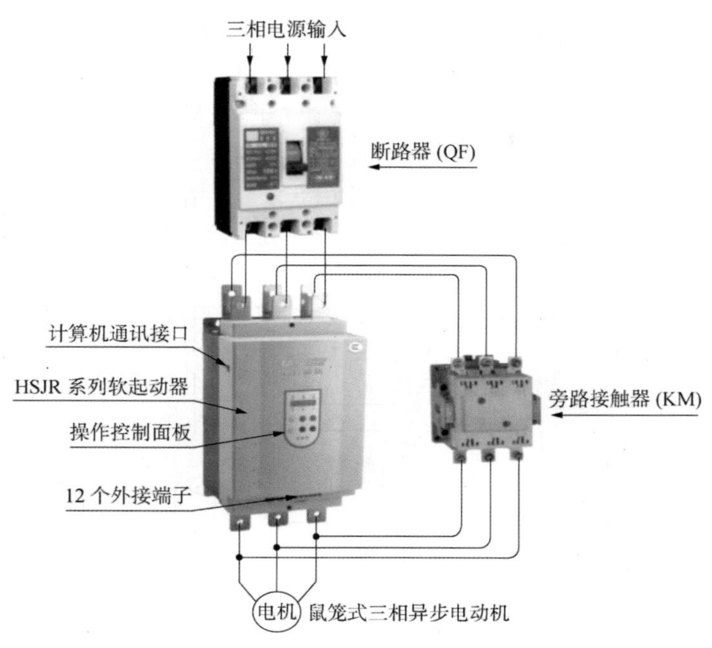

图 1-62　软启动器的应用

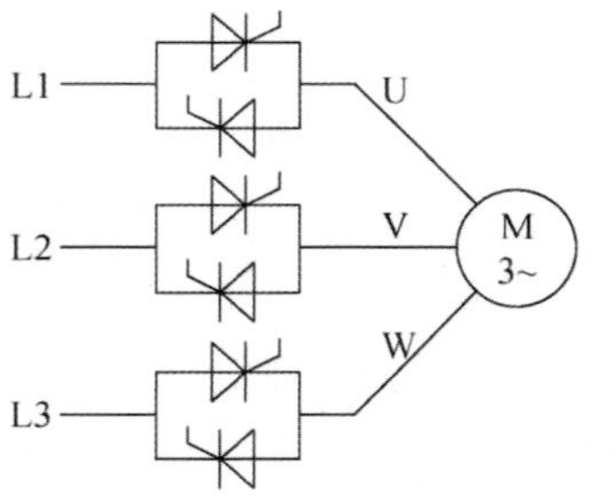

图 1-63　软启动器主电路原理

2）软启动器的基本组成

软启动器采用三对反并联的晶闸管串接于交流电机的定子回路上，利用晶闸管的电子开关作用，通过微处理器控制其触发角的变化来改变晶闸管的开通程度，由此来改变电动机输入电压大小，以达到控制电动机的软启动目的。当启动完成后软启动器输出达到额定电压。这时将通过旁路控制信号，自动控制三相旁路接触器 KM 吸合，使软启动器退出运行，将电动机投入电网运行，直至停车时，再次投入，这样既延长了软启动器的寿命，又使电网避免了谐波污染，还可减少软启动器中的晶闸管发热损耗。

软启动的限流特性可有效限制浪涌电流，避免不必要的冲击力矩以及对配电网络的电流冲击，有效地减少线路刀闸和接触器的误触发动作；对频繁启停的电动机，可有效控制电动机的温升，大大延长电动机的寿命。目前应用较为广泛、工程中常见的软启动器是晶闸管(SCR)软启动器。

软启动器的基本组成原理如图 1-64 所示。主电路采用三相晶闸管反并联调压方式,它串联在三相供电电源 L1、L2、L3 和电动机三个端子 U、V、W 之间。通过改变晶闸管的移相角来改变加在电动机定子绕组上的电压。

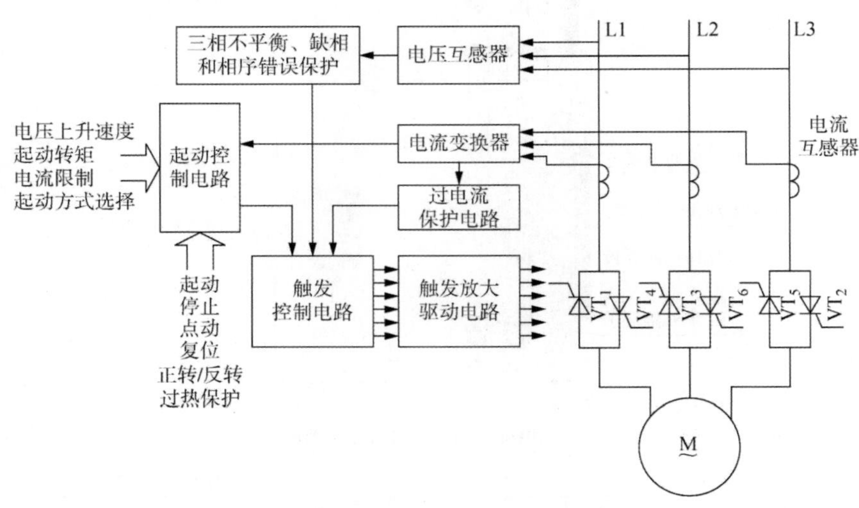

图 1-64　软启动器的基本组成原理

为了能让定子电压和电流按所设定的规律变化,并且能对过压及过流等故障进行保护,必须要随时检测定子电压和电流,为此采用了电压互感器和电流互感器。电压互感器将电网电压变换为标准电压(通常为 5 V)信号,送至电压保护电路。

2. 软启动器的控制功能

异步电动机在软启动过程中,软启动器通过控制加到电动机上的电压来控制电动机的启动电流和转矩,启动转矩逐渐增加,转速也逐渐增加。一般软启动器可以通过改变参数设定得到不同的启动特性,以满足不同的负载特性要求。

1) 电压斜坡启动控制模式

图 1-65 所示为电压斜坡启动模式曲线。它的电压按一个预先设定好的曲线变化,其斜率由斜坡上升时间 t 决定。启动开始后,软启动器输出电压快速升至 U_0,而后按照预先设定好的曲线逐渐升压,与此对应的电流 I_S 也被限制在一定范围内。然后在斜坡电压作用下电机电压逐步增加,经过给定的斜坡时间 t,电压升至电源电压,整个启动过程完成,电机电流也降至负载电流 I_{LO}。

2) 限流软启动控制模式

图 1-66 所示为限流软启动控制模式曲线,在该模式下,当电机启动时,其输出电压值迅速增加,直到输出电流达到设定的电流限幅值 I_m,并保持输出电流不大于该值,电压逐渐升高,使电动机逐渐加速,当电动机接近额定转速时,输出电流迅速下降至额定电流 I_e,完成启动过程。电流限幅值可根据实际负载的情况进行设定,设定范围为电机额定电流

I_e 的 0.2～4 倍。

限流启动模式一般用在对启动电流有严格要求的场合，特别是电网容量偏小，要限制启动容量时，可根据要求设定限流倍数，一般在 2.5～3 倍之间，设定过小也会造成不能正常启动。采用限流启动时，启动时间和限流倍数大小有关，限流倍数越大，启动时间越短，反之则越长。限流启动模式适用于风机水泵类负载，启动初始需要启动转矩较小，这种模式有较好的启动平滑性。

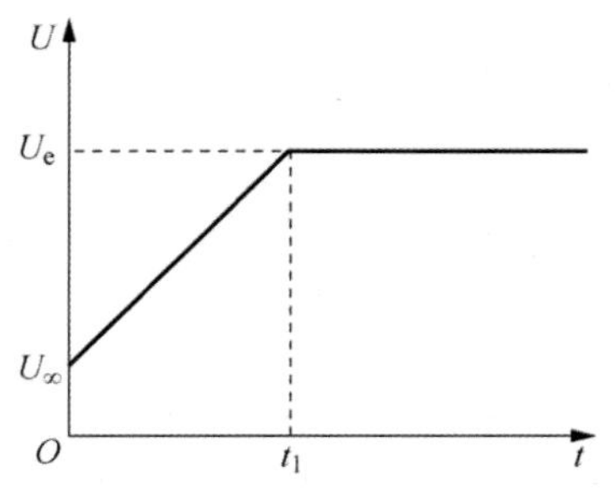

图 1-65　电压斜坡启动模式曲线

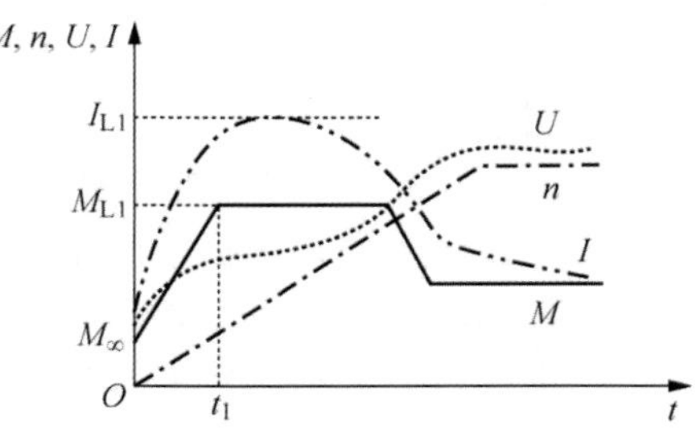

图 1-66　限流软启动控制模式曲线

3）转矩控制软停车方式

当电动机需要停车时，立即切断电动机电源，属自由停车。传统的控制方式大都采用这种方法。但许多应用场合，不允许电动机瞬间停机。如高层建筑、楼宇的水泵系统，要求电动机逐渐停机，采用软启动器可满足这一要求。软停车方式是通过软启动器的输出电压逐渐降低而切断电动机电源的一种停车方式，这一过程一般较长，且一般大于自由停车时间，转矩(M)控制软停车方式，是在停车过程中，匀速调整电动机转速的下降速率，实现平滑减速。如图 1-67 所示为转矩控制软停车方式特性曲线，减速时间 t_1 一般是可设定的。

4）制动停车方式

当电动机需要快速停机时，软启动器具有能耗制动功能。在实施能耗制动时，软启动器向电动机定子绕组通入直流电，由于软启动器是通过晶闸管对电动机供电，因此很容易通过改变晶闸管的控制方式而得到直流电。如图 1-68 所示为制动停车方式特性曲线。

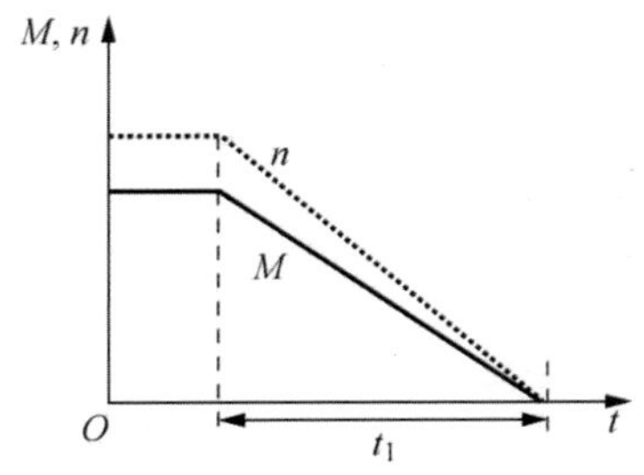

图 1-67　转矩控制软停车方式特性曲线

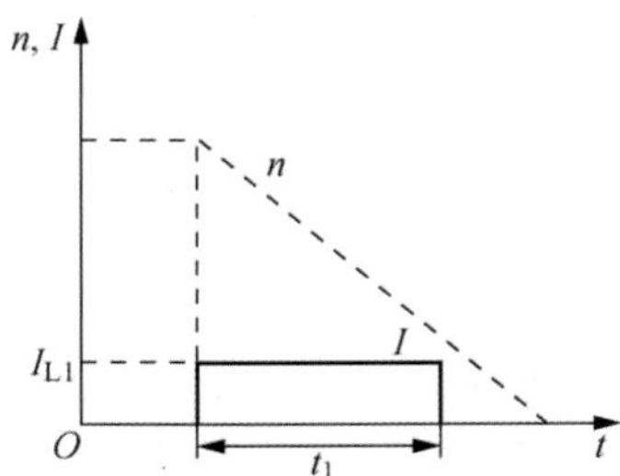

图 1-68　制动停车方式特性曲线

3. 软启动器的功能

1) 过载保护功能

软启动器引进了电流控制环，因而随时跟踪检测电机电流的变化状况。通过增加过载电流的设定和反时限控制模式实现了过载保护功能，使电机过载时，关断晶闸管并发出报警信号。

2) 缺相保护功能

工作时，软启动器随时检测三相线电流的变化，一旦发生断流，即可作出缺相保护反应。

3) 热过载保护功能

通过软启动器内部热继电器检测晶闸管散热器的温度，一旦散热器温度超过允许值后自动关断晶闸管，并发出报警信号。

4) 测量回路参数功能

电动机工作时，软启动器内的检测器一直监视着电动机运行状态，并将监测到的参数送给 CPU 进行处理，CPU 将监测参数进行分析、存储、显示。因此电动机软启动器还具有测量回路参数的功能。

5) 其他功能

软启动器通过电子电路的组合，还可在系统中实现其他种种联锁保护。

任务实施

1. 实训安全教育

安全无小事，在电气设备的实训操作中更是如此。在任务的实施过程中，每一个人都要严格遵守操作规程和规范，做到遵规守纪，这是尊重生命、尊重自我、尊重他人的一种表现。珍视生命、重视安全是每个人的义务，更是个人的责任，让我们携手共进，共同维护好校园与课堂安全。

2. 根据实物认识、了解软启动器

任务评价

学习任务评价如表 1-52 所示。

表 1-52 学习任务评价表

评价项目		评价内容	评价标准	分值	自评 10%	互评 30%	师评 60%
职业素养	劳动纪律	有时间观念，遵守实训规章制度	没有时间观念，不遵守实训规章制度扣 1～10 分	10			
	工作态度	认真完成学习任务，主动钻研专业技能	态度不认真，不能按指导老师要求完成学习任务扣 1～10 分	10			

（续表）

评价项目		评价内容	评价标准	分值	自评 10%	互评 30%	师评 60%
职业素养	职业规范	遵守电工操作规程及规范；工作台面保持清洁，工具摆放整齐	不遵守电工操作规程及规范扣1～8分；工作台面脏乱，工具摆放无序扣1～2分	10			
职业技能	功能了解	能分析软启动的控制功能	功能分析错误每次扣5分	20			
	参数设置	能正确设置软启动器参数	参数设置错误每处扣5分	50			
合计				100			
指导教师签字：					年	月	日

任务4　变频器

任务描述

相信大家都知道变频空调能够节能吧，那么变频空调是怎样做到节能的呢？通过本次任务的学习，就能让你们了解到变频器的调速原理、控制方式、参数设置和应用了。

知识链接

交流电动机变频调速技术是20世纪70年代发展起来的，随着电力电子技术、控制技术的高速发展，高性能、高可靠性的变频调速器已在世界各国工业、生活等领域中得到广泛应用。与传统的调速技术相比，变频调速技术有着极大的优越性。

目前，我国的工厂、住宅的生活用水系统、电梯拖动控制系统、工厂各类水泵与风机、空调器与中央空调系统、各类机床电机控制，都已大量使用了变频调速器作节能和改善控制特性。随着变频调速器的控制数字化、体积小型化、功能多样化、工作可靠性的进一步提高，其应用将会更深入和广泛。

1. 交流异步电动机变频调速原理

变频器是利用电力半导体器件的通断作用把电压、频率固定不变的交流电变成电压、频率都可调的交流电源。现在使用的变频器主要采用交—直—交方式（VVVF变频或矢量控制变频），先把工频交流电源通过整流器转换成直流电源，然后再把直流电源转换成频率、电压均可控制的交流电源以供给电动机。变频器主要由整流（交流变直流）、滤波、再次整流（直流变交流）、制动单元、驱动单元、检测单元微处理单元等组成，如图1-69所示。

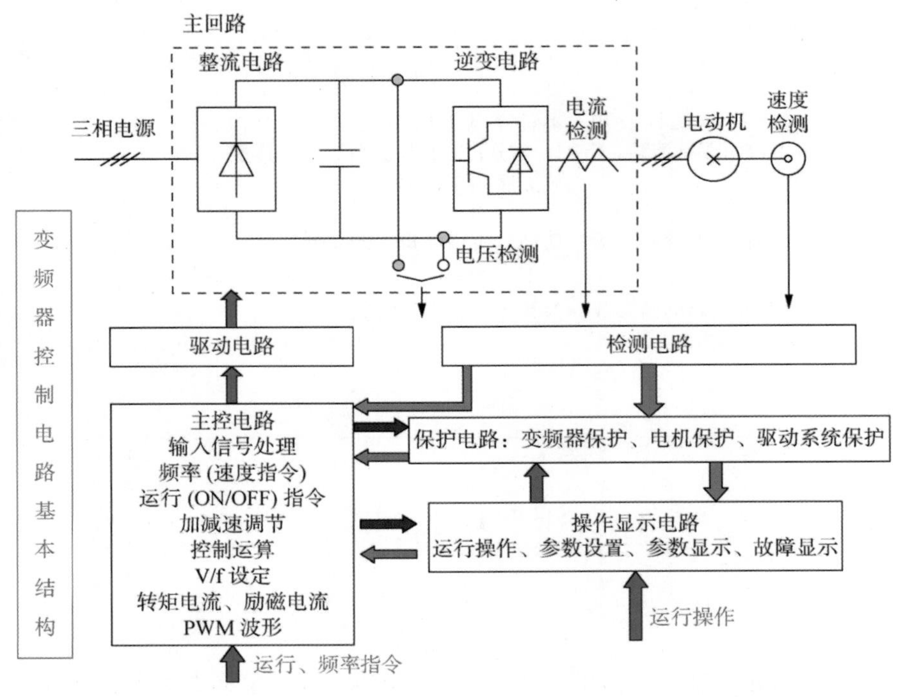

图 1-69　变频器的基本组成原理

通用变频器把工频电流(50Hz)变成各种频率的交流电流，以实现电动机的变速运转；整流电路把工频电源的交流电变换成直流电，并对直流电进行平滑滤波；逆变电路将直流电变成频率可调的交流电供电动机变速运行；控制电路——处理外部接口电路送来的各种检测信号和参数设定值、并将其变为控制信号和显示信息，进行 V/f 控制、加减速速率调节控制及提供各种变频器与电机的保护功能。

2. 变频器的控制方式

低压通用变频输出电压为 110～660 V，输出功率为 0.75～400 kW，工作频率为 0～400 Hz，它的主电路都采用交—直—交电路。其控制方式经历了以下四代。

1) 正弦脉宽调制(SPWM)控制方式

特点是控制电路结构简单、成本较低，机械特性硬度也较好，能够满足一般传动的平滑调速要求，已在产业的各个领域得到广泛应用。但是，这种控制方式在低频时，由于输出电压较低，转矩受定子电阻压降的影响比较显著，使输出最大转矩减小。另外，其机械特性终究没有直流电动机硬，动态转矩能力和静态调速性能都还不尽如人意，且系统性能不高、控制曲线会随负载的变化而变化，转矩响应慢、电机转矩利用率不高，低速时因定子电阻和逆变器死区效应的存在而性能下降，稳定性变差等。因此人们又研究出矢量控制变频调速。

2）电压空间矢量（SVPWM）控制方式

它是以三相波形整体生成效果为前提，以逼近电机气隙的理想圆形旋转磁场轨迹为目的，一次生成三相调制波形，以内切多边形逼近圆的方式进行控制的。经实践使用后又有所改进，即引入频率补偿，能消除速度控制的误差；通过反馈估算磁链幅值，消除低速时定子电阻的影响；将输出电压、电流闭环，以提高动态的精度和稳定度。但控制电路环节较多，且没有引入转矩的调节，所以系统性能没有得到根本改善。

3）矢量控制（VC）方式

矢量控制变频调速是将异步电动机在三相坐标系下的定子电流 I_a、I_b、I_c、通过三相～二相变换，等效成两相静止坐标系下的交流电流 Ia_1、Ib_1，再通过按转子磁场定向旋转变换，等效成同步旋转坐标系下的直流电流 Im_1、It_1（Im_1 相当于直流电动机的励磁电流；It_1 相当于与转矩成正比的电枢电流），然后模仿直流电动机的控制方法，求得直流电动机的控制量，经过相应的坐标反变换，实现对异步电动机的控制。其实质是将交流电动机等效为直流电动机，分别对速度、磁场两个分量进行独立控制。通过控制转子磁链，然后分解定子电流而获得转矩和磁场两个分量，经坐标变换，实现正交或解耦控制。

矢量控制方法的提出具有划时代的意义。然而在实际应用中，由于转子磁链难以准确观测，系统特性受电动机参数的影响较大，且在等效直流电动机控制过程中所用矢量旋转变换较复杂，使得实际的控制效果难以达到理想分析的结果。

4）直接转矩控制（DTC）方式

1985 年，德国鲁尔大学的 DePenbrock 教授首次提出了直接转矩控制变频技术。该技术在很大程度上解决了矢量控制的不足，并以新颖的控制思想、简洁明了的系统结构、优良的动静态性能得到了迅速发展。目前，该技术已成功地应用在电力机车牵引的大功率交流传动上。直接转矩控制是直接在定子坐标系下分析交流电动机的数学模型，控制电动机的磁链和转矩。它不需要将交流电动机等效为直流电动机，因而省去了矢量旋转变换中的许多复杂计算；它不需要模仿直流电动机的控制，因此也不需要为解耦而简化交流电动机的数学模型。

5）矩阵式交—交控制方式

VVVF 变频、矢量控制变频、直接转矩控制变频都是交—直—交变频中的一种，它们的共同缺点是输入功率因数低，谐波电流大，直流电路需要大的储能电容，再生能量又不能反馈回电网，即不能进行四象限运行。为此，矩阵式交—交变频应运而生。由于矩阵式交—交变频省去了中间直流环节，从而省去了体积大、价格贵的电解电容，它能实现功率因数为 1，输入电流为正弦且能四象限运行，系统的功率密度大。该技术目前虽尚未成熟，但仍吸引着众多的学者深入研究。其实质不是间接的控制电流、磁链等量，而是把转矩直接作为被控制量来实现的。

3. 几个重要参数的设定

1）V/f 类型的选择

V/f 类型的选择包括最高频率、基本频率和转矩类型等。最高频率是变频器—电动机系统可以运行的最高频率。由于变频器自身的最高频率可能较高，当电动机允许的最高频率低于变频器的最高频率时，应按电动机及其负载的要求进行设定。

基本频率是变频器对电动机进行恒功率控制和恒转矩控制的分界线，应按电动机的额定电压设定。转矩类型指的是负载是恒转矩负载还是变转矩负载，用户根据变频器使用说明书中的 V/f 类型图和负载的特点，选择其中的一种类型。

根据电机的实际情况和实际要求，最高频率设定为 83.4 Hz，基本频率设定为工频 50 Hz；负载类型：50 Hz 以下为恒转矩负载，50～83.4 Hz 为恒功率负载。

2) 启动转矩

调整启动转矩是为了改善变频器启动时的低速性能，使电机输出的转矩能满足生产启动的要求。在异步电机变频调速系统中，转矩的控制较复杂. 在低频段，由于电阻、漏电抗的影响不容忽略，若仍保持 V/f 为常数，则磁通将减小，进而减小了电机的输出转矩。为此，在低频段要对电压进行适当补偿以提升转矩。但是漏阻抗的影响不仅与频率有关，还和电机电流的大小有关，准确补偿是很困难的，近年来国外开发了一些能自行补偿的变频器，但所需计算量大，硬件、软件都较复杂，因此一般变频器均由用户进行人工设定补偿。

针对目前所使用的变频器，转矩提升量设定为 1%～5%之间比较合适。

3) 加、减速时间

电机的运行方程式中，T_t 为电磁转矩，T_1 为负载转矩电机加速度 $\mathrm{d}w/\mathrm{d}t$ 取决于加速转矩(T_t，T_1)，而变频器在起、制动过程中的频率变化率则由用户设定。若电机转动惯量 J、电机负载变化按预先设定的频率变化率升速或减速时，有可能出现加速转矩不够，从而造成电机失速，即电机转速与变频器输出频率不协调，从而造成过电流或过电压。因此，需要根据电机转动惯量和负载合理设定加、减速时间，使变频器的频率变化率能与电机转速变化率相协调。检查此项设定是否合理的方法是按经验选定加、减速时间设定。若在启动过程中出现过流，则可适当延长加速时间；若在制动过程中出现过流，则适当延长减速时间；另一方面，加、减速时间不宜设定太长，时间太长将影响生产效率，特别是频繁启、制动时。我们将加速时间设定为 15 s，减速时间设定为 5 s。

4) 频率跨跳

V/f 控制的变频器驱动异步电机时，在某些频率段电机的电流、转速会发生振荡，严重时系统无法运行，甚至在加速过程中出现过电流保护使得电机不能正常启动，在电机轻载或转动量较小时更为严重。因此变频器均备有频率跨跳功能，用户可以根据系统出现振荡的频率点，在 V/f 曲线上设置跨跳点及跨跳点宽度，使电机加速时可以自动跳过这些频率段，保证系统正常运行。

5) 过负载率设置

该设置用于变频器和电动机过负载保护。当变频器的输出电流大于过负载率设置值和电动机额定电流确定的 OL 设定值时，变频器则以反时限特性进行过负载保护，过负载保护动作时变频器停止输出。

6）电机参数的输入

变频器的参数输入项目中有一些是电机基本参数的输入，如电机的功率、额定电压、额定电流、额定转速、极数等。这些参数的输入非常重要，将直接影响变频器中一些保护功能的正常发挥，一定要根据电机的实际参数正确输入，以确保变频器的正常使用。

4. 变频调速的应用

利用变频器去拖动鼠笼式异步电动机，能够实现鼠笼式异步电动机的无级调速，方便地进行加减速控制，从而使鼠笼式异步电动机获得高运行性能却基本上不需对电机进行过多的维护。利用这些优点，变频器广泛应用于大幅度节能、控制传动系统自动化与高性能化、提高生产效率等方面。

用变频器对拖动风机的电动机进行转速控制，由于风机风量与转速成正比，当实际需求风量减少时，可调低转速，从而使运行电耗大大减少。而变频器具有的优越性能，使之能高效率地实现需用功率与实际供给功率的最佳匹配，达到大幅度节能的目的。

对水泵，由于在运转过程中受扬程与流量两个因素的影响，对于高扬程的水泵，采用变频调速节能效果会不显著。但由于低扬程水泵轴功率与转速仍符合要求，因此在功率较大、流量大、对扬程要求不高的场合，采用变频调速控制节能效果特别好，对多台水泵构成的机组，使用变频调速控制，效果也很好。

如图 1-70 所示为轧钢加热炉控制原理图。轧钢加热炉是对需要轧制的钢材进行加热用的，工艺要求加热炉内保持一定的温度。通过燃烧重油来维持炉内温度，用控制鼓风机吹入风量的大小来调节重油的有效燃烧。变频器对风机实行调速控制，通过改变风机

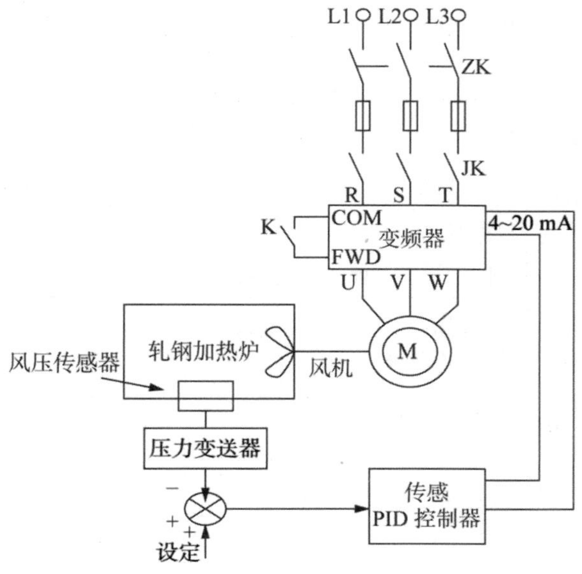

图 1-70 轧钢加热炉控制原理

的转速实现风机的风量与风压的调节，同时实现远距离控制。图中通过检测变送器，将检测到的实际风压与风量变换为一直流信号，反馈到传感调节器，调节器通过比较环节，将风量或风压的设定值与此反馈值相比较及对其差值进行 PID 运算(P 为比例运算，I 为积分运算，D 为微分运算，PID 是自动控制的一种调控手段)，产生一个控制信号，并将此信号作为变频调速装置的指令信号输入，去调节控制电机转速。这样，无论风机实际负荷需求怎样变化，风机的鼓风量总能围绕设定值变化并自动进行过程调节，产生显著的节能效果。

与一般以转速为控制对象的变频系统不同，涉及流体工艺的变频系统通常都是以流量、压力、温度、液位等工艺参数为控制量，实现恒量或变量控制，这就需要变频器工作于 PID 方式下，按照工艺参数的变化趋势来调节泵或风机的转速。在大多数的流体工艺或流体设备的电气系统设计中，PID 控制算法是设计人员常常采用的恒压控制算法。常见的 PID 控制器的控制形式主要有三种：硬件型(通常用 PID 温控器)、软件型(使用离散形式的 PID 控制算法在可编程序控制器上做 PID 控制器)、内置型使用变频器内置 PID 控制功能。内置型 PID 控制器如图 1-71 所示。

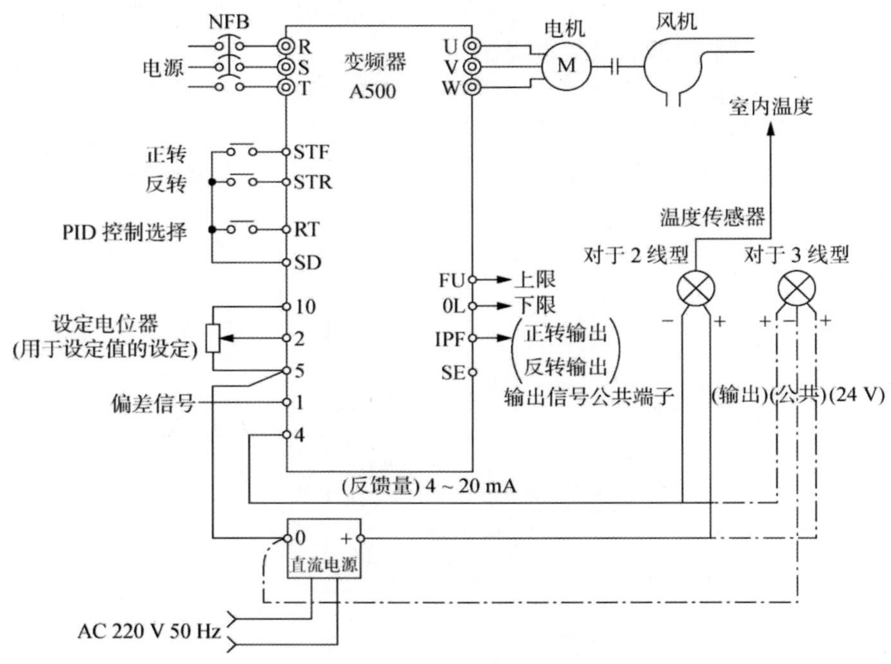

图 1-71 变频器内置 PID 控制器

任务实施

1. 实训安全教育

安全无小事，在电气设备的实训操作中更是如此。在任务的实施过程中，每一个人都

要严格遵守操作规程和规范，做到遵规守纪，这是尊重生命、尊重自我、尊重他人的一种表现。珍视生命、重视安全，是每个人的义务，更是每个人的责任，让我们携手共进，共同维护好校园与课堂安全。

2. 变频器认识实验

任务评价

学习任务评价如表 1-53 所示。

表 1-53　学习任务评价表

<table>
<tr><th colspan="2">评价项目</th><th>评 价 内 容</th><th>评 价 标 准</th><th>分值</th><th>自评
10%</th><th>互评
30%</th><th>师评
60%</th></tr>
<tr><td rowspan="3">职业素养</td><td>劳动纪律</td><td>有时间观念，遵守实训规章制度</td><td>没有时间观念，不遵守实训规章制度扣 1～10 分</td><td>10</td><td></td><td></td><td></td></tr>
<tr><td>工作态度</td><td>认真完成学习任务，主动钻研专业技能</td><td>态度不认真，不能按指导老师要求完成学习任务扣 1～10 分</td><td>10</td><td></td><td></td><td></td></tr>
<tr><td>职业规范</td><td>遵守电工操作规程及规范；工作台面保持清洁，工具摆放整齐</td><td>不遵守电工操作规程及规范扣 1～8 分；工作台面脏乱，工具摆放无序扣 1～2 分</td><td>10</td><td></td><td></td><td></td></tr>
<tr><td rowspan="2">职业技能</td><td>功能了解</td><td>能分析变频器的控制功能</td><td>功能分析错误每次扣 5 分</td><td>20</td><td></td><td></td><td></td></tr>
<tr><td>参数设置</td><td>能正确设置变频器参数</td><td>参数设置错误每处扣 5 分</td><td>50</td><td></td><td></td><td></td></tr>
<tr><td colspan="4">合　　计</td><td>100</td><td></td><td></td><td></td></tr>
<tr><td colspan="4">指导教师签字：</td><td colspan="4">年　　月　　日</td></tr>
</table>

走进历史

1880 年左右，爱迪生发明了电灯座和开关，从此改写了人类照明历史，随后德国电气工程师奥古斯塔·劳西进一步提出了电气开关的概念，早期的开关插座生产厂家主要集中在美国和欧洲的发达国家。直到 20 世纪初，美国通用才在中国上海开始生产家用照明开关。中国真正开始电器事业则是在 1914 年，始于钱镛森在上海创办的钱镛记电业机械厂。到 1916 年，国内才开始生产电气开关产品。

钱镛森(1887—1967)，江苏无锡人。幼年读过私塾，后到上海德商瑞记洋行学艺。1914 年，他靠一张钳工台、一台手盘小压床、一台手摇小钻床和几把榔头、扳手，在闸北黄家宅自己家中创办了镛记电器铺(现上海南洋电机厂的前身)，从洋行下班后，就在家修理销售旧电机。

1915 年，钱镛森辞去洋行工作，把店铺迁至河南路锡顺里，扩大营业，职工增至 10 人。经过 4 年的努力，他积累了丰富的电器知识和实践经验，虽不谙理论计算和设计，但能靠秤称铜线和矽钢片的重量来调整产品设计。民国 7 年，自制成功专供电镀用的小型直流电机。1922 年，与人合股开办了钱氏钢圈厂，采用机械轧制人力车钢圈，淘汰了手工轧制工艺，曾一度在上海人力车钢圈市场上称雄。1925 年，开始仿造德国西门子电动机。1930 年，制造出 10 马力电动机 25 台，又研制成功碰焊机、点焊机、滚焊机和电焊变压器等产品，在上海国产电焊机市场上首屈一指。同年，他把电器铺改名为钱镛记电器厂。1937 年，厂址迁至卡德路(现石门二路)，制造出一台 50 kW 的交流发电机。

从这段历史中，我们看到了我国民族工业的艰难起步，而钱镛森先生则是民族工业发展进程中的先驱和典型代表之一。他从一个不谙理论计算和设计的学徒，到能靠秤称铜线和矽钢片的重量调整产品设计的能工巧匠，这个过程绝对不会是一帆风顺的，当中必然经历了艰难与困苦、成功和失败。钱镛森先生从学徒起步，到成功研制出小型直流电机、各种电动机、交流发电机，到创立民族品牌，这个创业历程，就是一部精彩的奋斗史——把我们中国人的吃苦耐劳、坚持不懈、执着追求、精益求精的奋斗精神展现的淋漓尽致！从这些先辈的身上，我们能感受到敬业、专注、精益、创新的精神，而这些正是当今我们要努力追寻的工匠精神的灵魂，正是这种精神的生生不息、代代相传，才能让我们在竞争中处于不败之地！

今天我们在学习过程中，也必须要发扬不怕吃苦的奋斗精神，做到爱岗敬业、刻苦钻研、勇于创新，特别是在实验实训中，既不能因为一个小小的电器元件的拆装、检修，需要反复的重复劳动而马马虎虎；也不能因为电气原理知识的复杂、繁琐，需要努力深究而轻言放弃。总之，我们在学习过程中，必须要严谨、认真，对待每一个学习任务，都要做到精益求精。当今的科技时代，实现中华民族伟大复兴的中国梦，不仅需要大批科学技术专家，同时也需要一大批能工巧匠。努力吧，小伙伴们，相信在不久的将来，我们周围会产生一大批新时代的能工巧匠！

项 目 小 结

1. 知识脉络

本项目知识脉络如图 1-72 所示。

2. 学习方法

(1) 对于种类繁多的常用低压电器，应抓住它们的共同本质，了解其特点、用途、基本构造、工作原理及其主要参数、型号与电气符号等；每种电器都有一定的使用范围，要根据使用要求正确选用。电器的技术参数是选用的主要依据，其参数可以在产品说明书及电工手册中查阅。

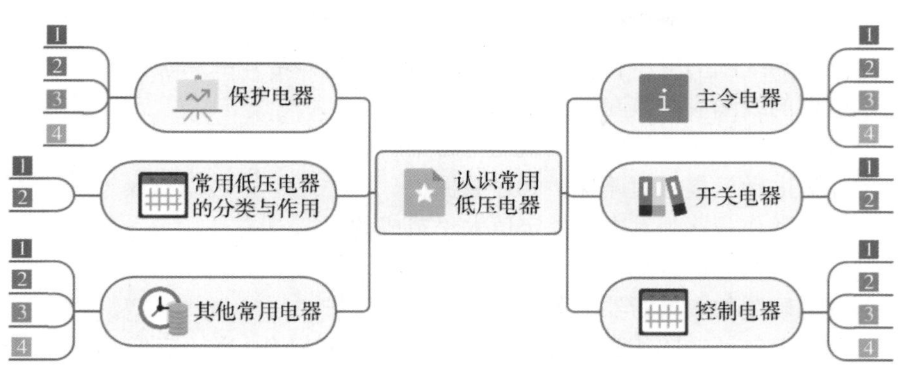

图 1-72　项目 1 知识脉络导图

(2) 学习本项目时一定要联系实际,对照实物分析、理解元器件的工作原理;实验实训的过程中,要从元器件结构入手,深入研究其动作原理,为后续课程打好基础;同时还要学会对照电工手册了解电器参数,学会正确选择和合理使用电器。任何复杂电路都是由元器件组合而成的,因此不能忽视元器件的学习,只有掌握了它们的特性和工作原理才能为后续单元控制线路和复杂机床电气控制线路的学习打好基础。

(3) 推荐使用信息化手段,学习我国近代民族工业的发展历程;通过了解历史,激发民族自尊心和自信心,形成对振兴民族工业的责任感和使命感。

项 目 闯 关

第一关　判断题

1. 按在电气线路中地位和作用,低压电器可分为低压配电电器和低压控制电器两大类。(　)
2. 熔断器、接触器、控制继电器等属于低压配电电器。(　)
3. 刀开关、转换开关、熔断器和自动开关等,主要用于电压电路的配电和保护,属于低压配电电器。(　)
4. 按照主触点通断交流或直流电路,将接触器划分为交流接触器或直流接触器。(　)
5. 接触器的额定电压是指吸引线圈的额定电压。(　)
6. 主触点通断交流电路的接触器属于交流接触器。(　)
7. 中间继电器可用来扩展触点的容量、类型或数量。(　)
8. 电流继电器有过电流继电器和欠电流继电器两种。(　)
9. 电压继电器有过电压继电器、欠电压继电器和零电压继电器三种。(　)
10. 欠电流继电器线圈通过的电流小于整定值时,衔铁吸合,触点状态改变。(　)

11. 过电压继电器线圈的电压低于整定值时，衔铁吸合，常开触点闭合。（ ）
12. 欠电压继电器线圈的电压在额定值范围内，衔铁吸合，常开触点闭合。（ ）
13. 电流继电器的线圈应并接在被测量的电路两端。（ ）
14. 电压继电器的线圈应串接在被测量的电路中。（ ）
15. 热继电器为电动机提供短路保护和过载保护。（ ）
16. 热继电器误动作是因为其电流整定值太小造成的。（ ）
17. 熔断器为电动机提供过载保护。（ ）
18. 断路器的电磁脱扣和熔断器为电动机提供短路保护。（ ）
19. 当速度继电器转轴转速达到 120 r/min 以上时，触点动作；当转速低于 60 r/min 以下时，触点复位。（ ）
20. 速度继电器的触点动作是由线圈控制的。（ ）

第二关　选择题

1. 低压电器按动作方式可分为（ ）两大类。
   A. 低压配电电器和低压控制电器　　B. 低压配电电器和低压开关电器
   C. 自动切换电器和非自动切换电器　　D. 有触点电器和无触点电器
2. 低压电器按执行功能可分为（ ）两大类。
   A. 低压配电电器和低压开关电器　　B. 有触点和无触点电器
   C. 自动切换电器和非自动切换电器　　D. 手动切换电器和非自动切换电器
3. 交流接触器吸引线圈的额定电压是根据被控制电路的（ ）电压来选择。
   A. 主电路　　B. 控制电路
   C. 辅助电路　　D. 主电路或控制电路
4. 当交流接触器的电磁线圈通电时，（ ）。
   A. 常闭触点先断开、常开触点后闭合
   B. 常开触点先闭合、常闭触点后断开
   C. 常开、常闭触点同时动作
   D. 常闭触点可能先断开，常开触点也可能先闭合
5. 通过欠电流继电器线圈的电流小于整定值时，（ ）。
   A. 衔铁吸合、常闭触点闭合　　B. 衔铁吸合、常开触点闭合
   C. 衔铁释放、常开触点断开　　D. 衔铁释放、常闭触点断开
6. 过电压继电器是当电压超过整定电压时，衔铁吸合，一般整定电压为（ ）额定电压。
   A. 40%～70%　　B. 80%～100%
   C. 105%～120%　　D. 200%～250%
7. 欠电压继电器在额定电压时，（ ）。
   A. 衔铁吸合、常闭触点闭合　　B. 衔铁吸合、常开触点闭合

C. 衔铁不吸合、常开触点断开　　D. 衔铁不吸合、常开触点闭合

8. 在选择熔断器时，下列不正确的是(　)。
   A. 分断能力应大于电路可能出现的最大短路电流
   B. 额定电压不应低于线路的额定电压
   C. 额定电流可以等于或小于所装熔体的额定电流
   D. 额定电流不应小于所装熔体的额定电流
9. 在选择熔断器时，下列正确的是(　)。
   A. 分断能力应大于电路可能出现的最大短路电流
   B. 额定电压不大于线路的额定电压
   C. 额定电流可以等于或小于所装熔体的额定电流
   D. 分断能力等于线路中额定电流
10. 低压断路器欠电压脱扣器的额定电压(　)线路额定电压。
   A. 大于　　B. 等于
   C. 小于　　D. 等于 50%
11. 低压断路器电磁脱扣器承担(　)保护作用。
   A. 过流　　B. 过载
   C. 短路　　D. 欠电压
12. 低压断路器热脱扣器承担(　)保护作用。
   A. 过流　　B. 过载
   C. 短路　　D. 欠电压
13. 时间继电器按延时方式分为通电延时型和(　)等。
   A. 通电、断电延时型　　B. 断电延时型
   C. 断电感应延时型　　D. 通电感应延时型
14. 一般速度继电器转轴的转速低于(　)时，触点即复位。
   A. 50 r/min　　B. 100 r/min
   C. 150 r/min　　D. 200 r/min
15. 速度继电器是用来反应(　)的继电器。
   A. 转速和转向变化　　B. 转速大小
   C. 转向变化　　D. 正反向转速大小

第三关　应用与分析

1. 低压电器的分类有哪几种?
2. 常用的低压电器有哪些? 它们在电路中起何种保护作用?
3. 在交流电动机的主电路中用熔断器作短路保护，能否同时起到过载保护作用? 为什么?

4. 继电器和接触器有何区别?
5. 既然在电动机的主电路中装有熔断器,为什么还要装热继电器?装有热继电器是否就可以不装熔断器?为什么?
6. 根据学过的知识,为自己家庭设计选用合适的断路器、熔断器等开关、保护电器,并说明选择的理由。
7. 以小组为单位,进一步完善项目小结中的思维导图;网上查阅我国民族工业以及电气行业的发展历程与历史,完成项目汇报,巩固所学知识。

项目2　解锁单元电气控制线路

还记得常用低压电器的那些功能吗，把它们连接起来会产生怎样奇妙的效果？通过人们长期、大量的实践探索，现在我们将各种不同的控制线路总结成最基本、最典型的控制单元线路供组合和选用，而任何复杂的线路都可以拆解成典型的单元控制线路。

本项目通过介绍典型电气控制单元线路的组成、工作原理、用途及适用条件、适用场所等知识，让你学会如何正确分析功能电路，为后继复杂控制电路的安装、调试学习打下基础。

模块1　电气控制线路基本知识

学习目标

知识目标：认识电气图中的图形及文字符号含义。

技能目标：能读懂、区分不同类型的电气控制线路图；会分析电动机电路中的基本保护环节。

素养目标：在学会分析、识读电气控制线路图的过程中，培养严谨、缜密的逻辑思维习惯。

任务1　识读电气控制线路图

任务描述

你会读电气控制线路图吗，知道电气控制线路图都有什么规定吗？本次任务将探究电气控制线路图形、文字符号的规定及各种类型的电气图。

知识链接

电气控制线路是用导线将电动机、电器、仪表等电气元件按照一定的要求连接起来，能实现某种要求的电路。为了表达生产机械电气控制系统的结构、原理等设计意图，同时也为了便于电气控制系统的安装、调试、使用和维护，需要将电气控制系统中各电气元件及其连接关系用一定图形表达出来，电气控制线路应该根据简明易懂的原则，用规定的方法和符号进行绘制。

1. 电气图中的图形符号

图形符号通常是指用于图样或其他文件表示一个设备或概念的图形、标记或字符。图形符号由符号要素、一般符号及限定符号构成。

1）符号要素

符号要素是一种具有确定意义的简单图形，必须同其他图形组合才能构成一个设备或概念的完整符号。例如，三相异步电动机是由定子、转子及各自的引线等几个符号要素构成的，这些符号要求有确切的含义，但一般不能单独使用，其布置也不一定与符号所表示设备的实际结构相一致。

2）一般符号

一般符号是用于表示同一类产品和此类产品特性的一种很简单的符号，它们是各类元器件的基本符号。例如，一般电阻器、电容器和具有一般单向导电性的二极管的符号。一般符号不但广义上代表各类元器件，也可以表示没有附加信息或功能的具体元件。

3）限定符号

限定符号是用以提供附加信息的一种加在其他符号上的符号。例如，在电阻器一般符号的基础上，加上不同的限定符号就可组成可变电阻器、光敏电阻器、热敏电阻器等具有不同功能的电阻器。也就是说使用限定符号以后，可以使图形符号具有多样性。限定符号一般不能单独使用。一般符号有时也可以作为限定符号。例如，电容器的一般符号加到二极管的一般符号上就构成变容二极管的符号。

2. 电气图中的文字符号

电气图中的文字符号是用于标明电气设备、装置和元器件的名称、功能、状态和特征的，可在电气设备、装置和元器件上或其近旁使用，以表明电气设备、装置和元器件种类的字母代码和功能字母代码。电气技术中的文字符号分为基本文字符号和辅助文字符号。

1）基本文字符号

基本文字符号分为单字母符号和双字母符号两种。单字母符号是用拉丁字母将各种电气设备、装置和元器件划分为23大类，每一类用一个字母表示。例如，“*R*”代表电阻器，“M”代表电动机等。双字母符号是由一个表示种类的单字母符号与另一字母组成，并且是单字母符号在前，另一字母在后。双字母中在后的字母通常选用该类设备、装置和元器件的英文名词的首位字母，这样，双字母符号可以较详细和更具体地表述电气设备、装置和元器件的名称。例如，“RP”代表电位器，“RT”代表热敏电阻，“MD”代表直流电动机，“MC”代表笼型异步电动机。

2）辅助文字符号

辅助文字符号是用以表示电气设备、装置和元器件以及线路的功能、状态和特征的，通常也是由英文单词的前一两个字母构成的。例如，“DC”代表直流（direct current）。

辅助文字符号一般放在单字母文字符号后面，构成组合双字母符号。例如，“Y”是电气操作机械装置的单字母符号，“B”是代表制动的辅助文字符号，“YB”代表制动电磁铁的组合符号。辅助文字符号也可单独使用，例如“ON”代表闭合，“N”代表中性线。

3. 电气控制线路图的类型

电气控制线路图的表示方法有：电气原理图、电气安装图、电气接线图。

1）电气原理图

电气原理图是说明电气设备工作原理的线路图。在电气原理图中并不考虑电气元件的实际安装位置和实际连线情况，只是把各元件按接线顺序用符号展开在平面图上，用直线将各元件连接起来。如图 2-1 所示为三相笼型异步电动机控制电气原理图。

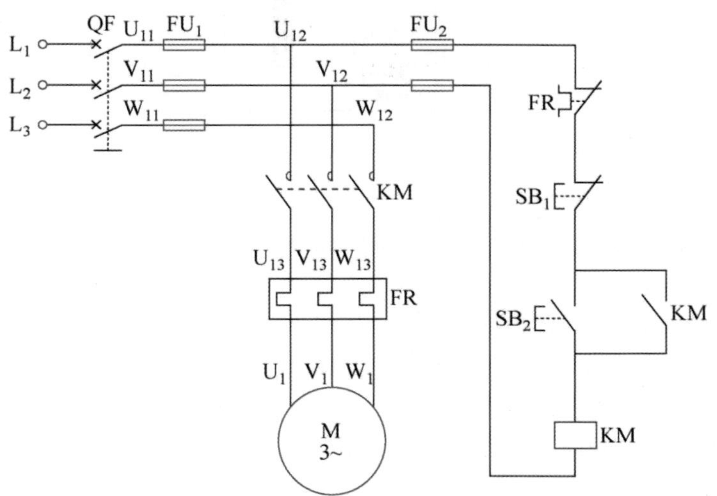

图 2-1　三相笼型异步电动机控制电气原理

绘制电气原理图时应注意以下几点：

(1) 电气原理图中各元器件的文字符号和图形符号必须按标准绘制和标注。同一电器的所有元件必须用同一文字符号标注。

(2) 电气原理图应按功能来组合，同一功能的电气相关元件应画在一起，但同一电器的各部件不一定画在一起。电路应按动作顺序和信号流程自上而下或自左向右排列。

(3) 电气原理图分主电路和控制电路，一般主电路在左侧，控制电路在右侧。

(4) 电气原理图中各电器应该是未通电或未动作的状态，二进制逻辑元件应是置零的状态，机械开关应是循环开始的状态，即按电路“常态”画出。

2）电气安装图

三相笼型异步电动机控制线路安装图如图 2-2 所示，表示各种电气设备在机械设备和电气控制柜中的实际安装位置。它将提供电气设备各个单元的布局和安装工作所需数据的图样。例如，电动机要和被拖动的机械装置在一起，行程开关应画在获取信息的地方，操作手柄应画在便于操作的地方，一般电气元件应放在电气控制柜中。

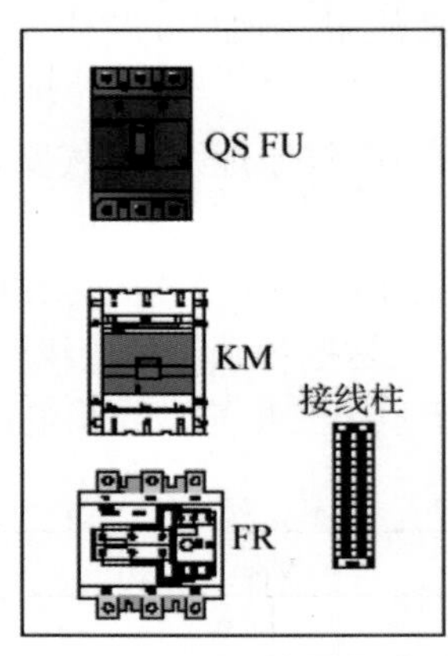

图 2-2　三相笼型异步电动机控制线路安装图

绘制电气安装图时应注意以下几点：

（1）按电气原理图要求，应将动力、控制和信号电路分开布置，并各自安装在相应的位置，以便于操作和维护。

（2）电气控制柜中各元件之间，上、下、左、右之间的连线应保持一定间距，并且应考虑器件的发热和散热因素，应便于布线、接线和检修。

（3）给出部分元器件型号和参数。

（4）图中的文字符号应与电气原理图和电气设备清单一致。

3）电气接线图

电气接线图是用来表明电气设备各单元之间的接线关系，一般不包括单元内部的连接，着重表明电气设备外部元件的相对位置及它们之间的电气连接。如图 2-3 所示为三相笼型异步电动机控制线路电气接线图。

绘制电气接线图时注意以下几点：

（1）外部单元同一电器的各部件画在一起，其布置应该尽量符合电器的实际情况。

（2）不在同一控制柜或同一配电屏上的各电气元件的连接，必须经过接线端子板进行。图中文字符号、图形符号及接线端子板编号，应与电气原理图相一致。

（3）电气设备的外部连接应标明电源的引入点。

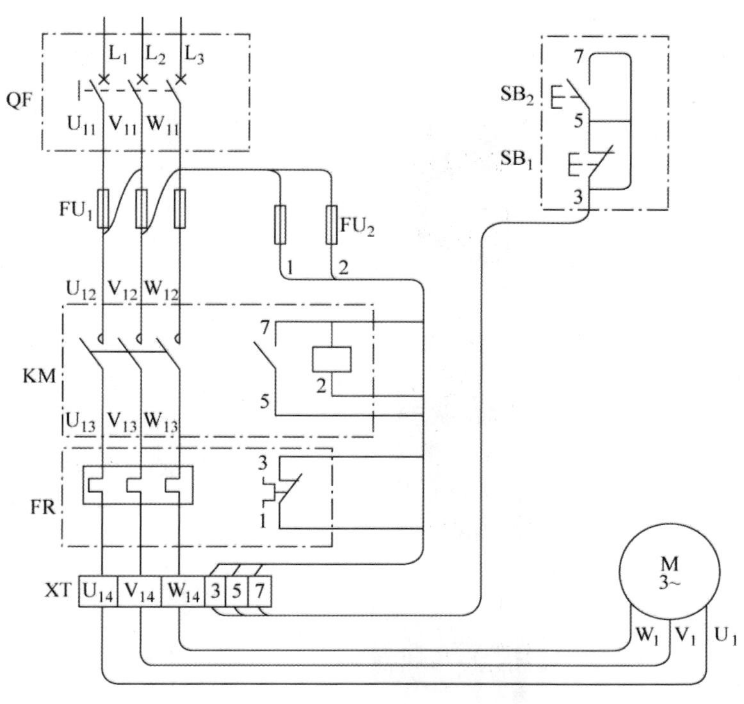

图 2-3　三相笼型异步电动机控制线路电气接线图

任务实施

1. 实训安全教育

安全无小事，在电气设备的实训操作中更是如此。因此在任务的实施过程中，每一个人都要严格遵守操作规程和规范，做到遵规守纪，这是尊重生命、尊重自我、尊重他人的一种表现。珍视生命、重视安全是我们每个人的义务，更是每个人的责任，让我们携手共进，共同维护好校园与课堂安全。

2. 熟悉常用电气元件实物与接线端子图的对应关系

完善表 2-1 中的内容。

表 2-1　常用电气元件控制原理图与实物接线图对应关系

序号	元件名称	符号	实　物　图	接线端子图
1	按钮			常开　常闭　常闭　常开　1　2　3　4

（续表）

序号	元件名称	符号	实　物　图	接线端子图
2	行程开关			1 2 3 4
3	接触器			1 2 3 4 5 6 7 8 9 10 + −
4	热继电器			1 2 3 4
5	时间继电器			6 5 4 3 7 8 1 2 + −
6	中间继电器			1 2 3 4 5 6 7 8 9 10 11 12 13 14 15 16 17 18 + −

任务评价

学习任务评价如表 2-2 所示。

表 2-2　学习任务评价表

<table>
<tr><th colspan="2">评价项目</th><th>评 价 内 容</th><th>评 价 标 准</th><th>分值</th><th>自评
10%</th><th>互评
30%</th><th>师评
60%</th></tr>
<tr><td rowspan="3">职业素养</td><td>劳动纪律</td><td>有时间观念，遵守实训规章制度</td><td>没有时间观念，不遵守实训规章制度扣 1～10 分</td><td>10</td><td></td><td></td><td></td></tr>
<tr><td>工作态度</td><td>认真完成学习任务，主动钻研专业技能</td><td>态度不认真，不能按指导老师要求完成学习任务扣 1～10 分</td><td>10</td><td></td><td></td><td></td></tr>
<tr><td>职业规范</td><td>遵守电工操作规程及规范；工作台面清洁，工具摆放整齐</td><td>不遵守电工操作规程及规范扣 1～8 分；工作台面脏乱，工具摆放无序扣 1～2 分</td><td>10</td><td></td><td></td><td></td></tr>
<tr><td rowspan="3">职业技能</td><td>文字符号识读</td><td>能正确识读常用元件的文字符号</td><td>识读失误每次扣 5 分</td><td>20</td><td></td><td></td><td></td></tr>
<tr><td>图形符号识读</td><td>能正确识读常用元件的图形符号</td><td>识读失误每次扣 5 分</td><td>20</td><td></td><td></td><td></td></tr>
<tr><td>元件接线练习</td><td>能正确完成各元件触点接线</td><td>接线失误每次扣 5 分</td><td>30</td><td></td><td></td><td></td></tr>
<tr><td colspan="4">合　　计</td><td>100</td><td></td><td></td><td></td></tr>
<tr><td colspan="4">指导教师签字：</td><td></td><td>年</td><td>月</td><td>日</td></tr>
</table>

任务 2　探究电动机的基本保护环节

任务描述

没有保护环节的电动机(生产机械)能正常工作吗？本次任务将探究常用的电气保护元件及保护方法。

知识链接

电气控制线路在设计上除了需满足生产机械加工工艺外，还需保证设备长期安全、可靠地运行，因此电气控制的保护环节是所有电气控制系统中不可缺少的组成部分。

电力拖动控制装置中，继电接触控制系统通常用来完成电动机的启动、制动、反转、调速等自动控制功能。为了电气设备的安全可靠，控制线路都设有必要的保护环节，当系统发生各种故障时，能及时切断主电路，保护电气设备安全无损。对电动机控制而言，须具备四种基本保护：短路保护，过载保护（或过电流保护），欠电压保护（包括零电压保护）以及对三相交流电动机缺相保护等。

最简单的三相交流异步电动机直接启动控制电路，如图 2-1 所示。合上断路器 QF，控制电路有电，按下启动按钮 SB_2，接触器线圈 KM 通电，衔铁被吸合，主触点 KM 闭合，电动机定子绕组接到三相电源上启动运转。接触器辅助触点 KM 也同时闭合，这样当松开启动按钮 SB_2 后，接触器线圈仍能通电，保证了电动机的持续运行，启动过程结束。停车时，按停止按钮 SB_1，接触器线圈 KM 失电，衔铁释放，主触点 KM 断开，电动机定子绕组与电网脱开，电动机停转。这个电路中涉及的电气保护元件及保护环节如下：

1) 短路保护

在图 2-1 所示的三相交流异步电动机控制电路中，主电路和控制电路上都装有保护元件熔断器 FU，它的作用就是在电路中实现短路保护。

控制系统在使用过程中，由于电机绕组、连接导线的绝缘损坏、控制电器动作程序出现故障或误操作等，均有可能使不同极性或不同相位的电源线出现直接短路故障。巨大的短路电流将严重损坏电动机或其他电器，甚至危及电网。所以，短路时，熔断器 FU 应立即动作，短路电流愈大，熔断时间愈短，将短路源与电网隔离。

2) 过载保护

三相交流异步电动机控制电路中装有热继电器 FR，当电动机过载时，热继电器的脱扣机构动作，其对应的常闭触点 FR 打开，接触器线圈 KM 失电，主辅触点复位，使电动机停转，防止电动机因长期过载而发热烧坏。这类热继电器实现的过载保护，又称为热保护。

热继电器的过载保护与熔断器的短路保护有本质上的区别，使用时必须配合好。由于热继电器热惯性元件的关系，当电路中出现短时过电流、过载时，热继电器不会马上动作，旨在避开电动机启动、制动、调速等过渡过程的冲击电流。当瞬时过电流很大，超过熔断器的整定值时，应由熔断器来切断主电路。而当电动机长期过载时，热继电器才动作，起到过载保护的作用，而此时熔断器则不应动作。

通常与过载保护类似的另一种保护是过电流保护，亦称短时过载保护。它通过无延时的电磁式电流继电器来实现。过电流继电器的线圈串在主电路中，继电器的动作电流值可根据需要来整定。当主电路发生短时过电流，电流值超过其动作值时，过电流继电器动作，切断相关的控制电路，使电动机停转。

过电流保护常用于限流启动的直流电动机和绕线式异步电动机。对于直接启动的鼠笼式异步电动机，由于无法设置合适的过电流整定值，一般不采用过电流保护，而采用由热继电器来实现的长延时过载保护。

起货机、锚机在重负荷高速挡广泛地采用过电流保护。例如，当锚机运行在起锚高速挡时，过电流继电器监测主电路的电流，若电流超过其起锚高速挡额定电流值时，控制线路自动切换，使锚机自动退到中速挡工作。

3）零电压和欠电压保护

电动机在运行时由于电源电压突然消失致使电动机停车，那么在电源电压一旦恢复时，电动机将会猝不及防地自行启动，危及安全。为此，必须设置保护环节防止电源电压恢复时电动机自行启动，即零电压保护。另外在电动机运转时，电源电压过低会引起电动机转速下降甚至堵转，在负载转矩一定时，电动机电流将急剧增大引起过电流。此外，电压过低将会引起一些电器释放，造成控制电路工作不正常。因此，在电压下降到最小允许值时需要切断电源，这就是欠电压保护。

零电压保护和欠电压保护一般可由同一电器来实现。在由按钮作为主令电器的控制线路中，一般由线路中的接触器兼作零电压和欠电压保护，而不另设专用的零压和欠压保护电器。如图 2-1 的三相交流异步电动机控制电路中由接触器 KM 来实现该保护。

由主令控制器作为主令电器的控制线路中，必须设置专用的零压和欠压保护电器。一般采用电压继电器来进行零电压和欠电压保护。锚机和起货机的控制线路中，均设有这样的零压和欠压保护环节。用作零电压和欠电压保护的继电器或接触器，必须具备高返回系数，吸引线圈的吸合电压 U_x，一般整定在 0.8～0.85 倍额定电压之间，释放电压 U_f 整定在 0.5～0.7 倍额定电压之间。

4）缺相保护

三相交流异步电动机运行时，任一相断线（或失电），会造成单相运行，此时电动机为了得到同样的电磁转矩，定子电流将大大超过其额定电流，导致电机发热烧坏，缺相运行的电机，还伴随着剧烈的电振动和机械振动。在这种情况下，热继电器 FR 起着缺相保护的作用，断开接触器电源，使电动机停下来。一般热继电器的发热元件串接在三相主电路的任意二相之中，在任一相发生缺相故障时，必然导致另两相电流的大幅度增加，为热继电器所检测到。

任务实施

1. 实训安全教育

安全无小事，在电气设备的实训操作中更是如此。在任务的实施过程中，每一个人都要严格遵守操作规程和规范，做到遵规守纪，这是尊重生命、尊重自我、尊重他人的一种表现。珍视生命、重视安全是每个人的义务，更是每个人的责任，让我们携手共进，共同维护好校园与课堂安全。

2. 热继电器保护特性的探究

1）探究电路

热继电器保护特性探究电路如图 2-4 所示。

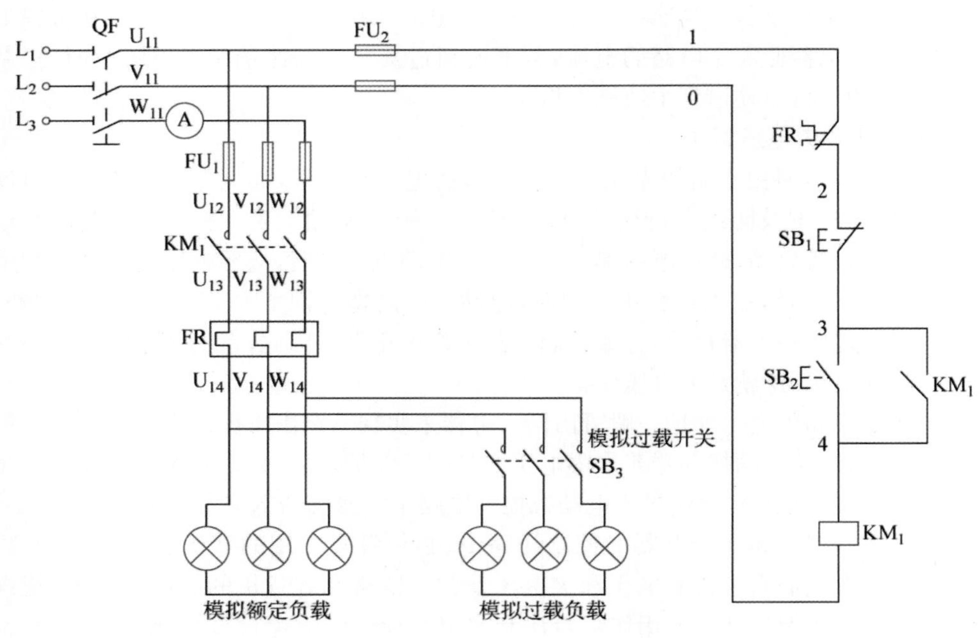

图 2-4　热继电器保护特性探究电路

2）探究器材

根据探究电路，正确选择元器件的型号规格和数量并填写在元器件明细表中（见表 2-3）。

表 2-3　元器件明细表

序号	符号	元件实物图	名　称	型　号
1	XD			
2	QF			
3	FU			

（续表）

序号	符号	元件实物图	名　称	型　号
4	FR			
5	SB_1、SB_2、SB_3			
6	KM_1			
7	—		万用表	
8	—		工具	
9	—		导线	

3）线路安装

清点工具、分析电路，根据图 2-4 完成电路安装。确定安装导线数量及位置（见表 2-4）。

表 2-4　探究热继电器性能接线表

线　号	根　　数	位　　置
0 号线		
1 号线		
2 号线		
3 号线		
4 号线		

4）线路检测

利用电阻分段测量法对故障进行判断（见表 2-5）。

表 2-5　电阻分段测量法测量热继电器性能探究电路结果

位置	电阻值（正常）	电阻值（测量值）	故障点判断
1-2	0		
2-3	0（不按按钮）		
2-3	∞（按下按钮）		
3-4	∞（不按按钮）		
3-4	0（按下按钮）		
4-0	1.4 kΩ		

如果测量结果与正常值相符，表示安装电路正确，可通电调试电路。

5）通电调试

（1）检查电路后在教师的指导下接通电源。

（2）按照表 2-6 中的操作顺序，调整热继电器的动作值，记录结果。

表 2-6　热继电器性能探究电路动作过程

序号	操 作 步 骤	动 作 元 件	记 录 结 果
1	合上电源开关 QF		
2	按下启动按钮 SB_2		
3	按下启动按钮 SB_3		

3. 按 5S 管理要求清理工位

探究任务完成后，关闭电源，按 5S 管理要求清理工位台，清点并整理工具箱，将实训设备恢复到初始状态。

任务评价

学习任务评价如表 2-7 所示。

表 2-7　学习任务评价表

<table>
<tr><th colspan="2">评价项目</th><th>评 价 内 容</th><th>评 价 标 准</th><th>配分</th><th>自评
10%</th><th>互评
30%</th><th>师评
60%</th></tr>
<tr><td rowspan="3">职业素养</td><td>劳动纪律</td><td>有时间观念，遵守实训规章制度</td><td>没有时间观念，不遵守实训规章制度扣 1～10 分</td><td>10</td><td></td><td></td><td></td></tr>
<tr><td>工作态度</td><td>认真完成学习任务，主动钻研专业技能</td><td>态度不认真，不能按指导老师要求完成学习任务扣 1～10 分</td><td>10</td><td></td><td></td><td></td></tr>
<tr><td>职业规范</td><td>遵守电工操作规程及规范；工作台面保持清洁，工具摆放整齐</td><td>不遵守电工操作规程及规范扣 1～8 分；工作台面脏乱，工具摆放无序扣 1～2 分</td><td>10</td><td></td><td></td><td></td></tr>
<tr><td rowspan="4">职业技能</td><td>元器件选择及检测</td><td>(1) 根据电路图，选择元器件的型号规格和数量
(2) 元器件检测</td><td>(1) 接触器、熔断器、热继电器选择不当每处扣 2 分，其他元件选择不当每处扣 1 分
(2) 元器件检测失误每处扣 2 分</td><td>10</td><td></td><td></td><td></td></tr>
<tr><td>安装工艺</td><td>导线连接紧固、接触良好</td><td>接线松动，露铜、接触不良等每处扣 1 分</td><td>10</td><td></td><td></td><td></td></tr>
<tr><td>安装与调试</td><td>(1) 按图接线正确
(2) 能正确调整热继电器、时间继电器的整定值
(3) 通电试车一次成功
(4) 通电操作步骤正确</td><td>(1) 未按图接线，或线路功能不全每处扣 10 分
(2)整定不当每处扣 2～4 分
(3) 一次不成功扣 10 分，三次不成功本项不得分
(4) 通电操作步骤不正确扣 2～10 分</td><td>30</td><td></td><td></td><td></td></tr>
<tr><td>故障检测</td><td>(1) 能正确分析故障原因
(2) 能正确查找故障并排除</td><td>(1) 分析错误，每处扣 3 分
(2) 每少查出并少排除一个故障点，扣 5 分</td><td>20</td><td></td><td></td><td></td></tr>
<tr><td colspan="4">合　　计</td><td>100</td><td></td><td></td><td></td></tr>
<tr><td colspan="4">指导教师签字：</td><td></td><td>年</td><td>月</td><td>日</td></tr>
</table>

模块 2　电动机全压启动控制线路

学习目标

知识目标：了解典型全压控制线路的组成及工作原理。

技能目标：能根据典型控制电路的原理图，完成分析、安装、调试各种类型全压启动控制线路。

素养目标：在分析、安装、调试全压启动控制线路的过程中，逐步培养精益求精的工作态度；将5S管理理念融于课堂、落实到学习生活中：提倡整理、整顿、清扫自己的书桌、学习用品与工具，养成良好的工作习惯。

任务1　正转控制线路

任务描述

你一定见过吊车设备上、下、左、右、前、后移动，那么它是怎么转起来的，又是怎样工作的呢？本次任务将带领大家系统探究电动机的点动控制、连续控制线路的工作原理及安装调试的方法。

知识链接

一般根据生产机械对电力拖动的不同要求，控制线路的结构形式也有所差异，但是它们均由一些基本的控制环节并按一定的规律组合而成。所以学会基本控制环节电路的工作原理对于掌握电气线路的运行、安装、维护、检修具有重要意义。

正转控制线路是电力拖动常用的基本环节电路之一，一般小功率电动机通常采用全压直接启动。

1. 什么是全压启动

电动机接通电源后由静止状态逐渐加速再到稳定运行状态的过程，就是电动机的启动过程。如果将电源额定电压直接加到电动机的定子绕组上，使电动机旋转启动，称为全压启动，也称直接启动。

电动机全压启动的优点是所用电气设备少、线路简单，维护、保养方便，维修量小；其缺点则是启动电流比较大，会使电网电压降低，影响其他电气设备的稳定运行。

2. 全压启动的条件

判断一台交流电动机能否采用全压启动可以按照下面条件来确定：

$$\frac{I_{st}}{I_N} \leqslant \frac{3}{4} + \frac{S_T}{4P_N} \tag{2-1}$$

式中，I_{st}——电动机全压启动电流，单位：A。

I_N——电动机额定电流，单位：A。

S_T——电源变压器容量，单位：kV·A。

P_N——电动机功率，单位：kW。

满足此条件即可全压启动，否则需采用减压启动方式。

一般小功率电动机（5 kW以下）通常采用全压直接启动，实际工作中10 kW以下的电动机大多可以采用全压启动控制。

3. 典型全压启动控制线路

1) 点动正转控制线路

在生产过程中，有些机械拖动设备的运行需要操作人员在现场频繁调整和短时间操作，即点动控制，它是指按下按钮，电动机启动运转，松开按钮，电动机停止运转。譬如甲板舷梯起落设备、主机盘车机、电动葫芦等，如图 2-5 所示。这些设备的工作就需要采用点动控制线路来控制操作。

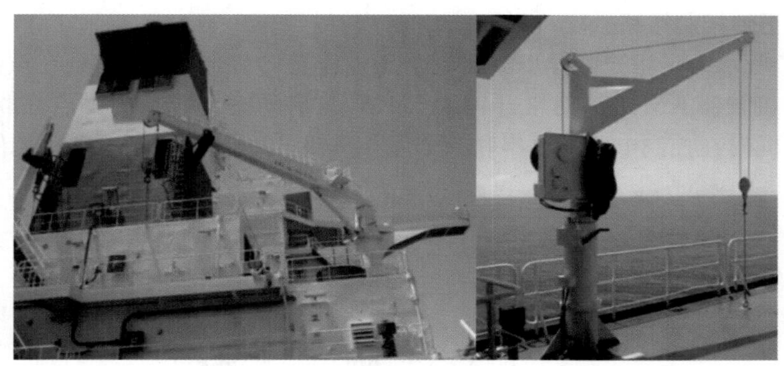

图 2-5　甲板舷梯起落设备、主机盘车机、电动葫芦

点动控制线路如图 2-6 所示，其工作过程如表 2-8 所示，从表中工作过程可以看出，该电路具有接通按钮电动机投入运转、松开按钮电动机停转的特点，也即实现了电动机的点动控制。

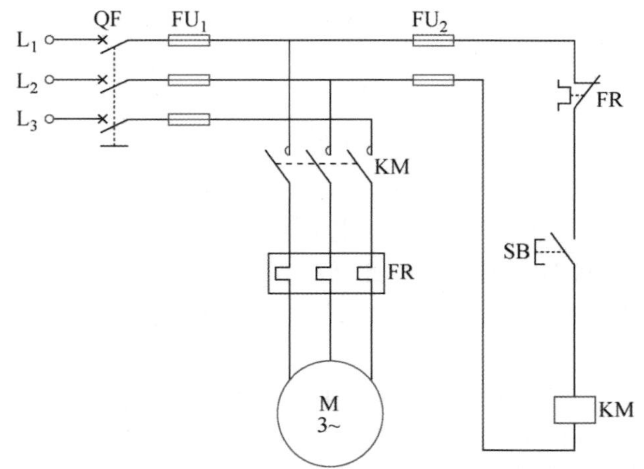

图 2-6　点动控制线路

表 2-8　点动控制线路工作过程

序号	操作步骤	动作元件	动作结果
1	合上电源开关 QF	→断路器闭合	→三相电源指示灯亮
2	按下按钮 SB	→KM 线圈得电	→KM 主触点闭合→主电路接通→电动机运转
3	松开按钮 SB	→KM 线圈失电	→KM 主触点复位→主电路断开→电动机停转
4	拉开电源开关 QF	→断路器断开	→三相电源指示灯熄灭→线路断开

2）连续正转控制线路

如图 2-7 所示为三相笼型异步电动机全压连续正转控制线路，它是在点动控制线路的基础上，将接触器 KM 的一对常开辅触点 KM 与启动按钮 SB_2 的触点并联，即实现了“连续”控制；同时在控制电路中再串联一个停止按钮 SB_1，用以控制电动机的停转。

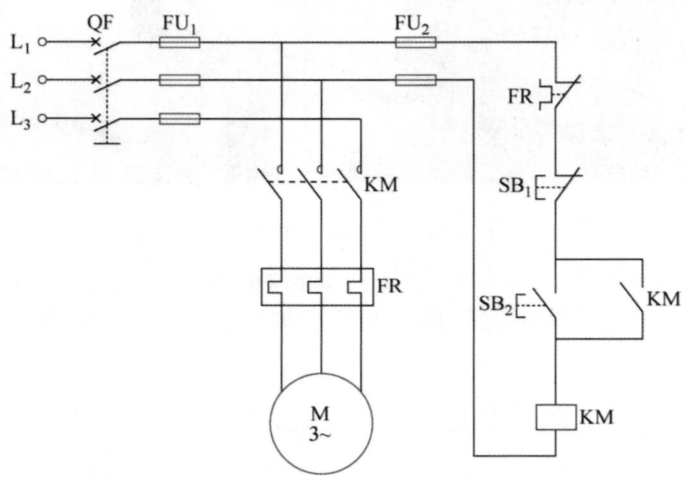

图 2-7　连续正转控制线路

（1）工作原理。启动时，合上电源开关 QF，按下启动按钮 SB_2，交流接触器 KM 线圈得电，接触器主触点闭合，电动机通过三相电源直接启动运转；同时与 SB_2 并联的常开辅助触点 KM 闭合，使接触器线圈可以经此回路保持通电状态；松开按钮 SB_2 时，接触器 KM 线圈仍可以通过 KM 常开辅助触点继续通电，电动机继续保持运行状态（即连续运行）。

通常将这种用接触器自身的辅助触点来使其线圈保持通电的作用叫做自锁（或自保）。与启动按钮 SB_2 并联的 KM 的这一对常开辅助触点叫做自锁（或自保）触点。

按下停止按钮 SB_1，将控制电路断开，接触器 KM 线圈失电，主触点复位，将三相电源断开，电动机停止运转；当手松开按钮后，SB_1 常闭触点在复位弹簧作用下，恢复到原来的闭合状态，但接触器线圈已经失电，自锁状态也随之解除。连续正转控制线路工作过程如表 2-9 所示。

表 2-9　连续正转控制线路工作过程

序号	操 作 步 骤	动 作 元 件	动 作 结 果
1	合上电源开关 QF	→断路器闭合	→三相电源指示灯亮
2	按下启动按钮 SB_2	→KM 线圈得电	→KM(常开)触点闭合，自锁
			→KM 主触点闭合→主电路接通→电动机运转
3	松开启动按钮 SB_2	→KM 线圈得电	→KM(常开)触点闭合，自锁
			→KM 主触点闭合→主电路接通→电动机连续运转
4	按下停止按钮 SB_1	→KM 线圈失电	→KM 各触点复位→主电路、控制电路断开→电动机停止运行
5	拉开电源开关 QF	→断路器断开	→三相电源指示灯熄灭→线路断开

(2) 连续正转控制线路的保护环节。由熔断器 FU 实施电路的短路保护：其中 FU_1 实现电路短路保护，FU_2 实现控制电路的短路保护；由热继电器作为过载保护元件：其热元件串接在电动机的主电路中，常闭辅助触点串接在控制电路中；由接触器承担欠电压与失电压(或零电压)保护：这是具有自锁的连续正转控制线路的一个重要特点。

3) 点动和连续控制线路

在实际工作中，某些生产机械常常要求能够正常启动并连续运行，同时在进行调整(如机床检修、维护等)工作时，又能够采用点动控制。既能实现点动控制又能实现连续控制的线路如图 2-8 所示。

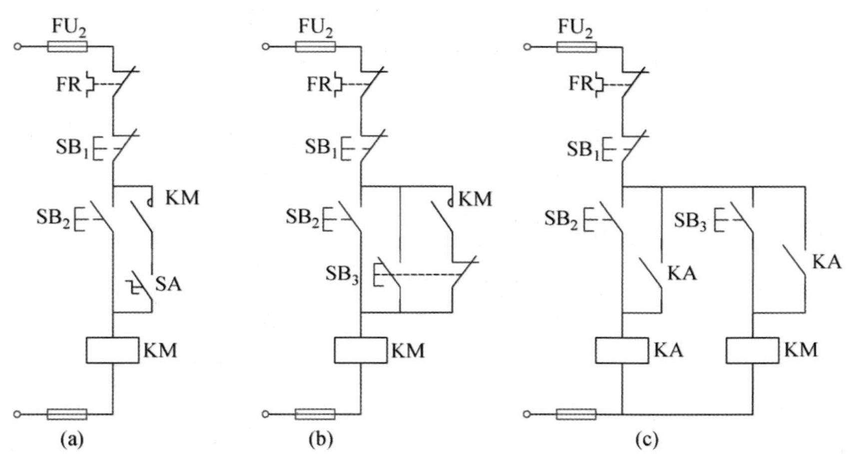

图 2-8　点动和连续控制线路

(a) 采用转换开关 SA；(b) 采用复合按钮 SB_3；(c) 采用中间继电器 KA

图 2-8(a)所示的线路比较简单，采用转换开关 SA 实现控制。点动控制时，先把 SA 打开，断开自锁电路→按动 SB_2→KM 线圈通电→电动机 M 点动；连续控制时，把 SA 合上→按动 SB_2→KM 线圈通电，自锁触点起作用→电动机 M 实现连续运行。

图 2-8(b)所示的线路采用复合按钮 SB_3 实现控制。点动控制时，按动复合按钮 SB_3，断开自锁回路→KM 线圈通电→电动机 M 点动；连续控制时，按动启动按钮 SB_2→KM 线圈通电，自锁触点起作用→电动机 M 连续运行。此线路在点动控制时，若接触器 KM 的释放时间大于复合按钮的复位时间，则点动结束，SB_3 松开时，SB_3 常闭触点已闭合但接触器 KM 的自锁触点尚未打开，会使自锁电路继续通电，则线路不能实现正常的点动控制。

图 2-8(c)所示的线路采用中间继电器 KA 实现控制。连续控制时，按动启动按钮 SB_2→中间继电器 KA 线圈通电并自锁→KM 线圈通电→电动机 M 实现长动。点动控制时，按动启动按钮 SB_3→KM 线圈通电→M 点动。此线路多用了一个中间继电器，但工作可靠性却提高了。

任务实施

1. 实训安全教育

安全无小事，在电气设备的实训操作中更是如此。在任务的实施过程中，每一个人都要严格遵守操作规程和规范，做到遵规守纪，这是尊重生命、尊重自我、尊重他人的一种表现。珍视生命、重视安全是每个人的义务，更是每个人的责任，让我们携手共进，共同维护好校园与课堂安全。

2. 具有点动、连续运行功能的正转控制线路的探究

1) 探究电路(见图 2-9)

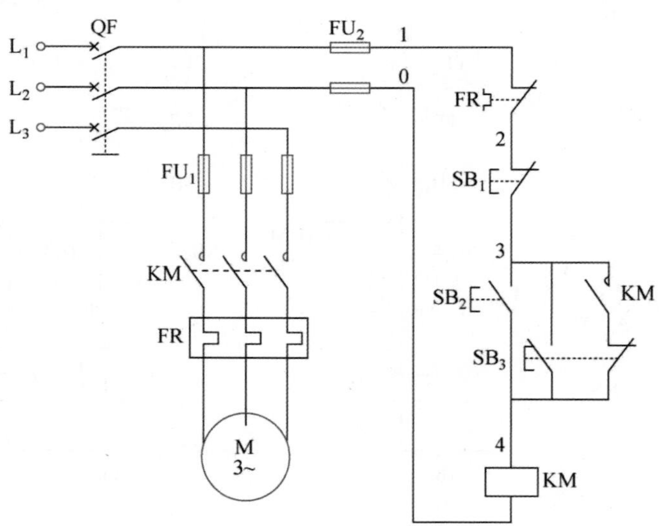

图 2-9　具有点动、连续运行功能的正转控制线路探究电路

2) 探究器材

根据探究电路，正确选择元器件的型号规格和数量并填写在元器件明细表中(见表 2-10)。

表 2-10　元器件明细表

序号	符号	元件实物图	名　称	型　号
1	XD			
2	M			
3	QF			
4	FU			
5	FR			
6	SB_1、SB_2、SB_3			
7	KM			

（续表）

序号	符号	元件实物图	名　　称	型　　号
8	—		万用表	
9	—		工具	
10	—		导线	

3）线路安装

分析电路、清点元器件、工具等，根据图 2-9 完成电路安装。确定安装导线的数量、接线位置，填入表 2-11 中。

表 2-11　探究点动、连续运行正转控制线路接线表

线　号	根　　数	位　　置
0 号线		
1 号线		
2 号线		
3 号线		
4 号线		

4）线路检测

分析线路情况，并把结果填入表 2-12 中。

表 2-12　电阻分段测量法测量点动、连续运行正转控制探究电路结果

位置	电阻值(正常)	电阻值(测量值)	故障点判断
1-2	0		
2-3	0		
3-4	∞(不按按钮)		
3-4	0(按下按钮 SB_2)		
3-4	0(按下按钮 SB_3)		

（续表）

位置	电阻值（正常）	电阻值（测量值）	故障点判断
3-4	0（按下接触器 KM）		
4-0	1.4 kΩ 左右		

如果测量结果与正常值相符，表示安装电路正确，可通电调试电路。

5）通电调试

（1）检查电路后在教师的指导下接通电源。

（2）按照表 2-13 的操作顺序，观察每一步操作后的动作现象，并记录在表中。

表 2-13　点动、连续运行正转控制电路工作过程探究

序号	操作步骤	动作元件	动作现象
1	合上电源开关 QF	→断路器闭合	→三相电源指示灯亮
2	按下启动按钮 SB_2		
3	松开启动按钮 SB_2		
4	按下启动按钮 SB_3		
5	松开启动按钮 SB_3		
6	拉开电源开关 QF	→断路器断开	→三相电源指示灯熄灭→线路断开

6）按 5S 管理要求清理工位

探究任务完成后，关闭电源，按 5S 管理要求清理工位台，清点并整理工具箱，将实训设备恢复到初始状态。

任务评价

学习任务评价如表 2-14 所示。

表 2-14　学习任务评价表

评价项目		评价内容	评价标准	配分	自评 10%	互评 30%	师评 60%
职业素养	劳动纪律	有时间观念，遵守实训规章制度	没有时间观念，不遵守实训规章制度扣 1～10 分	10			
	工作态度	认真完成学习任务，主动钻研专业技能	态度不认真，不能按指导老师要求完成学习任务扣 1～10 分	10			
	职业规范	遵守电工操作规程及规范；工作台面保持清洁，工具摆放整齐	不遵守电工操作规程及规范扣 1～8 分；工作台面脏乱，工具摆放无序扣 1～2 分	10			

（续表）

评价项目		评价内容	评价标准	配分	自评 10%	互评 30%	师评 60%
职业技能	元器件选择及检测	(1) 根据电路图，选择元器件的型号规格和数量 (2) 元器件检测	(1) 接触器、熔断器、热继电器选择不当每处扣 2 分，其他元件选择不当每处扣 1 分 (2) 元器件检测失误每处扣 2 分	10			
	安装工艺	导线连接紧固、接触良好	接线松动，露铜、接触不良等每处扣 1 分	10			
	安装与调试	(1) 能正确按图接线 (2) 能正确调整热继电器、时间继电器的整定值 (3) 通电试车一次成功 (4) 通电操作步骤正确	(1) 未按图接线，或线路功能不全每处扣 10 分 (2)整定不当每处扣 2～4 分 (3) 一次不成功扣 10 分，三次不成功本项不得分 (4) 通电操作步骤不正确扣 2～10 分	30			
	故障检测	(1) 能正确分析故障原因 (2) 能正确查找故障并排除	(1) 分析错误，每处扣 3 分 (2) 每少查出并少排除一个故障点，扣 5 分	20			
合　计				100			
指导教师签字：					年	月	日

能力拓展与提升

试一试，你能解决表 2-15 中的问题吗？

表 2-15　点动、连续运行正转控制线路故障分析表

序号	故障现象	故障分析及排除
1	按下启动按钮 SB_2 后，接触器不动作	
2	松开启动按钮 SB_2 后，接触器立即失电	
3	松开启动按钮 SB_3 后，接触器保持有电	

任务 2　正反转控制线路

任务描述

说到电动机的正反转，可能同学们一时难以想象，其实我们基本上天天都会碰到它：家住高层的同学每天都要乘坐电梯上下楼、清晨来到学校看到电动门的打开和闭合……

这些都是由电动机正反转控制线路完成的，那么电动机是怎样实现正反转控制的呢？本次任务将带领大家一起来探究如何实现电动机的正反转以及电动机正反转控制线路的工作原理、安装调试方法等。

知识链接

如何实现电动机的正反转？如图 2-10 所示，将接至交流电动机的三相电源进线中任意两相进线对调，即可实现电动机反转。

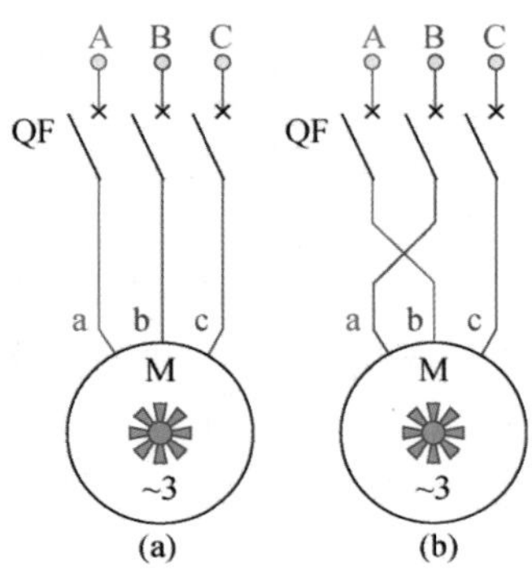

图 2-10　电动机正反转的实现

(a) 正转；(b) 反转

1. 接触器控制的正反转线路

怎样使三相电源进线中的任意两根实现对调，从而实现电动机反转呢？如图 2-11 所示，采用两个接触器来实现这一要求。其中，接触器 KM_1 为正转控制接触器，按钮 SB_2 为

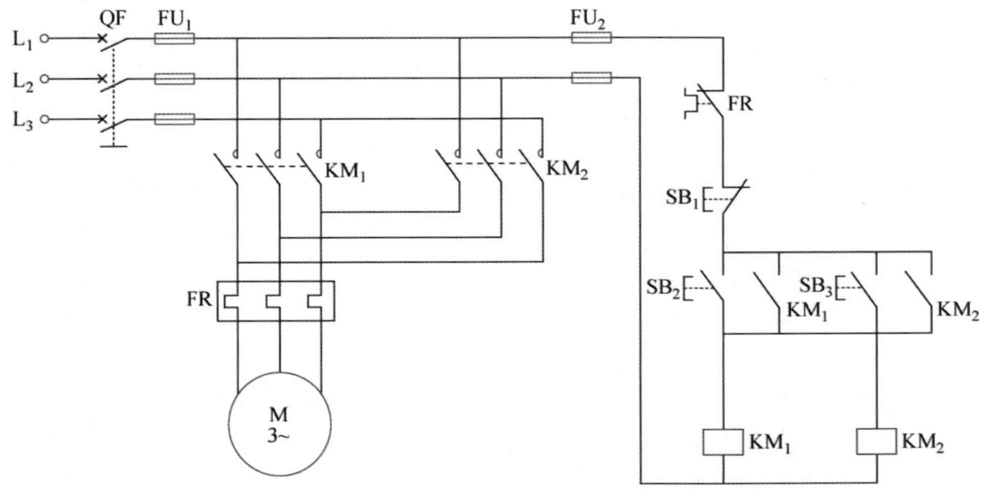

图 2-11　接触器控制的正反转线路

正转启动控制按钮，当接触器 KM_1 工作时，电动机正转；接触器 KM_2 为反转控制接触器，按钮 SB_3 为反转启动控制按钮，当接触器 KM_2 工作时，将接到电动机上的电源相线任意两根互换，电动机反转。该电路工作过程如表 2-16 所示。

表 2-16　接触器控制的正反转线路工作过程

序号	操作步骤	动作元件	动作结果
1	合上电源开关 QF	→断路器闭合	→三相电源指示灯亮
2	按下启动按钮 SB_2	→KM_1 线圈得电	→KM_1(常开)触点闭合，自锁 →KM_1 主触点闭合→主电路接通→电动机 M 正转
3	松开启动按钮 SB_2	→KM_1 线圈得电	电动机 M 继续正转运行
4	按下停止按钮 SB_1	→KM_1 线圈失电	→KM_1 各触点复位→主电路、控制电路断开→电动机 M 停止运行
5	松开停止按钮 SB_1	→KM_1 线圈失电	电动机 M 已停转
6	按下启动按钮 SB_3	→KM_2 线圈得电	→KM_2(常开)触点闭合，自锁 →KM_2 主触点闭合→主电路接通→电动机 M 反转
7	松开启动按钮 SB_3	→KM_2 线圈得电	电动机 M 继续反转运行
8	按下停止按钮 SB_1	→KM_2 线圈失电	→KM_2 各触点复位→主电路、控制电路断开→电动机 M 停止运行
9	拉开电源开关 QF	→断路器断开	→三相电源指示灯熄灭→线路断开

对于图 2-11 所示电路，观察其主电路，可以发现，如果接触器 KM_1 和 KM_2 同时通电，主触点同时闭合，将造成 L_1、L_2 两相电源短路，造成重大电气事故。这种事故是否仅依靠操作人员的小心谨慎就能完全避免呢？俗话说“老虎也有打盹的时候”，因此我们必须在源头上解决这个问题，也即在电路设计中就要避免这种可能发生故障的情况。

2. 接触器互锁(联锁)的正反转控制线路

为了解决上述可能发生的电源相间短路的问题，我们可以在多种运动状态的生产机械或多个生产机械之间设计相互制约的条件。比如，对正在进行正转的电动机，要求电动机闭锁其反转控制，反之亦然。

如在上述电动机的正反转控制电路中，在接触器 KM_1 和 KM_2 线圈各自的支路中相互串联对方的一对常闭辅助触点，以保证接触器 KM_1 和 KM_2 不会同时通电，防止电源相间短路。接触器 KM_1 和 KM_2 这两对常闭辅助触点在电路中互相控制的方式，叫电气互锁，或叫电气联锁；这两对起互锁作用的常闭触点叫互锁(或联锁)触点。

图 2-12 所示为实现电动机正反转控制的一个实例。线路中的接触器触点 KM_1 和 KM_2 构成了电动机正反转互锁保护，用于防止正、反转接触器 KM_1 和 KM_2 的同时动作。

接触器互锁的正反转控制线路的工作原理及工作过程如表 2-17 所示。

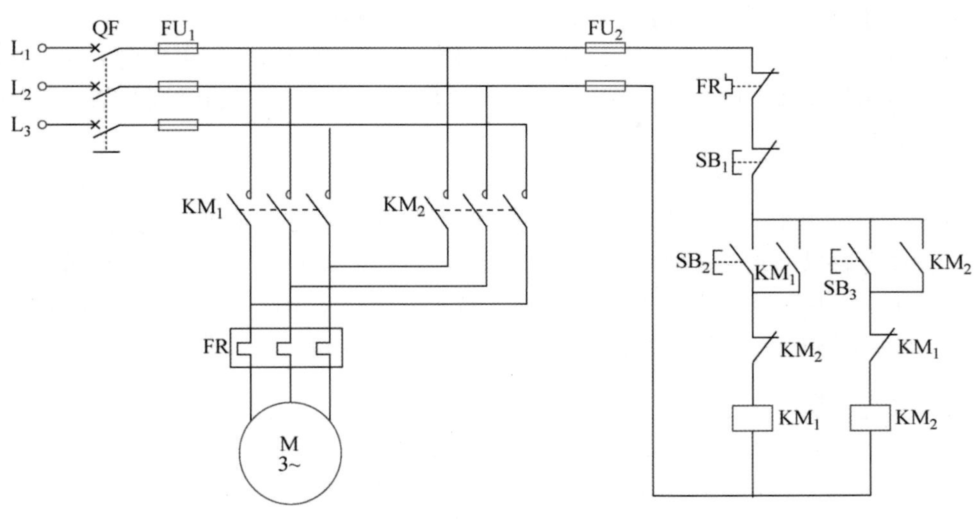

图 2-12　接触器互锁的正反转控制线路

表 2-17　接触器互锁的正反转控制线路工作过程

序号	操作步骤	动作元件	动作结果
1	合上电源开关 QF	→断路器闭合	→三相电源指示灯亮
2	正转控制：按下启动按钮 SB_2	→ KM_1 线圈得电	→ KM_1（常开）触点闭合，自锁 → KM_1 主触点闭合→主电路接通→电动机 M 正转 → KM_1 联锁触点分断→对 KM_2 联锁
3	松开启动按钮 SB_2	→ KM_1 线圈得电	电动机 M 继续正转运行
4	反转控制：按下停止按钮 SB_1	→ KM_1 线圈失电	→ KM_1 自锁触点分断→解除对 KM_1 的自锁→控制电路断开 → KM_1 主触点分断→主电路断开→电动机 M 停止运行 → KM_1 联锁触点闭合→解除对 KM_2 的联锁
5	松开停止按钮 SB_1	→ KM_1 线圈失电	电动机 M 已停转
6	按下启动按钮 SB_3	→ KM_2 线圈得电	→ KM_2（常开）触点闭合，自锁 → KM_2 主触点闭合→主电路接通→电动机 M 反转 → KM_2 联锁触点分断→对 KM_1 联锁
7	松开启动按钮 SB_3	→ KM_2 线圈得电	电动机 M 继续反转运行
8	按下停止按钮 SB_1	→ KM_2 线圈失电	→ KM_2 各触点复位→主电路、控制电路断开→电动机 M 停止运行
9	拉开电源开关 QF	→断路器断开	→三相电源指示灯熄灭→线路断开

通过上述分析，我们可以看出该线路只能实现“正→停→反”或者“反→停→正”控制，也即电动机需要换向时，必须先按下停止按钮，使电动机停转后，方可再反向或正向启动。显然这个电路的操作不够方便，下面介绍的按钮互锁（联锁）的正反转控制线路可以解决这个问题。

3. 按钮互锁的正反转控制线路

将图 2-11 中正转按钮 SB_2 和反转按钮 SB_3 替换为两个复合按钮，并用复合按钮的常闭触点代替接触器的常闭互锁辅助触点串联在对方的控制回路中，这样只要按下按钮，就自然切断了对方接触器线圈支路，实现互锁。这种互锁是利用按钮来实现的，所以称为按钮互锁，也称机械互锁。采用按钮互锁的正反转控制电路，如图 2-13 所示。

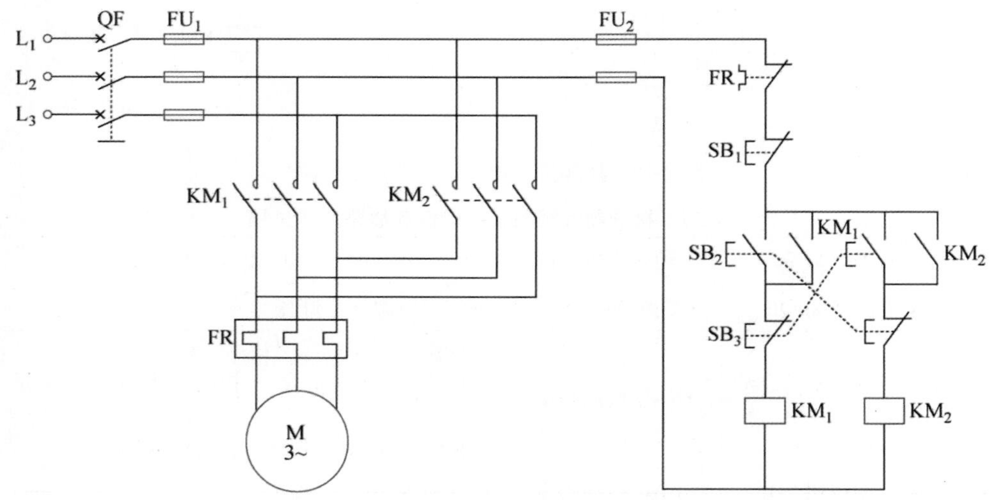

图 2-13　按钮互锁的正反转控制线路

按钮互锁的正反转控制线路的工作原理及工作过程如表 2-18 所述。

表 2-18　按钮互锁的正反转控制线路工作过程

序号	操作步骤	动作元件	动作结果	功能
1	合上电源开关 QF	→断路器闭合	→三相电源指示灯亮	
2	按下启动按钮 SB_2	SB_2 常闭触点先分断	→对 KM_2 接触器联锁	正转控制
		SB_2 常开触点后闭合→KM_1 线圈得电	→KM_1 自锁（常开）触点闭合，自锁	
			→KM_1 主触点闭合→主电路接通→电动机 M 正转	
3	松开启动按钮 SB_2	→KM_1 线圈保持通电	→SB_2 常闭触点闭合→解除对 KM_2 的联锁	
			电动机 M 继续正转运行	

（续表）

序号	操作步骤	动作元件	动作结果	功能
4	按下启动按钮 SB_3	SB_3 常闭触点先分断→KM_1 线圈失电	→KM_1 自锁触点分断→解除对 KM_1 的自锁→控制电路断开	反转控制
			→KM_1 主触点分断→主电路断开→电动机 M 停止运行	
		SB_3 常开触点后闭合→KM_2 线圈得电	→KM_2 自锁(常开)触点闭合，自锁	
			→KM_2 主触点闭合→主电路接通→电动机 M 反转	
5	松开 SB_3	SB_3 常闭触点闭合	解除联锁	
		→KM_2 线圈得电	电动机 M 继续反转运行	
6	按下停止按钮 SB_1	→KM_2 线圈失电	→电动机 M 停止运行	
7	拉开电源开关 QF	→断路器断开	→三相电源指示灯熄灭→线路断开	

从上述分析我们可以看出，这种电路的优点是操作方便，需要电动机反向运行时可直接按下反向按钮即可。但该电路在设备发生机械卡阻等故障时，依然会产生电源两相短路故障，因此为进一步提高电路的安全、可靠性，可采用双重互锁的正反转控制线路。

4. 双重互锁的正反转控制线路

把图 2-12 与图 2-13 电路的优点结合起来，就可以构成双重互锁的正反转控制电路。电路如图 2-14 所示，该电路实际上就是在电气互锁的基础上，再增加了按钮互锁，使之既有接触器常闭触点的电气互锁，也有复合按钮常闭触点的机械互锁，即具有双重互锁，可实现正-停-反的控制，也可实现正-反-停的控制。但是这种直接正反转控制电路仅适用于

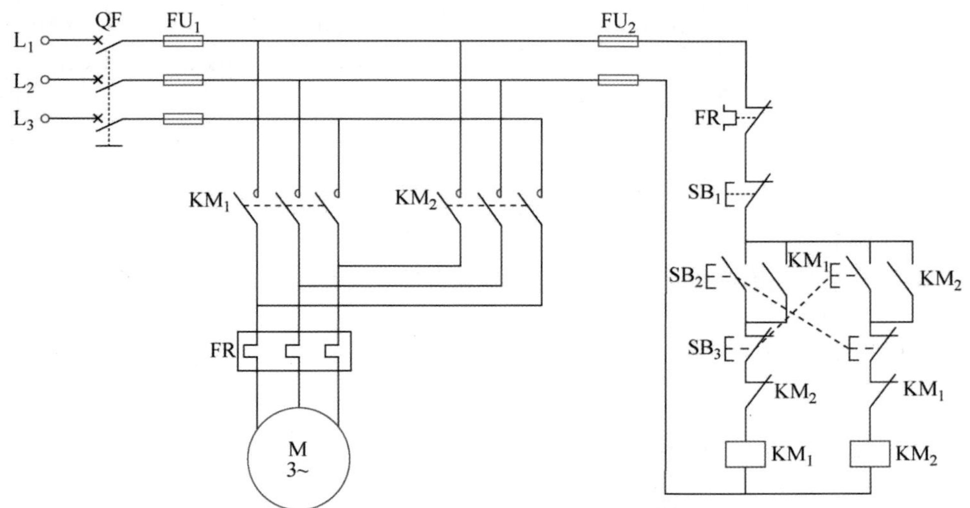

图 2-14　双重互锁正反转控制线路

小容量电动机且正反向转换不频繁、拖动的机械装置惯量较小的场合。

这种电路的优点是操作方便，安全可靠，因此应用广泛，其工作原理请自行分析。

任务实施

1. 实训安全教育

安全无小事，在电气设备的实训操作中更是如此。在任务的实施过程中，每一个人都要严格遵守操作规程和规范，做到遵规守纪，这是尊重生命、尊重自我、尊重他人的一种表现。珍视生命、重视安全是每个人的义务，更是每个人的责任，让我们携手共进，共同维护好校园与课堂安全。

2. 具有双重互锁功能的正反转控制线路的探究

1）探究电路

具有双重互锁功能的正反转控制线路探究电路如图 2-15 所示。

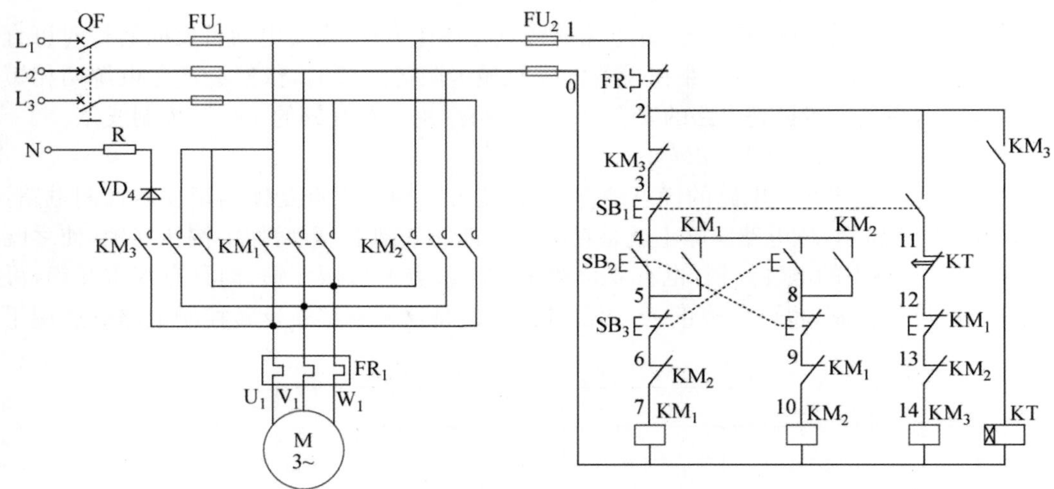

图 2-15　具有双重互锁功能的正反转控制线路探究电路

2）探究器材

根据探究电路，正确选择元器件的型号规格和数量并填写在元器件明细表中（见表 2-19）。

表 2-19　元器件明细表

序号	符号	元件实物图	名　称	型　号
1	XD			

（续表）

序号	符号	元件实物图	名　称	型　号
2	M	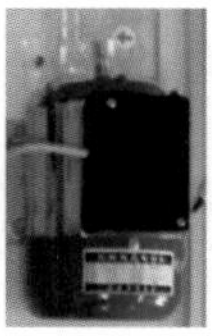		
3	QF	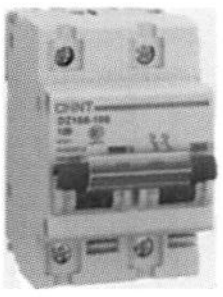		
4	FU			
5	FR			
6	SB_1、SB_2、SB_3			
7	KM_1、KM_2、KM_3			
8	KT			

（续表）

序号	符号	元件实物图	名　称	型　号
9			万用表	
10			工具	
11			导线	

3）线路安装

分析电路、清点元器件、工具等，确定安装导线的数量、接线位置，填入表 2-20 中。在图 2-16 线路板上完成线路安装。

表 2-20　探究双重互锁正反转控制线路接线表

线　号	根　数	位　置
0 号线		
1 号线		
2 号线		
3 号线		
4 号线		
5 号线		
6 号线		
7 号线		
8 号线		
9 号线		
10 号线		

（续表）

线　号	根　　数	位　　置
11 号线		
12 号线		
13 号线		
14 号线		

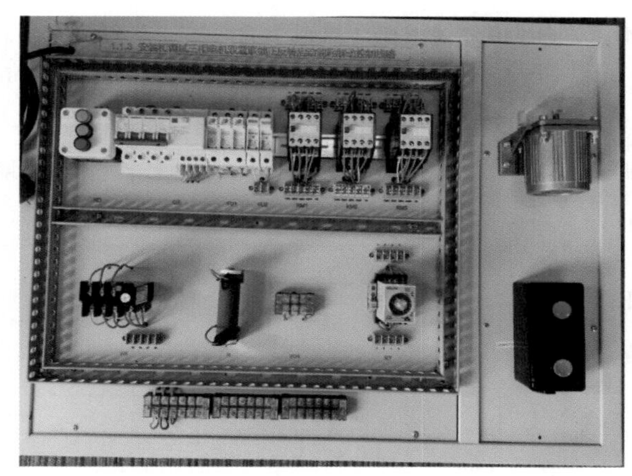

图 2-16　具有双重互锁功能的正反转控制线路安装板

4）线路检测

分析线路情况，并把结果填入表 2-21 中。

表 2-21　电阻分段测量法测量双重互锁正反转控制探究电路结果

位置	电阻值(正常)	电阻值(测量值)	故障点判断
1-2	0		
2-4	0		
4-5	∞(不按按钮)		
4-5	0(按下按钮 SB_2)		
4-5	0(按下接触器 KM)		
5-7	0		
7-0	1.4kΩ 左右		

如果测量结果与正常值相符，表示安装电路正确，可通电调试电路。

在熟练使用电阻分段测量法后，可以采用简化方法测量调试电路，如表 2-22 所示。

表 2-22　双重互锁正反转控制电路测量值

序号	测量位置	操作步骤	正常值	测量值	故障点位置判断
1	FU_2 1 0 万用表红黑表笔分别接 0、1FU_2 接线柱两端	按下按钮 SB_2	1.4 kΩ 左右		
2		按下按钮 SB_3	1.4 kΩ 左右		
3		按下按钮 SB_1	1.4 kΩ 左右		

5）通电调试

（1）检查电路后在教师的指导下接通电源。

（2）按照表 2-23 的操作顺序，观察每一步操作后的动作现象，并记录在表 2-23 中。

表 2-23　双重互锁的正反转控制线路工作过程探究

序号	操作步骤	动作元件	动作结果	功能
1	合上电源开关 QF	→断路器闭合	→三相电源指示灯亮	
2	按下启动按钮 SB_2			正转控制
3	松开 SB_2			
4	按下启动按钮 SB_3			反转控制
5	松开 SB_3			
6	按下停止按钮 SB_1			能耗制动
7	KT 常闭触点分断			
8	拉开电源开关 QF	→断路器断开	→三相电源指示灯熄灭→线路断开	

6）按 5S 管理要求清理工位

探究任务完成后，关闭电源，按 5S 管理要求清理工位台，清点并整理工具箱，将实训设备恢复到初始状态。

任务评价

学习任务评价如表 2-24 所示。

表 2-24　学习任务评价表

评价项目		评价内容	评价标准	配分	自评 10%	互评 30%	师评 60%
职业素养	劳动纪律	有时间观念，遵守实训规章制度	没有时间观念，不遵守实训规章制度扣 1～10 分	10			
	工作态度	认真完成学习任务，主动钻研专业技能	态度不认真，不能按指导老师要求完成学习任务扣 1～10 分	10			
	职业规范	遵守电工操作规程及规范；工作台面清洁，工具摆放整齐	不遵守电工操作规程及规范扣 1～8 分；工作台面脏乱，工具摆放无序扣 1～2 分	10			
职业技能	元器件选择及检测	(1) 根据电路图，选择元器件的型号规格和数量 (2) 元器件检测	(1) 接触器、熔断器、热继电器选择不当每处扣 2 分，其他元件选择不当每处扣 1 分 (2) 元器件检测失误每处扣 2 分	10			
	安装工艺	导线连接紧固、接触良好	接线松动，露铜、接触不良等每处扣 1 分	10			
	安装与调试	(1) 按图接线正确 (2) 能正确调整热继电器、时间继电器的整定值 (3) 通电试车一次成功 (4) 通电操作步骤正确	(1) 未按图接线，或线路功能不全每处扣 10 分 (2)整定不当每处扣 2～4 分 (3) 一次不成功扣 10 分，三次不成功本项不得分 (4) 通电操作步骤不正确扣 2～10 分	30			
	故障检测	(1) 能正确分析故障原因 (2) 能正确查找故障并排除	(1) 分析错误，每处扣 3 分 (2) 每少查出并少排除一个故障点，扣 5 分	20			
合　计				100			
指导教师签字：					年	月	日

能力拓展与提升

试一试，你能解决表 2-25 中的问题吗？

表 2-25　双重互锁正反转控制线路故障分析表

序号	故障现象	故障分析及排除
1	按下启动按钮 SB_2 后，接触器不动作	
2	松开启动按钮 SB_2 后，接触器 KM_1 即失电	
3	电动机正向启动后，按下 SB_1 不能停车	

（续表）

序号	故 障 现 象	故障分析及排除
4	按下启动按钮 SB_3 后，接触器 KM_2 不动作	
5	松开按钮 SB_3 后，接触器 KM_2 即失电	
6	电动机反向启动后，按下 SB_1 不能停车	
7	电动机正转正常，反转异常	
8	按下 SB_3 后，电动机依然正转	

任务3　行程控制线路

任务描述

你们是否见过龙门刨床，知道它是怎样工作的吗？龙门刨床是工业的母机，通常它的工作台带着工件通过门式框架做自动往复循环运动，而自动往复循环运动就是通过行程控制实现的，本次任务将带领大家一起来探究行程控制线路的工作原理、安装调试方法等。

知识链接

中国第一台龙门刨床于1953年4月在济南第二机床厂问世。龙门刨床同导轨磨床等生产机械一样，都是工作台带着工件做自动往复循环运动，往复运动必然涉及到正反转，因此电动机的正、反转是实现工作台自动往复循环的基本环节。那么自动往复运动又是如何实现的呢？如图2-17所示，在工作台往返的限定位置安装行程开关，用运动部件

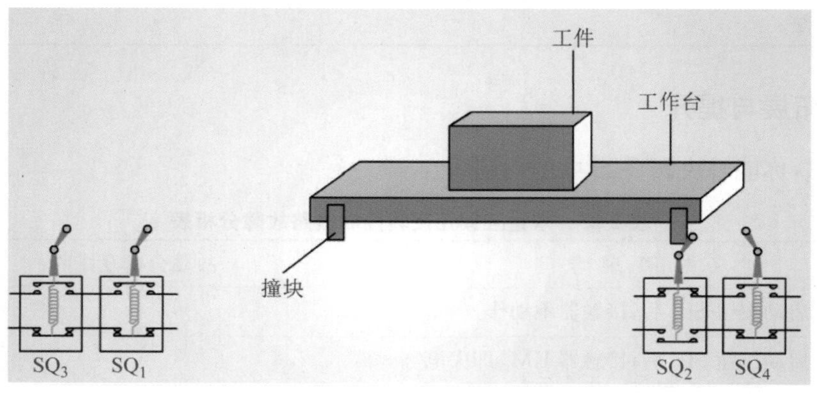

图2-17　工作台往复运动行程控制示意

的撞击使行程开关动作，接通或断开控制电路，实现电动机正反转的自动转换。这种采用行程(限位)开关，按照生产机械正向与反向运动的行程位置来实现控制的电路，被称为行程控制线路。

1. 自动往复行程控制线路

行程控制线路如图 2-18 所示。工作台在行程开关 SQ_1 和 SQ_2 之间自动往复运动，SQ_1 和 SQ_2 为行程开关，按要求安装在工作设备的固定位置上，自动换接电动机的正反转控制电路，并防止工作台超过限定位置而造成事故。

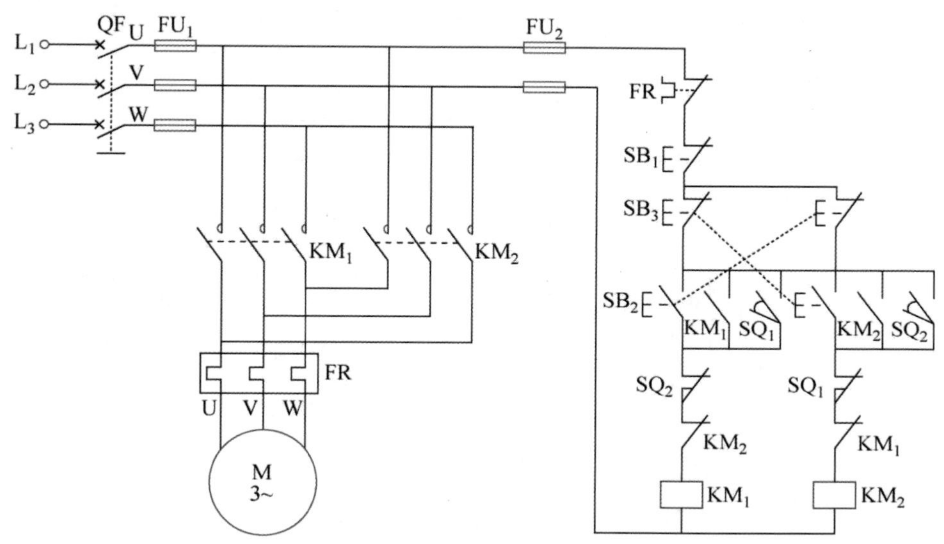

图 2-18　行程控制线路

1) 工作原理

设定电动机正转，工作台右移；电动机反转，工作台左移。

(1) 正向运动(右移)：合上电源开关 QF，按下启动按钮 SB_2，接触器 KM_1 线圈通电吸合并自锁，电动机 M 正转使工作台右移，工作台右移到一定位置，挡铁压动限位开关 SQ_2，行程开关 SQ_2 常闭触点断开，KM_1 断电，电动机 M 停止右移。

(2) 反向运动(左移)：行程开关 SQ_2 常闭触点断开，与此同时其常开触点闭合，KM_2 线圈通电并吸合自锁，电动机 M 改变电源相序而反转并使工作台左移，工作台左移到一定位置，挡铁压动限位开关 SQ_1，行程开关 SQ_1 常闭触点断开，KM_2 断电，电动机 M 停止左移。

(3) 往复循环运动：行程开关 SQ_1 常闭触点断开，KM_2 断电，电动机 M 停止左移后，与此同时 SQ_1 常开触点闭合，KM_1 线圈通电吸合并自锁，电动机 M 正转，工作台又右移，如此往复循环工作，直至按下停止按钮 SB_1，控制电路失电，电动机停止转动。

2) 电路的互锁环节

该电路同样采用了电气(接触器)和机械(按钮)双重互锁,避免电动机正反转同时接通产生电源相间短路事故。

另外,该电路只能和其他电路共同使用,若单独使用时,挡铁碰撞行程开关 SQ_1 或 SQ_2 时(行程开关常闭触点分断、常开触点闭合),这时如果突然停电再重新供电,则不需按下启动按钮 SB_2 或 SB_3,工作台即可自行启动并自动往返循环,容易造成事故。

在上述工作台控制电路中,为了防止 SQ_1、SQ_2 失灵发生工作台越位,可以加装限位开关 SQ_3、SQ_4 做电路的极限保护,其电路如图 2-19 所示,请自行分析该电路的工作原理。

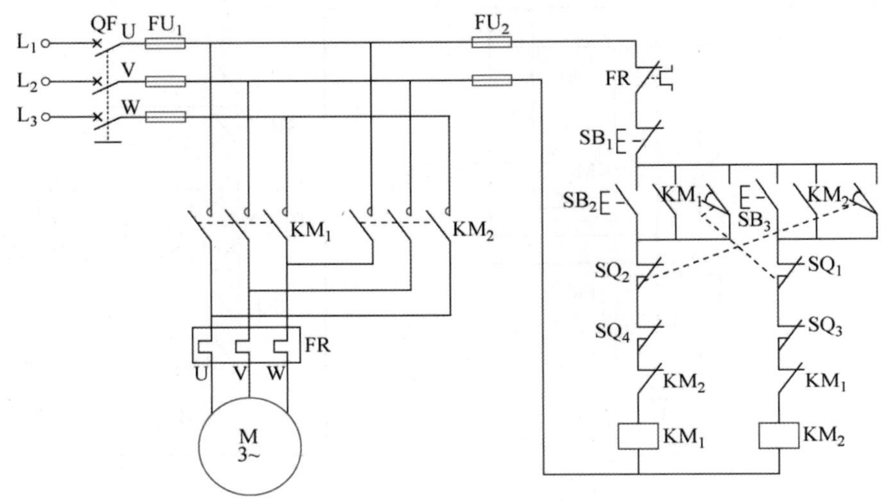

图 2-19 带极限限位保护的行程控制线路

任务实施

1. 实训安全教育

安全无小事,在电气设备的实训操作中更是如此。在任务的实施过程中,每一个人都要严格遵守操作规程和规范,做到遵规守纪,这是尊重生命、尊重自我、尊重他人的一种表现。珍视生命、重视安全是每个人的义务,更是每个人的责任,让我们携手共进,共同维护好校园与课堂安全。

2. 行程往复控制线路的探究

1) 探究电路

行程往复控制线路探究电路如图 2-20 所示。

2) 探究器材

根据探究电路,正确选择元器件的型号规格和数量并填写在元器件明细表中(见表 2-26)。

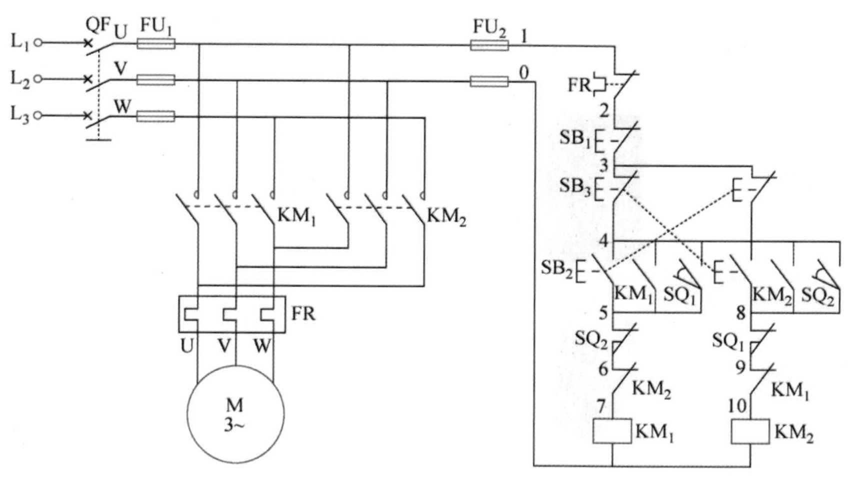

图 2-20　行程往复控制线路探究电路

表 2-26　元器件明细表

序号	符号	元件实物图	名　　称	型　　号
1	XD			
2	M			
3	QF			
4	FU			
5	FR			

（续表）

序号	符号	元件实物图	名　称	型　号
6	SB_1、SB_2、SB_3			
7	KM_1、KM_2			
8	KT			
9	SQ_1、SQ_2			
10	—		万用表	
11	—		工具	
12	—		导线	

3）线路安装

分析电路、清点元器件、工具等，确定安装导线的数量、接线位置，填入表 2-27 中。

表 2-27　探究行程控制线路接线表

线　号	根　　数	位　　置
0 号线		
1 号线		
2 号线		
3 号线		
4 号线		
5 号线		
6 号线		
7 号线		
8 号线		
9 号线		
10 号线		

根据原理图在线路板上完成电路安装。

4）线路检测

根据表 2-28 的提示，完成线路通电前检测，如果测量结果与正常值相符，表示安装电路正确，可通电调试电路。

表 2-28　行程控制电路通电前检测

序号	测 量 位 置	操 作 步 骤	正 常 值	测 量 值	故障点位置判断
1	FU_2 1 0 万用表红黑表笔分别接 0、1FU_2 接线柱两端	按下按钮 SB_2	1.4 kΩ 左右		
		按下接触器 KM_1	1.4 kΩ 左右		
		按下行程开关 SQ_1	1.4 kΩ 左右		
2		按下按钮 SB_3	1.4 kΩ 左右		
		按下接触器 KM_2	1.4 kΩ 左右		
		按下行程开关 SQ_2	1.4 kΩ 左右		
3		按下按钮 SB_1	∞		

5）通电调试

（1）检查电路后在教师的指导下接通电源。

（2）按照表 2-29 操作顺序，观察每一步操作后的动作现象，并记录在表中。

表 2-29　行程控制线路工作过程探究

序号	操作步骤	动作元件	动作结果	功能
1	合上电源开关 QF	→断路器闭合	→三相电源指示灯亮	
2	按下启动按钮 SB_2			右移
3	松开 SB_2			
4	碰到行程开关 SQ_2、SQ_1			循环运动
5	按下停止按钮 SB_1			
6	拉开电源开关 QF	→断路器断开	→三相电源指示灯熄灭→线路断开	

6）按 5S 管理要求清理工位

探究任务完成后，关闭电源；按 5S 管理要求清理工位台，清点并整理工具箱，将实训设备恢复到初始状态。

任务评价

学习任务评价如表 2-30 所示。

表 2-30　学习任务评价表

评价项目		评价内容	评价标准	配分	自评 10%	互评 30%	师评 60%
职业素养	劳动纪律	有时间观念，遵守实训规章制度	没有时间观念，不遵守实训规章制度扣 1～10 分	10			
	工作态度	认真完成学习任务，主动钻研专业技能	态度不认真，不能按指导老师要求完成学习任务扣 1～10 分	10			
	职业规范	遵守电工操作规程及规范；工作台面保持清洁，工具摆放整齐	不遵守电工操作规程及规范扣 1～8 分；工作台面脏乱，工具摆放无序扣 1～2 分	10			
职业技能	元器件选择及检测	（1）根据电路图，选择元器件的型号规格和数量 （2）元器件检测	（1）接触器、熔断器、热继电器选择不当每处扣 2 分，其他元件选择不当每处扣 1 分 （2）元器件检测失误每处扣 2 分	10			
	安装工艺	导线连接紧固、接触良好	接线松动，露铜、接触不良等每处扣 1 分	10			

（续表）

评价项目		评 价 内 容	评 价 标 准	配分	自评 10%	互评 30%	师评 60%
职业技能	安装与调试	(1) 按图接线正确 (2) 能正确调整热继电器、时间继电器的整定值 (3) 通电试车一次成功 (4) 通电操作步骤正确	(1) 未按图接线，或线路功能不全每处扣 10 分 (2)整定不当每处扣 2～4 分 (3) 一次不成功扣 10 分，三次不成功本项不得分 (4) 通电操作步骤不正确扣 2～10 分	30			
	故障检测	(1) 能正确分析故障原因 (2) 能正确查找故障并排除	(1) 分析错误，每处扣 3 分 (2) 每少查出并少排除一个故障点，扣 5 分	20			
合　计				100			
指导教师签字：				年　月　日			

能力拓展与提升

试一试，你能解决表 2-31 中的问题吗？

表 2-31　行程控制线路故障分析表

序号	故 障 现 象	故障分析及排除
1	按下启动按钮 SB_2 后，接触器不动作	
2	松开启动按钮 SB_2 后，接触器 KM_1 即失电	
3	电动机正向启动后，按下 SB_1 不能停车	
4	电路不能保持循环运动	

任务 4　顺序控制线路

任务描述

在生活中，我们做某件事情时通常是按照该事件的逻辑先后顺序来执行的，否则就会陷入眉毛胡子一把抓的困境，导致行动失败。在电气控制线路中，常要求生产机械各部件之间能够按照动作发生条件的顺序来实施控制。本次任务将带领大家一起来探究行程控制线路的工作原理、安装调试方法等。

知识链接

对有些生产机械，需要两个或两个以上设备协调工作：要求在设备 A 工作后，设备 B

才能工作；只有当设备 B 停止工作后，设备 A 才能停止工作。这种按照事件互为发生条件的顺序来实施的控制称作顺序控制。

例如船舶冷库中的蔬菜库控制，冷剂电磁阀打开前必须先运行风机；而风机停转必须在冷剂电磁阀关闭之后，以保证在制冷过程中，蔬菜库中的温度均匀，且蒸发器不结霜。又如：车床主轴转动时，要求油泵先给润滑油，主轴停止后，油泵方可停止，即要求油泵电动机先启动，主轴电动机后启动，主轴电动机停止后，才允许油泵电动机停止。

1. 主电路实现的顺序控制

用主电路实现的顺序控制线路如图 2-21 所示，电动机 M2 的主电路接在 KM_1 主触点下面，该主触点可以直接控制电动机 M1 起停，KM_2 主触点接在接触器 KM_1 主触点下面，这样就保证了只有当 KM_1 主触点闭合即电动机 M1 启动运转后，电动机 M2 才可能启动运转，达到顺序控制的要求。电路工作过程如表 2-32 所示：

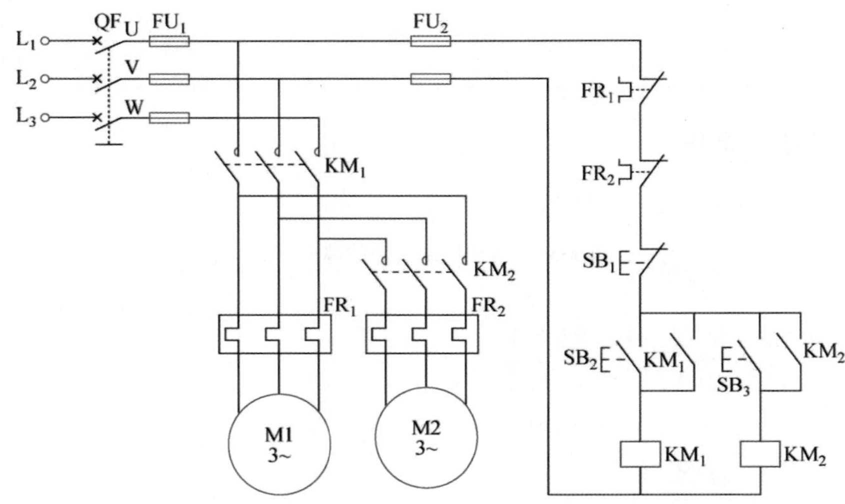

图 2-21　主电路实现的顺序控制电路

表 2-32　主电路控制的顺序控制线路工作过程

序号	操作步骤	动作元件	动作结果	功能
1	合上电源开关 QF	→断路器闭合	→三相电源指示灯亮	
2	按下启动按钮 SB_2	KM_1 线圈得电	→KM_1 自锁(常开)触点闭合，自锁	电动机 M1 运行
			→KM_1 主触点闭合→主电路接通→电动机 M1 运转	
3	松开启动按钮 SB_2	→KM_1 线圈得电	电动机 M1 继续运行	
4	按下启动按钮 SB_3	KM_2 线圈得电	→KM_2 自锁(常开)触点闭合，自锁	电动机 M2 运行
			→KM_2 主触点闭合→主电路接通→电动机 M2 运转	
5	松开 SB_3	→KM_2 线圈得电	电动机 M2 继续运行	

(续表)

序号	操 作 步 骤	动 作 元 件	动 作 结 果	功能
6	按下停止按钮 SB_1	→KM_1 线圈失电	→电动机 M1 停止运行	
		→KM_2 线圈失电	→电动机 M2 停止运行	
7	拉开电源开关 QF	→断路器断开	→三相电源指示灯熄灭→线路断开	

2. 控制电路实现的顺序控制

若 M1、M2 两台电动机的主电路结构一样，由 KM_1、KM_2 的主触点分别独立控制电动机 M1、M2。这种情况下，控制电路可以有多种变化，实现的控制功能则各不相同。你能分析图 2-22(a)、(b)、(c)所示的电路分别具备怎样的控制功能吗？

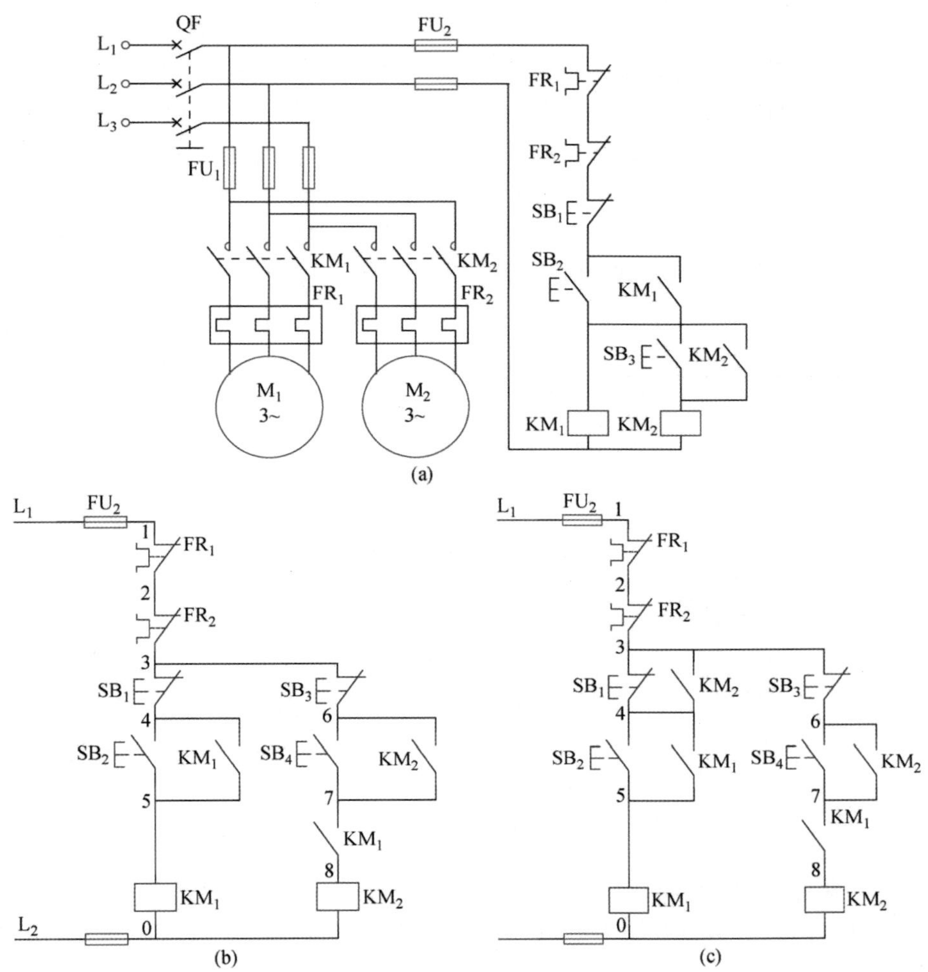

图 2-22 不同类型顺序控制线路

它们分别具有的功能：M1 启动后 M2 才能启动，M1 和 M2 同时停止；M1 启动后 M2 才能启动，M1 和 M2 可以单独停止；M1 启动后 M2 才能启动，M2 停止后 M1 才能停止。你分析的正确吗？

3. 液压控制机床滑台运动的电气控制线路

数控机床作为实现柔性自动化最重要的装备，近年来得到了高速发展和大量应用。数控机床对控制的自动化程度要求很高，液压与气压传动由于能方便地实现电气控制与自动化，从而成为数控机床中广为采用的传动与控制方式之一。

液压传动具有结构紧凑、输出力大、工作平稳可靠、易于控制和调节等优点，但需要配置液压泵和油箱。机床是液压传动技术的典型应用，在现代数控机床（CNC）中，刀具和工件由液压设备夹紧，滑台进给和主轴转动也可以由液压驱动。

请观看一台机床设备的工作过程，这台机床可以完成钻、扩、镗、铣、攻丝等加工工序，而这些工序由多种复杂的进给工作循环集合而成。比如在加工过程中，先是定位，在距离较远的情况下实现快速进给运动；等接近工件时开始工进运动；工进结束，则进行快退运动。

从零件加工的过程中，我们可以知道它是由若干电气元件组成的控制线路配合来实现的，这就是液压控制机床滑台运动的电气控制线路所完成的工作，在这个过程中可以实现进给运动的自动工作循环，还可以很方便地调节工进速度，因此应用比较广泛。

如图 2-23 所示为一台液压控制机床滑台运动的电气控制线路图，其控制过程如下。

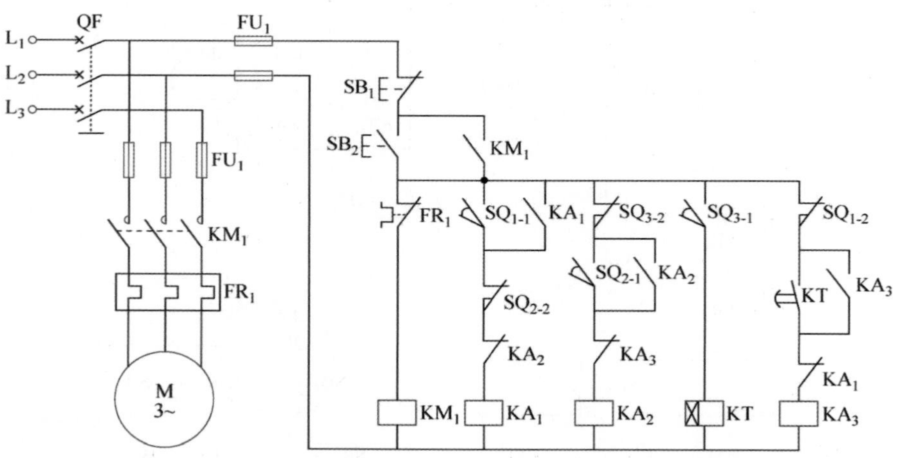

图 2-23　液压控制机床滑台运动的电气控制线路图

按启动按钮 SB_2 后，KM_1 线圈通电，液压泵电动机启动。当行程开关 SQ_1 被压后，电磁阀 KA_1 线圈通电并自锁，滑台开始快进；当滑台快进至行程开关 SQ_2 被压后，电磁阀 KA_2 线圈通电并自锁，滑台开始工进；当滑台工进至终点，行程开关 SQ_3 被压，滑台停止工进；延时 2 s 后电磁阀 KA_3 得电滑台快退；当滑台快退至原位，行程开关 SQ_1 再次被压后进行循环工作；当按下停止按钮 SB_1 后，滑台停止工作。

滑台的控制过程先后经历了三个步骤，即快进、工进、快退，无论它有多复杂，每一个步骤都是由若干个基本线路组成的，基本线路的特性也就决定了整个系统的性能。

该电路的动力元件是液压泵电机，其作用是将原动机(电动机)的机械能转换成液体的压力能，也即液压系统中的油泵，它向整个液压系统提供动力。

该系统只有在液压泵电动机工作后，带动电磁阀工作，这种控制方式也有先后顺序，是顺序控制的一种。其控制过程为：接触器 KM_1 的常开触点在自锁的过程中，给后续的快进、工进、快退控制回路供电，因此必须是控制液压泵电动机的接触器 KM_1 先启动工作，才能带动后续的工作循环，两者存在先后顺序关系；其次，该电路也采用了双重联锁来保证控制过程中的安全问题：用中间继电器的常闭触点串联在彼此(快进、工进、快退)的控制回路中，形成电气联锁；最后，同时用行程开关的复合常闭按钮串联在彼此(快进、工进、快退)的控制回路中，形成机械联锁。确保滑台每次只能完成一种工作方式，即滑台只能分别快进(工进开始，快进必须先停止)、工进或快退。

液压控制机床滑台运动的电气线路工作过程如表 2-33 所示。

表 2-33　液压控制机床滑台运动的电气线路工作过程

序号	操作步骤	动作元件	动作结果	功能
1	合上电源开关 QF	→断路器闭合	→三相电源指示灯亮	
2	滑台在原位，SQ_1 被压	→SQ_{1-1} 常开触点闭合		启动条件
		→SQ_{1-2} 常闭触点分断		
3	按下启动按钮 SB_2	→KM_1 线圈得电	→KM_1 主触点闭合，电动机 M 运转	液压泵运行
			→KM_1(常开)自锁触点闭合，保持电动机 M 运转工作状态	
		→KA_1 线圈得电	→KA_1(常开)自锁触点闭合	滑台快进
			→KA_1(常闭)联锁触点分断，锁住滑台快退电路不能启动	
4	滑台离开原位，快进至 SQ_2 被压	→SQ_1 触点恢复常态		
		→SQ_{2-1} 常开触点闭合		
		→SQ_{2-2} 常闭触点分断		
5	SQ_{2-2} 常闭触点分断	→KA_1 线圈失电	→KA_1 触点恢复常态	快进结束
	SQ_{2-1} 常开触点闭合	→KA_2 线圈得电	→KA_2(常开)自锁触点闭合	滑台工进
			→KA_2(常闭)联锁触点分断，锁住滑台快进电路不能启动	
6	滑台离开，工进至 SQ_3 被压	→SQ_2 触点恢复常态		
		→SQ_{3-1} 常开触点闭合		
		→SQ_{3-2} 常闭触点分断		
7	SQ_{3-2} 常闭触点分断	→KA_2 线圈失电	→KA_2 触点恢复常态	工进结束
	SQ_{3-1} 常开触点闭合	→KT 线圈得电	→KT 常开触点延时 2 s 闭合	延时
8	KT 常开触点闭合	→KA_3 线圈得电	→KA_3(常开)自锁触点闭合	滑台快退
			→KA_3(常闭)联锁触点分断，锁住滑台工进电路不能启动	

（续表）

序号	操 作 步 骤	动 作 元 件	动 作 结 果	功　　能
9	滑台离开，快退至原位 SQ_1 被压	→SQ_3 触点恢复常态		
		→$SQ_{1\text{-}1}$ 常开触点闭合		
		→$SQ_{1\text{-}2}$ 常闭触点分断		
10	$SQ_{1\text{-}2}$ 常闭触点分断	→KA_3 线圈失电	→KA_3 触点恢复常态	快退结束
	$SQ_{1\text{-}1}$ 常开触点闭合	→KA_1 线圈得电	（见步骤 3）	再次循环
11	按下停止按钮 SB_1	→KM_1 线圈失电	→KM_1 主触点、辅助触点恢复常态，电动机 M 停转	停止
12	拉开电源开关 QF	→断路器断开	→三相电源指示灯熄灭→线路断开	

任务实施

1. 实训安全教育

安全无小事，在电气设备的实训操作中更是如此。在任务的实施过程中，每一个人都要严格遵守操作规程和规范，做到遵规守纪，这是尊重生命、尊重自我、尊重他人的一种表现。珍视生命、重视安全是每个人的义务，更是每个人的责任，让我们携手共进，共同维护好校园与课堂安全。

2. 液压控制机床滑台运动的电气控制线路的探究

1）探究电路

液压控制机床滑动运动的电子气控制线路探究电路如图 2-24 所示。

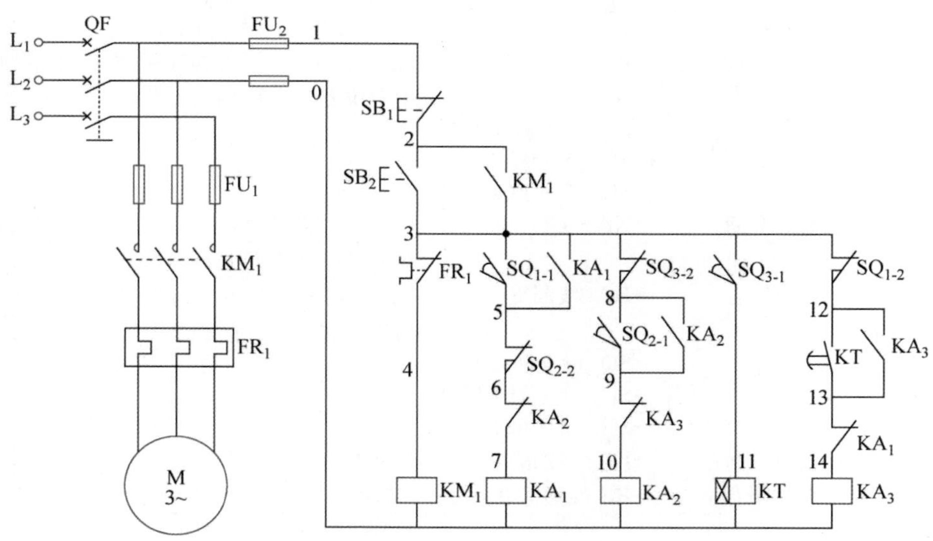

图 2-24　液压控制机床滑台运动的电气控制线路探究电路

2)探究器材

根据探究电路，正确选择元器件的型号规格和数量并填写在元器件明细表中（见表 2-34）。

表 2-34　元器件明细表

序号	符号	元件实物图	名　称	型　号
1	XD	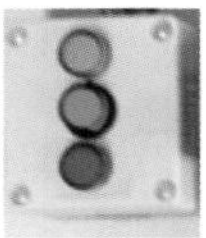		
2	M	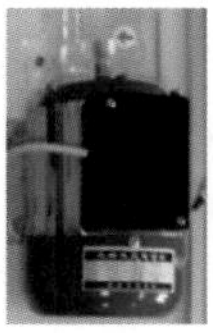		
3	QF	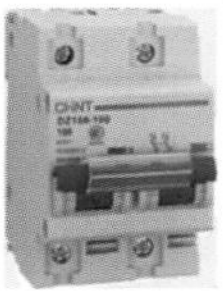		
4	FU			
5	FR			
6	SB_1、SB_2			

（续表）

序号	符号	元件实物图	名　称	型　号
7	KM_1	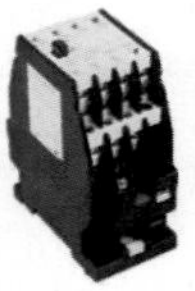		
8	KA_1、KA_2、KA_3			
9	KT			
10	SQ_1、SQ_2、SQ_3			
11	万用表			
12	工具			
13	导线			

3）线路安装

分析电路，清点元器件、工具等，确定安装导线的数量、接线位置，填入表 2-35 中。

表 2-35　探究液压控制机床滑台运动的电气控制线路接线表

线　号	根　　数	位　　置
0 号线		
1 号线		
2 号线		
3 号线		
4 号线		
5 号线		
6 号线		
7 号线		
8 号线		
9 号线		
10 号线		
11 号线		
12 号线		
13 号线		
14 号线		

根据液压控制机床滑台运动的电气控制线路原理图，在线路板上完成电路安装（见图 2-25）。

图 2-25　液压控制机床滑台运动的电气控制线路安装板

4）线路检测

根据表 2-36 的提示，完成线路通电前检测，如果测量结果与正常值相符，表示安装电路正确，可通电调试电路。

表 2-36　液压控制机床滑台运动的电气控制线路通电前检测

序号	测量位置	操作步骤	正常值	测量值	故障点位置判断
1	FU_2 1 0 万用表红黑表笔分别接 0、1FU_2 接线柱两端	按下按钮 SB_2	1.4 kΩ 左右		
2		按下按钮 SB_2，同时按下 SQ_{1-1}	0.7 kΩ 左右		
3		按下按钮 SB_2，同时按下 SQ_{2-1}	0.7 kΩ 左右		
4		按下按钮 SB_2，同时按下 SQ_{3-1}	∞		
5		按下按钮 SB_2，同时按下 KA_3 机械按键	0.7 kΩ 左右		

5）通电调试

（1）检查电路后在教师的指导下接通电源。

（2）按照表 2-37 操作顺序，观察每一步操作后的动作现象，并记录在表 2-37 中。

表 2-37　液压控制机床滑台运动的电气控制线路工作过程探究

序号	操作步骤	动作元件	动作结果	功能
1	合上电源开关 QF	→断路器闭合	→三相电源指示灯亮	
2	滑台在原位，SQ_1 被压	→SQ_{1-1} 常开触点闭合		
		→SQ_{1-2} 常闭触点分断		
3	按下启动按钮 SB_2	→KM_1 线圈得电		
		→KA_1 线圈得电		
4	滑台离开原位，快进至 SQ_2 被压			
5	SQ_{2-2} 常闭触点分断	→KA_1 线圈失电		
	SQ_{2-1} 常开触点闭合	→KA_2 线圈得电		
6	滑台离开，工进至 SQ_3 被压	→SQ_2 触点恢复常态		
		→SQ_{3-1} 常开触点闭合		
		→SQ_{3-2} 常闭触点分断		

（续表）

序号	操作步骤	动作元件	动作结果	功能
7	SQ_{3-2} 常闭触点分断	→KA_2 线圈失电		
	SQ_{3-1} 常开触点闭合	→KT 线圈得电		
8	KT 常开触点闭合	→KA_3 线圈得电		
9	滑台离开，快退至原位 SQ_1 被压	→SQ_3 触点恢复常态		
		→SQ_{1-1} 常开触点闭合		
		→SQ_{1-2} 常闭触点分断		
10	SQ_{1-2} 常闭触点分断	→KA_3 线圈失电		
	SQ_{1-1} 常开触点闭合	→KA_1 线圈得电		
11	按下停止按钮 SB_1	→KM_1 线圈失电		
12	拉开电源开关 QF			

6）按 5S 管理要求清理工位

探究任务完成后，关闭电源。按 5S 管理要求清理工位台，清点并整理工具箱，将实训设备恢复到初始状态。

任务评价

学习任务评价如表 2-38 所示。

表 2-38　学习任务评价表

评价项目		评价内容	评价标准	配分	自评 10%	互评 30%	师评 60%
职业素养	劳动纪律	有时间观念，遵守实训规章制度	没有时间观念，不遵守实训规章制度扣 1～10 分	10			
	工作态度	认真完成学习任务，主动钻研专业技能	态度不认真，不能按指导老师要求完成学习任务扣 1～10 分	10			
	职业规范	遵守电工操作规程及规范；工作台面清洁，工具摆放整齐	不遵守电工操作规程及规范扣 1～8 分；工作台面脏乱，工具摆放无序扣 1～2 分	10			
职业技能	元器件选择及检测	（1）根据电路图，选择元器件的型号规格和数量 （2）元器件检测	（1）接触器、熔断器、热继电器选择不当每处扣 2 分，其他元件选择不当每处扣 1 分 （2）元器件检测失误每处扣 2 分	10			
	安装工艺	导线连接紧固、接触良好	接线松动，露铜、接触不良等每处扣 1 分	10			

(续表)

评价项目		评 价 内 容	评 价 标 准	配分	自评 10%	互评 30%	师评 60%
职业技能	安装与调试	(1) 按图接线正确 (2) 能正确调整热继电器、时间继电器的整定值 (3) 通电试车一次成功 (4) 通电操作步骤正确	(1) 未按图接线,或线路功能不全每处扣10分 (2)整定不当每处扣2～4分 (3) 一次不成功扣10分,三次不成功本项不得分 (4) 通电操作步骤不正确扣2～10分	30			
	故障检测	(1) 能正确分析故障原因 (2) 能正确查找故障并排除	(1) 分析错误,每处扣3分 (2) 每少查出并少排除一个故障点,扣5分	20			
合　计				100			
指导教师签字:					年	月	日

能力拓展与提升

试一试,你能解决表2-39中的问题吗?

表2-39　液压控制机床滑台运动的电气控制线路故障分析表

序号	故 障 现 象	故 障 原 因
1		限位开关 SQ_{1-1} 常开触点接线断开
2	电路只能启动滑台快进,不能工进	
3		液压泵电动机不能工作
4	时间继电器KT线圈断路损坏	

任务5　多地点控制线路

任务描述

你们体验过在一间房间里接通(或断开)另外一间房间的灯吗?在越来越注重生活品质的今天,相信很多同学已经体验过上述多地控制给我们带来的便利。这种能在两地点或多地点控制同一台设备的控制方式叫做多地控制。显然多地控制能够给我们带来很多便利,因此在生产、生活中具有广泛的应用。本次任务将带领大家一起来探究电动机多地控制线路的工作原理、安装调试方法等。

知识链接

有些生产机械要求能在两个或两个以上多地点进行控制，例如，机舱内许多泵电动机不但要求能在泵的附近进行控制，而且要求能在集控室进行遥控操纵。那么这种多地控制是怎样实现的呢？如图 2-26 所示，可将多地点启动按钮 SB_3、SB_4 并接成“或”逻辑关系，按下 SB_3 或 SB_4 中的任意一个按钮，电路都可以启动；将多地点停车按钮 SB_1、SB_2 串接成“与”逻辑关系，这样按下 SB_1 或 SB_2 中的任意一个按钮，电路都可以停止。通过接线，可以将这些按钮接在不同的地点，从而实现多地点控制的要求。多地控制线路工作过程如表 2-40 所示。

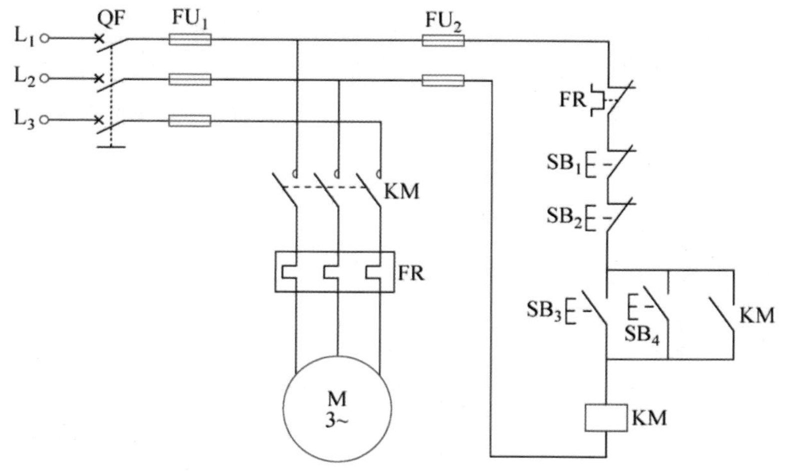

图 2-26　多地点控制

表 2-40　多地控制的电气线路工作过程

序号	操作步骤	动作元件	动作结果	功能
1	合上电源开关 QF	→断路器闭合	→三相电源指示灯亮	
2	按下启动按钮 SB_3	→KM 线圈得电	→KM 主触点闭合，电动机 M 运转 →KM(常开)自锁触点闭合，保持电动机 M 运转工作状态	甲地启动
3	按下停止按钮 SB_1	→KM 线圈失电	→KM 主触点、辅助触点恢复常态，电动机 M 停转	乙地停止
4	按下启动按钮 SB_4	→KM 线圈得电	→KM 主触点闭合，电动机 M 运转 →KM(常开)自锁触点闭合，保持电动机 M 运转工作状态	乙地启动

（续表）

序号	操作步骤	动作元件	动作结果	功能
5	按下停止按钮 SB_2	→KM 线圈失电	→KM 主触点、辅助触点恢复常态，电动机 M 停转	甲地停止
6	拉开电源开关 QF	→断路器断开	→三相电源指示灯熄灭→线路断开	

任务实施

1. 实训安全教育

安全无小事，在电气设备的实训操作中更是如此。在任务的实施过程中，每一个人都要严格遵守操作规程和规范，做到遵规守纪，这是尊重生命、尊重自我、尊重他人的一种表现。珍视生命、重视安全是每个人的义务，更是每个人的责任，让我们携手共进，共同维护好校园与课堂安全。

2. 多地控制的电气线路的探究

1）探究电路

多地控制线路探究电路如图 2-27 所示。

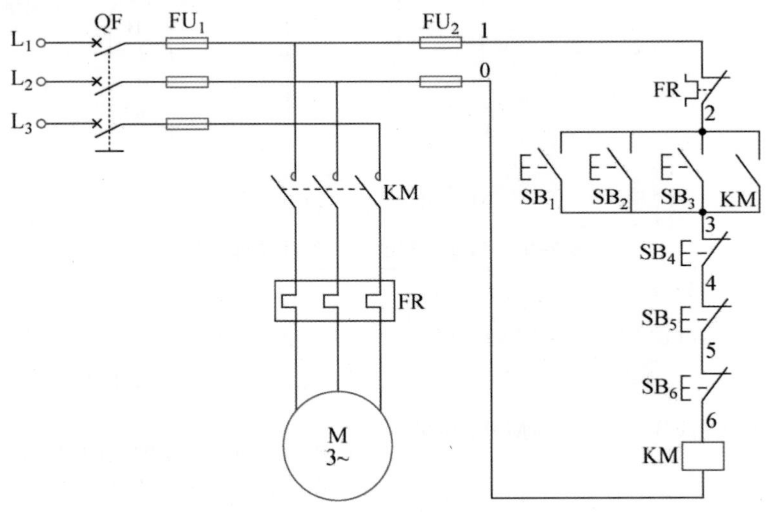

图 2-27　多地控制线路探究电路

2）探究器材

根据探究电路，正确选择元器件的型号规格和数量并填写在元器件明细表中（见表 2-41）。

表 2-41　元器件明细表

序号	符号	元件实物图	名　　称	型　　号
1	XD	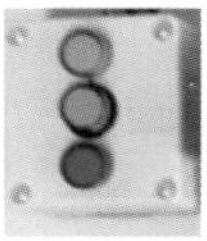		
2	M			
3	QF	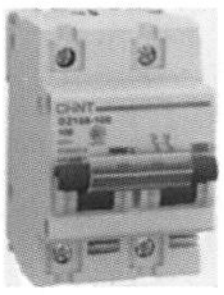		
4	FU			
5	FR			
6	SB_1、SB_2、SB_3、SB_4、SB_5、SB_6			
7	KM			

（续表）

序号	符号	元件实物图	名　　称	型　　号
8			万用表	
9			工具	
10			导线	

3）线路安装

分析电路，清点元器件、工具等，确定安装导线的数量、接线位置，填入表 2-42 中。

表 2-42　探究多地控制线路接线表

线　号	根　　数	位　　置
0 号线		
1 号线		
2 号线		
3 号线		
4 号线		
5 号线		
6 号线		

4）线路检测

根据表 2-43 的提示，完成线路通电前检测，如果测量结果与正常值相符，表示安装电路正确，可通电调试电路。

表 2-43　多地控制线路通电前检测

序号	测量位置	操作步骤	正常值	测量值	故障点位置判断
1	FU_2 1 0 万用表红黑表笔分别接 0、$1FU_2$ 接线柱两端	按下按钮 SB_1	1.4 kΩ 左右		
2		按下按钮 SB_4	∞		
3		按下按钮 SB_2	1.4 kΩ 左右		
4		按下按钮 SB_5	∞		
5		按下按钮 SB_3	1.4 kΩ 左右		
6		按下按钮 SB_6	∞		
7		按下 KM 机械按键	1.4 kΩ 左右		

5）通电调试

（1）检查电路后在教师的指导下接通电源。

（2）按照表 2-44 的操作顺序，观察每一步操作后的动作现象，并记录在表中。

表 2-44　多地控制线路工作过程探究

序号	操作步骤	动作元件	动作结果	功能
1	合上电源开关 QF			
2	按下启动按钮 SB_1			
3	按下停止按钮 SB_4			
4	按下启动按钮 SB_2			
5	按下停止按钮 SB_5			
6	按下启动按钮 SB_3			
7	按下停止按钮 SB_6			
8	拉开电源开关 QF	→断路器断开	→三相电源指示灯熄灭→线路断开	

6）按 5S 管理要求清理工位

探究任务完成后，关闭电源；按 5S 管理要求清理工位台，清点并整理工具箱，将实训设备恢复到初始状态。

任务评价

学习任务评价如表 2-45 所示。

表 2-45 学习任务评价表

<table>
<tr><th colspan="2">评价项目</th><th>评 价 内 容</th><th>评 价 标 准</th><th>配分</th><th>自评
10%</th><th>互评
30%</th><th>师评
60%</th></tr>
<tr><td rowspan="3">职业素养</td><td>劳动纪律</td><td>有时间观念，遵守实训规章制度</td><td>没有时间观念，不遵守实训规章制度扣 1～10 分</td><td>10</td><td></td><td></td><td></td></tr>
<tr><td>工作态度</td><td>认真完成学习任务，主动钻研专业技能</td><td>态度不认真，不能按指导老师要求完成学习任务扣 1～10 分</td><td>10</td><td></td><td></td><td></td></tr>
<tr><td>职业规范</td><td>遵守电工操作规程及规范；工作台面清洁，工具摆放整齐</td><td>不遵守电工操作规程及规范扣 1～8 分；工作台面脏乱，工具摆放无序扣 1～2 分</td><td>10</td><td></td><td></td><td></td></tr>
<tr><td rowspan="4">职业技能</td><td>元器件选择及检测</td><td>(1) 根据电路图，选择元器件的型号规格和数量
(2) 元器件检测</td><td>(1) 接触器、熔断器、热继电器选择不当每处扣 2 分，其他元件选择不当每处扣 1 分
(2) 元器件检测失误每处扣 2 分</td><td>10</td><td></td><td></td><td></td></tr>
<tr><td>安装工艺</td><td>导线连接紧固、接触良好</td><td>接线松动，露铜、接触不良等每处扣 1 分</td><td>10</td><td></td><td></td><td></td></tr>
<tr><td>安装与调试</td><td>(1) 按图接线正确
(2) 能正确调整热继电器、时间继电器的整定值
(3) 通电试车一次成功
(4) 通电操作步骤正确</td><td>(1) 未按图接线，或线路功能不全每处扣 10 分
(2)整定不当每处扣 2～4 分
(3) 一次不成功扣 10 分，三次不成功本项不得分
(4) 通电操作步骤不正确扣 2～10 分</td><td>30</td><td></td><td></td><td></td></tr>
<tr><td>故障检测</td><td>(1) 能正确分析故障原因
(2) 能正确查找故障并排除</td><td>(1) 分析错误，每处扣 3 分
(2) 每少查出并少排除一个故障点，扣 5 分</td><td>20</td><td></td><td></td><td></td></tr>
<tr><td colspan="4">合 计</td><td>100</td><td></td><td></td><td></td></tr>
<tr><td colspan="4">指导教师签字：</td><td></td><td>年</td><td>月</td><td>日</td></tr>
</table>

能力拓展与提升

试一试，你能解决表 2-46 中的问题吗？

表 2-46 多地控制线路故障分析表

序号	故 障 现 象	故 障 原 因
1	按下某个启动按钮只能点动	
2	按下某个启动按钮不能启动	
3	按下某个停止按钮不能停止	

模块 3　电动机减压启动控制线路

学习目标

知识目标:了解典型减压启动控制电路的组成及工作原理。

技能目标:能根据典型控制电路的原理图,完成分析、安装、调试各种类型减压启动控制线路。

素养目标:在分析、安装、调试减压启动控制线路的过程中,逐步培养坚持不懈的工匠精神;将5S管理理念融于课堂,落实到学习生活中:提倡整理、整顿、清扫自己的书桌、学习用品与工具,养成良好的工作习惯。

任务 1　星形-三角形减压启动控制线路

任务描述

你是否有过自家的照明灯突然暗下来的经历?这可能是因为附近有大功率电气设备启动,在它的启动过程中,会因为启动电流过大而造成电压波动,从而影响周围用户的用电体验。本次任务将带领大家一起来探究电动机星形(Y)-三角形(△)减压启动控制线路的工作原理、安装调试方法等。

知识链接

与全压启动相比,减压启动是将电源电压适当降低后,再加到定子绕组上进行启动,当电动机启动后,再使电压恢复到额定值的电动机启动方式。

减压启动的目的是减小启动电流,主要适用于空载或轻载下启动。

常用的减压启动方式有星形-三角形(Y-△)减压启动、自耦变压器减压启动、延边三角形减压启动和串联电阻减压启动。

1. 星形(Y)-三角形(△)减压启动的定义

星形(Y)-三角形(△)减压启动是指电动机启动时,把定子绕组接成星形,以降低启动电压,达到限制启动电流的目的;待电动机启动后,再把定子绕组改接为三角形,使其进入全压正常运行状态。

2. 星形-三角形减压启动的特点

星形-三角形减压启动的特点是方法简便、经济可靠,且星形接法的启动电压只有三角形接法启动电压的1/3,启动电流是三角形接法正常运行时的1/3,启动转矩也只有正常运行时的1/3,因此Y-△减压启动方式只适用于空载或轻载的情况。

另外 Y-△减压启动只能用于正常运行时定子绕组为三角形接法的电动机，如果电动机额定运行状态是星形接法的，不可采用本方法启动。目前国内生产的三相异步电动机，功率在 4 kW 以上的三相笼型异步电动机定子绕组一般均为三角形接法，因此可以采用 Y-△减压启动方式。

3. 按钮、接触器控制的 Y-△减压启动线路

按钮、接触器控制的 Y-△减压启动线路如图 2-28 所示。

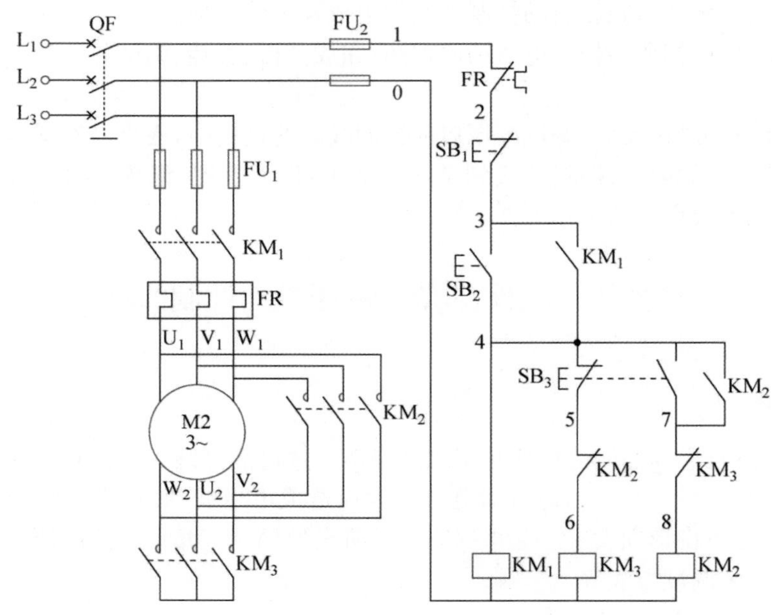

图 2-28 按钮、接触器控制的 Y-△减压启动线路

1）星形启动过程分析

按下启动按钮 SB_2，交流接触器 KM_1、KM_3 线圈通电吸合，KM_1 常开辅助触点闭合自锁，KM_1 常闭辅助触点断开，起互锁作用(锁住三角形启动电路)；KM_1、KM_3 各自的三相主触点闭合，将电动机绕组接成星形接法，电动机通电进行星形减压启动。此电路中，交流接触器 KM_3 为控制星形接法的接触器。

2）三角形全压运行过程分析

电动机星形减压启动后，当转速逐渐升高至额定转速时，再按下复合按钮 SB_3，SB_3 的常闭辅助触点首先断开，KM_3 线圈失电释放，KM_3 常闭辅助触点复位闭合，解除互锁；KM_3 三相主触点断开，电动机绕组解除星形接法，此时电动机短暂失电，但依靠惯性继续运行；在按下 SB_3 的同时，复合按钮 SB_3 的一组常开辅助触点闭合，KM_2 线圈通电吸合，KM_2 常闭辅助触点断开，起互锁作用(锁住星形启动电路)；KM_2 常开辅助触点闭合，自锁；KM_2 三相主触点闭合，将电动机绕组接成三角形接法，电动机通电进行三角形全压运行(见表 2-47)。

表 2-47　按钮、接触器控制的 Y-△减压启动线路工作过程

序号	操作步骤	动作元件	动作结果	功能
1	合上电源开关 QF	→断路器闭合	→三相电源指示灯亮	
2	按下启动按钮 SB_2	→KM_1 线圈得电	→KM_1 主触点闭合	主电路接通，Y 形启动
			→KM_1（常开）自锁触点闭合，为控制电路供电	
		→KM_3 线圈得电	→KM_3 主触点闭合	
			→KM_3（常闭）互锁触点分断，锁住△形电路不能启动	
3	按下复合按钮 SB_3	→SB_3 常闭触点分断→KM_3 线圈失电	→KM_3 常闭辅助触点复位闭合，解除互锁	△形全压运转
			→KM_3 主触点分断，解除星形启动	
		→SB_3 常开触点闭合→KM_2 线圈通电吸合	→KM_2 主触点闭合	
			→KM_2（常开）自锁触点闭合，保持电动机 M 的△形连接状态	
			→KM_2（常闭）互锁触点分断，锁住 Y 形电路不能启动	
4	按下停止按钮 SB_1	→KM_1、KM_2 线圈失电释放	→KM_1、KM_2 各主触点、辅助触点恢复常态，电动机 M 停转	停止
5	拉开电源开关 QF	→断路器断开	→三相电源指示灯熄灭→线路断开	

在按钮、接触器控制的 Y-△减压启动线路中，为避免电源相间短路，控制星形启动的接触器 KM_3 和控制三角形运行的接触器 KM_2 不能同时通电，因此按钮 SB_3 采用了复合式结构，保证其动作时，必须先断开 KM_3 线圈的通路，然后再接通 KM_2 线圈的通路。出于同样的考虑，把 KM_3 和 KM_2 的常闭触点，串入对方线圈的通路中，这样就实现了电气与机械双重联锁，提高了电路的安全性和可靠性。此外，该控制电路还可以避免工作人员误操作引起的电动机启动顺序错误：如未操作星形接法启动按钮 SB_2 而直接按下三角形接法的复合按钮 SB_3，由于接触器 KM_1 未通电动作，所以电路不会直接启动运行。

按钮、接触器控制的 Y-△减压启动线路的缺点是从星形减压启动到三角形全压运行的转换过程需要工作人员手动完成，给电路操作带来了不便，因此为进一步提高电路控制的效率，可以采用时间继电器自动控制的 Y-△减压启动线路。

4. 时间继电器控制的 Y-△减压启动线路

时间继电器控制的 Y-△减压启动线路如图 2-29 所示，与按钮接触器控制的 Y-△减压启动线路相比，其特点是操作简单、安全可靠，Y-△减压启动过程由接触器和时间继电器自动来完成，无需人工干预，且减压启动时间可以调节。因为有时间继电器控制，所以保证了启动时间的准确性。

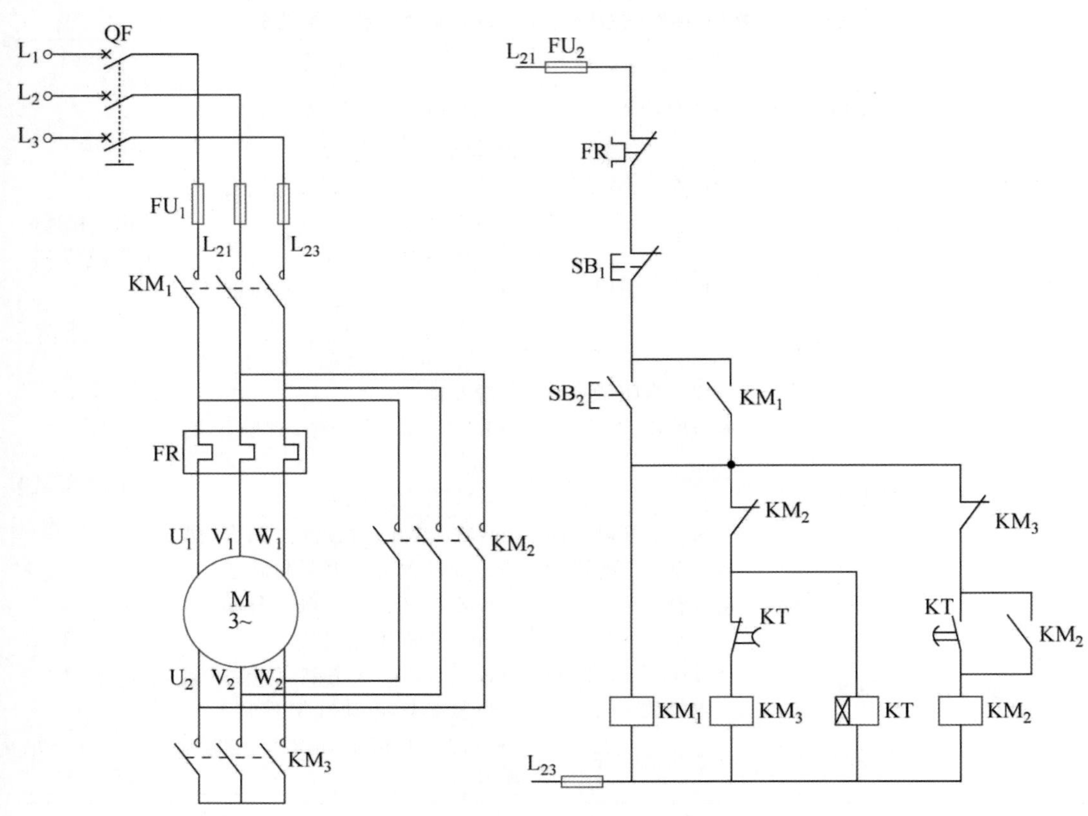

图 2-29　时间继电器控制的 Y-△减压启动线路

时间继电器控制的 Y-△减压启动线路工作过程如表 2-48 所示。

表 2-48　时间继电器控制的 Y-△减压启动线路工作过程

序号	操作步骤	动作元件	动作结果	功能
1	合上电源开关 QF	→断路器闭合	→三相电源指示灯亮	
2	按下启动按钮 SB_2	→KM_1 线圈得电	→KM_1 主触点闭合	主电路接通，Y 形启动
			→KM_1（常开）自锁触点闭合，为控制电路供电	
		→KM_3 线圈得电	→KM_3 主触点闭合	
			→KM_3（常闭）互锁触点分断，锁住△形电路不能启动	
		→KT 线圈得电	→KT 常闭触点延时分断	延时
			→KT 常开触点延时闭合	

（续表）

<table>
<tr><th>序号</th><th>操作步骤</th><th>动作元件</th><th>动作结果</th><th>功能</th></tr>
<tr><td rowspan="5">3</td><td rowspan="5">KT 常开触点延时闭合</td><td rowspan="2">→KM_3 线圈失电</td><td>→KM_3 常闭辅助触点复位闭合，解除互锁</td><td rowspan="5">△形全压运转</td></tr>
<tr><td>→KM_3 主触点分断，解除星形启动</td></tr>
<tr><td rowspan="3">→KM_2 线圈通电吸合</td><td>→KM_2 主触点闭合</td></tr>
<tr><td>→KM_2（常开）自锁触点闭合，保持电动机 M 的△形连接状态</td></tr>
<tr><td>→KM_2（常闭）互锁触点分断，锁住 Y 形电路不能启动</td></tr>
<tr><td>4</td><td>KM_2（常闭）互锁触点分断</td><td>→KT 线圈失电</td><td>→KT 触点恢复常态</td><td></td></tr>
<tr><td>5</td><td>按下停止按钮 SB_1</td><td>→KM_1、KM_2 线圈失电释放</td><td>→KM_1、KM_2 各主触点、辅助触点恢复常态，电动机 M 停转</td><td>停止</td></tr>
<tr><td>6</td><td>拉开电源开关 QF</td><td>→断路器断开</td><td>→三相电源指示灯熄灭→线路断开</td><td></td></tr>
</table>

时间继电器控制的 Y-△减压启动线路有很多，如图 2-30 为断电延时带直流能耗制动的 Y-△减压启动控制线路，相比图 2-29 的控制线路，其时间继电器采用了断电延时类型（前者为通电延时型），另外该电路在停车时采用了能耗制动方式（后续制动电路时会具体分析），使得电动机在停止运行时能够更加快速、平稳。

任务实施

1. 实训安全教育

安全无小事，在电气设备的实训操作中更是如此。在任务的实施过程中，每一个人都要严格遵守操作规程和规范，做到遵规守纪，这是尊重生命、尊重自我、尊重他人的一种表现。珍视生命、重视安全是每个人的义务，更是每个人的责任，让我们携手共进，共同维护好校园与课堂安全。

2. 断电延时带直流能耗制动的 Y-△减压启动控制线路的探究

1）探究电路

断电延时带直流能耗制动的 Y-△减压启动控制线路探究电路如图 2-30 所示。

2）探究器材

根据探究电路，正确选择元器件的型号规格和数量并填写在元器件明细表中（见表 2-49）。

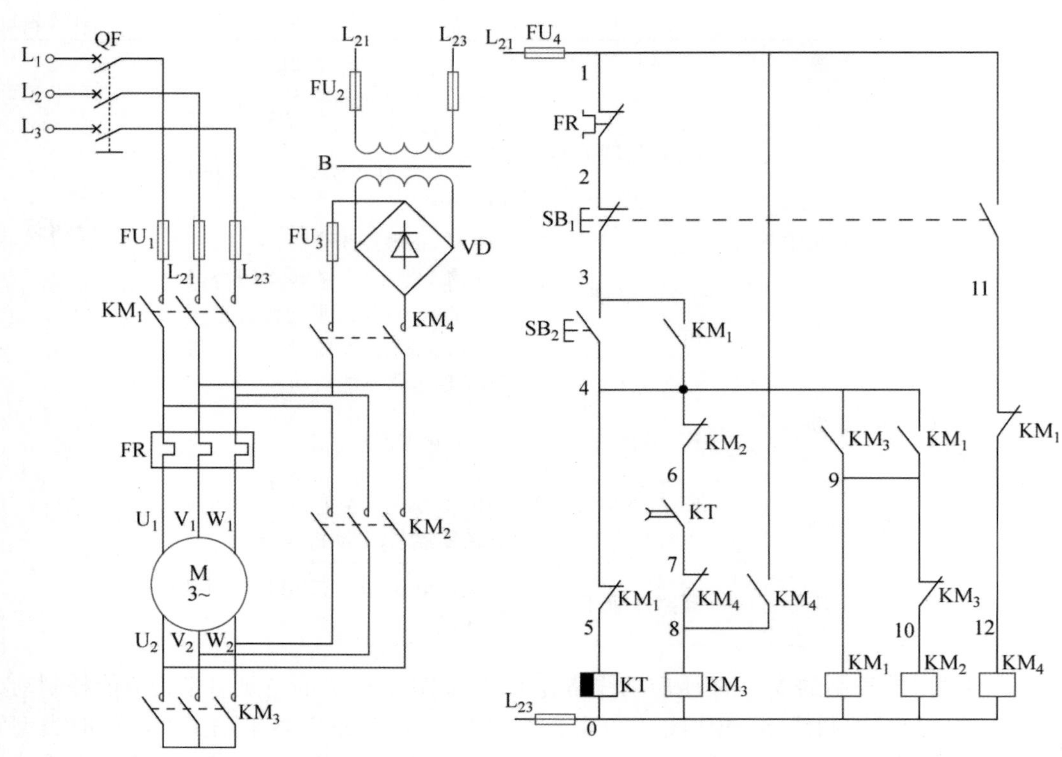

图 2-30　断电延时带直流能耗制动的 Y-△减压启动控制线路

表 2-49　元器件明细表

序号	符号	元件实物图	名　　称	型　　号
1	XD			
2	M			
3	QF			

（续表）

序号	符号	元件实物图	名　　称	型　　号
4	FU			
5	FR			
6	SB_1、SB_2	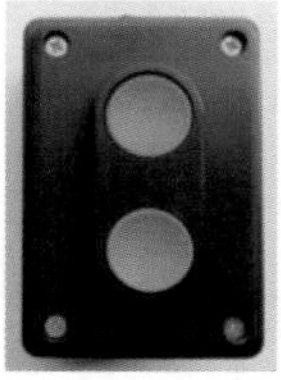		
7	KM_1、KM_2、KM_3、KM_4			
8	KT			
9			万用表	
10			工具	
11			导线	

3）线路安装

分析电路、清点元器件、工具等，确定安装导线的数量、接线位置，填入表 2-50 中。

表 2-50　探究断电延时带直流能耗制动的 Y-△减压启动控制线路接线表

线　号	根　　数	位　　置
0 号线		
1 号线		
2 号线		
3 号线		
4 号线		
5 号线		
6 号线		
7 号线		
8 号线		
9 号线		
10 号线		
11 号线		
12 号线		

根据断电延时带直流能耗制动的 Y-△减压启动控制线路原理图，在线路板上完成电路安装（见图 2-31）。

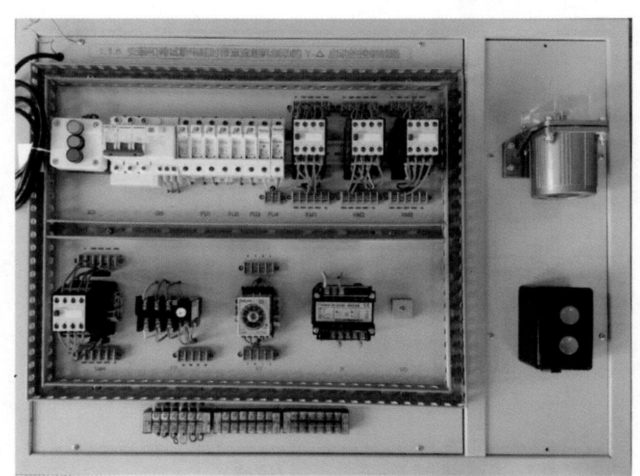

图 2-31　断电延时带直流能耗制动的 Y-△减压启动控制线路板

4）线路检测

根据表 2-51 的提示，完成线路通电前检测，如果测量结果与正常值相符，表示安装电路正确，可通电调试电路。

注意：在测试该电路时，可将 FU_2 中熔断器取出，使控制电路与主电路隔绝，否则需考虑主电路中变压器一次侧电阻与控制回路中的电阻并联关系，下表中正常值是已断开主电路忽略变压器电阻的测量值。

表 2-51　断电延时带直流能耗制动的 Y-△减压启动控制线路通电前检测

序号	测量位置	操作步骤	正常值	测量值	故障点位置判断
1	FU_4 1 0 万用表红黑表笔分别接 0、$1FU_4$ 接线柱两端	按下按钮 SB_2	∞（KT 线圈电阻，因内含电容器）		
2		按下按钮 SB_2 + KM_3 机械按键	1.4 kΩ 左右（KM_1 线圈电阻）		
3		按下按钮 SB_2 + KM_1 机械按键	0.7 kΩ 左右（KM_2 线圈电阻）		
4		按下 KM_4 机械按键	1.4 kΩ 左右（KM_3 线圈电阻）		
5		按下按钮 SB_1	1.4 kΩ 左右（KM_4 线圈电阻）		

5）通电调试

（1）检查电路后在教师的指导下接通电源。

（2）按照表 2-52 操作顺序，观察每一步操作后的动作现象，并记录在表 2-52 中。

表 2-52　断电延时带直流能耗制动的 Y-△减压启动控制线路工作过程探究

序号	操作步骤	动作元件	动作结果	功能
1	合上电源开关 QF	→断路器闭合		
2	按下启动按钮 SB_2	→KT 线圈得电		
3	KT 常开触点闭合	→KM_3 线圈得电		
4	KM_3（常开）联锁触点闭合	→KM_1 线圈得电		
5	KM_1（常闭）联锁触点分断	→KT 线圈失电		
6	KT 常开触点分断	→KM_3 线圈失电		
7	KM_3（常闭）联锁触点闭合	→KM_2 线圈得电		

（续表）

序号	操作步骤	动作元件	动作结果	功能
8	按下停止按钮 SB_1	→KM_1 线圈失电		
		→KM_2 线圈失电		
		→KM_4 线圈得电		
	KM_4（常开）联锁触点闭合	→KM_3 线圈得电		
9	电动机 M 因惯性继续运转，接入直流电，电动机 M 进入能耗制动			
10	放开停止按钮 SB_1	→KM_4 线圈失电		
		→KM_3 线圈失电		
11	拉开电源开关 QF	→断路器断开		

6）按 5S 管理要求清理工位

探究任务完成后，关闭电源；按 5S 管理要求清理工位台，清点并整理工具箱，将实训设备恢复到初始状态。

任务评价

学习任务评价如表 2-53 所示。

表 2-53　学习任务评价表

评价项目		评价内容	评价标准	配分	自评 10%	互评 30%	师评 60%
职业素养	劳动纪律	有时间观念，遵守实训规章制度	没有时间观念，不遵守实训规章制度扣 1～10 分	10			
	工作态度	认真完成学习任务，主动钻研专业技能	态度不认真，不能按指导老师要求完成学习任务扣 1～10 分	10			
	职业规范	遵守电工操作规程及规范；工作台面保持清洁，工具摆放整齐	不遵守电工操作规程及规范扣 1～8 分；工作台面脏乱，工具摆放无序扣 1～2 分	10			
职业技能	元器件选择及检测	(1) 根据电路图，选择元器件的型号规格和数量 (2) 元器件检测	(1) 接触器、熔断器、热继电器选择不当每处扣 2 分，其他元件选择不当每处扣 1 分 (2) 元器件检测失误每处扣 2 分	10			
	安装工艺	导线连接紧固、接触良好	接线松动，露铜、接触不良等每处扣 1 分	10			

（续表）

评价项目		评价内容	评价标准	配分	自评 10%	互评 30%	师评 60%
职业技能	安装与调试	(1) 按图接线正确 (2) 能正确调整热继电器、时间继电器的整定值 (3) 通电试车一次成功 (4) 通电操作步骤正确	(1) 未按图接线，或线路功能不全每处扣 10 分 (2)整定不当每处扣 2～4 分 (3) 一次不成功扣 10 分，三次不成功本项不得分 (4) 通电操作步骤不正确扣 2～10 分	30			
	故障检测	(1) 能正确分析故障原因 (2) 能正确查找故障并排除	(1) 分析错误，每处扣 3 分 (2) 每少查出并少排除一个故障点，扣 5 分	20			
合计				100			
指导教师签字：					年	月	日

能力拓展与提升

试一试，你能解决表 2-54 中的问题吗？

表 2-54　断电延时带直流能耗制动的 Y-△减压启动控制线路故障分析表

序号	现　　象	原　　因
1	电动机只能星形启动，不能三角形运转	
2	按下启动按钮 SB_2 后，KT 不动作	
3	时间继电器动作，但是 KM_3 不动作	
4	松开 SB_2 后接触器 KM_1、KM_3 即失电	
5	定时时间到，电动机定子绕组不能切换到三角形联结	
6	电动机启动后，按下 SB_1 不能正常停车	
7	按下 SB_1 后，KM_4 不动作	

任务 2　自耦变压器减压启动控制线路

任务描述

你听说过变压器吗？顾名思义它是一种能够变换电压的电器，自耦变压器则是一种特殊的变压器，虽然它的结构有其自身的特点，但是同样具有变换电压的功能。因此我们可以利用自耦变压器变换电压的功能来控制启动电路，从而达到减压启动的目的。本次任务将带领大家一起来探究自耦变压器减压启动控制线路的工作原理、安装调试方法等。

知识链接

自耦变压器是指原边、副边线圈直接串联在同一条绕组上的变压器，因此它是一种输出和输入共用同一组线圈的特殊变压器；普通变压器是通过原、副边线圈电磁耦合来传递能量的，原、副边没有直接电的联系；自耦变压器由于输出和输入共用一组线圈，因此原、副边有直接电的联系，它的低压线圈就是高压线圈的一部分。

自耦变压器减压启动是利用自耦变压器来降低启动时加在电动机定子绕组上的电压，达到限制启动电流的目的。电动机启动时，电动机定子绕组所加的电压为自耦变压器的二次电压；启动结束后，自耦变压器被切除，定子绕组上加额定电压，电动机进入全压运行状态。这种启动方法，可选择自耦变压器的分接头位置来调节电动机的端电压，并且其启动转矩比星-三角减压启动转矩大。但是自耦变压器投资大、成本较高，且不允许频繁启动，因此它仅适用于容量较大的三相交流电动机的减压启动。不过这种启动方法对电动机的接法没有特殊要求，适用于任何接法（星形或三角形连接）的三相鼠笼式异步电动机。自耦变压器减压启动分为手动控制和自动控制两种。

1. 按钮、接触器控制的自耦变压器减压启动线路

按钮、接触器控制的自耦变压器减压启动线路如图 2-32 所示。

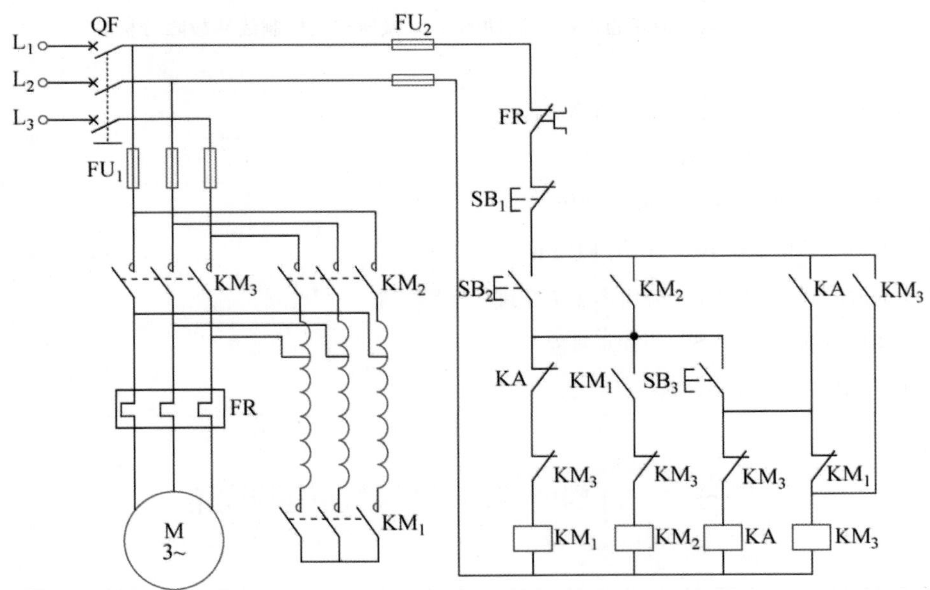

图 2-32　按钮、接触器控制的自耦变压器减压启动线路

1）减压启动过程分析

按下启动按钮 SB_2，交流接触器 KM_1 线圈通电吸合，KM_1 常闭辅助触点断开，起互锁

作用(锁住全压运行电路),KM_1 三相主触点闭合,自耦变压器 TM 联结成星形接法;KM_1 常开辅助触点闭合,交流接触器 KM_2 线圈通电吸合,KM_2 常开辅助触点闭合自锁,松 SB_2;KM_2 三相主触点闭合,此时电动机接入自耦变压器减压启动。此电路中,交流接触器 KM_1、KM_2 为控制自耦变压器减压启动的接触器。

2) 全压运行过程分析

电动机减压启动后,当转速逐渐升高至额定转速时,再按下启动按钮 SB_3,中间继电器 KA 线圈通电吸合,KA 常闭辅助触点断开,起互锁作用(锁住减压启动电路),KM_1 线圈失电释放,KM_1 常闭辅助触点复位闭合,解除互锁;KM_1 常开辅助触点复位断开,交流接触器 KM_2 线圈失电释放,KM_2 常开辅助触点断开,解除自锁;KM_1、KM_2 三相主触点断开,此时电动机短暂失电,但依靠惯性继续运行;同时 KA 常开辅助触点闭合自锁,KM_3 线圈通电吸合,KM_3 常开辅助触点闭合自锁;松开 SB_3,KA 线圈失电释放,KA 各触点复位;KM_3 三相主触点闭合,电动机通电全压运行。

按钮、接触器控制的自耦变压器减压启动线路的缺点是从减压启动到全压运行的转换过程需要工作人员手动完成,给电路操作带来了不便,因此为进一步提高电路控制的效率,可以采用时间继电器自动控制的自耦变压器减压启动线路。

2. 时间继电器控制的自耦变压器减压启动线路

时间继电器控制的自耦变压器减压启动线路如图 2-33 所示,与按钮接触器控制的自耦变压器减压启动线路相比,其特点是操作简单、安全可靠,自耦变压器减压启动过程由

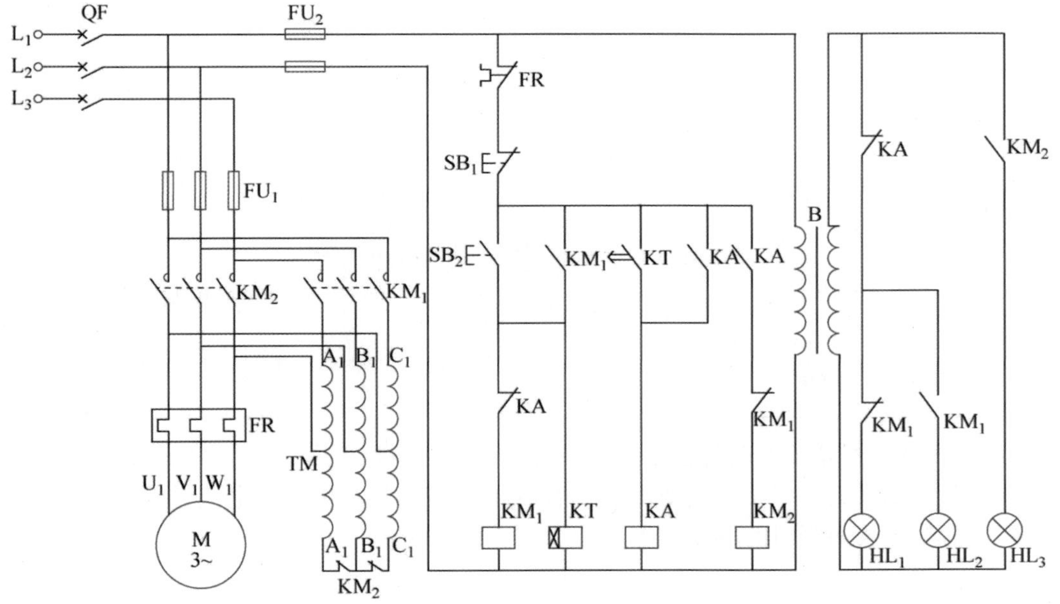

图 2-33 时间继电器控制的自耦变压器减压启动线路

接触器和时间继电器自动来完成，无需人工干预，且减压启动时间可以调节。因为有时间继电器控制，所以保证了启动时间的准确性。

相对于上述按钮控制的自耦变压器减压电路，图 2-33 电路在控制中减少了一个交流接触器，由控制全压运行的接触器 KM_2 的常闭辅助触点来断开自耦变压器二次线圈的星形联结；同时在该电路的控制回路中，增加了反映运行过程的信号指示灯。

时间继电器控制的自耦变压器减压启动线路工作过程如表 2-55 所示。

表 2-55　时间继电器控制的自耦变压器减压启动线路工作过程

序号	操作步骤	动作元件	动作结果	功能
1	合上电源开关 QF	→断路器闭合	→三相电源指示灯亮 →指示灯 HL_1 亮	
2	按下启动按钮 SB_2	→KM_1 线圈得电	→KM_1 主触点闭合	接 TM 启动
			→KM_1(常开)自锁触点闭合	
			→指示灯 HL_1 熄灭、HL_2 亮	
		→KT 线圈得电	→KT 常开触点延时闭合	
3	KT 常开触点闭合	→KA 线圈得电	→KA(常开)自锁触点闭合	全压运转
			→KA(常闭)联锁触点分断，切断 KM_1 线圈电源	
			→KA(常开)联锁触点闭合，接通 KM_2 线圈电源	
			→指示灯 HL2 熄灭	
		→KM_1 线圈失电	→KM_1 主触点、辅助触点恢复常态	
		→KT 线圈失电	→KT 触点恢复常态	
		→KM_2 线圈得电	→KM_2 主触点闭合	
			→KM_2 两个常闭辅助接点分断，解除 TM 的 Y 形联结	
			→指示灯 HL_3 亮	
4	按下停止按钮 SB_1	→KA 线圈失电	→KA 触点恢复常态	停转
		→KM_2 线圈失电	→KM_2 主触点、辅助触点恢复常态	
5	拉开电源开关 QF	→断路器断开	→三相电源指示灯熄灭→线路断开	

在自耦变压器减压启动的电路中，需要注意的是自耦变压器的功率应与电动机的功率保持一致，如果其功率小于电动机的功率，则自耦变压器会因启动电流过大发热而损坏绝缘，引起烧毁线圈绕组的事故发生。

任务实施

1. 实训安全教育

安全无小事，在电气设备的实训操作中更是如此。在任务的实施过程中，每一个人都

要严格遵守操作规程和规范，做到遵规守纪，这是尊重生命、尊重自我、尊重他人的一种表现。珍视生命、重视安全是每个人的义务，更是每个人的责任，让我们携手共进，共同维护好校园与课堂安全。

2. 时间继电器控制的自耦变压器减压启动线路的探究

1) 探究电路

时间继电器控制的自耦变压器减压启动线路探究电路如图 2-34 所示。

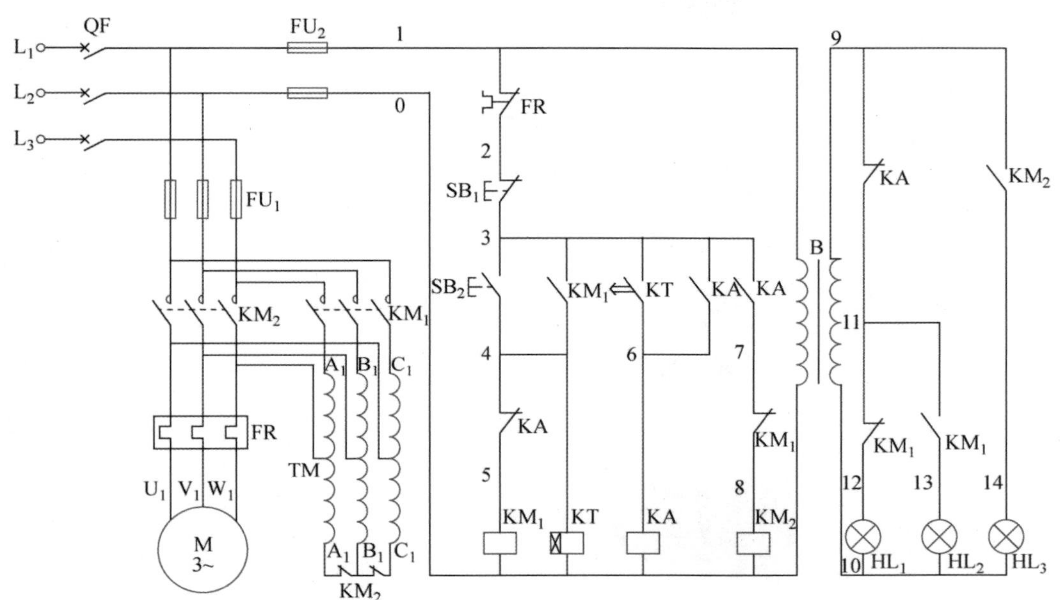

图 2-34　时间继电器控制的自耦变压器减压启动线路探究电路

2) 探究器材

根据探究电路，正确选择元器件的型号规格和数量并填写在元器件明细表中（见表 2-56）。

表 2-56　元器件明细表

序号	符号	元件实物图	名　称	型　号
1	XD			

（续表）

序号	符号	元件实物图	名　　称	型　　号
2	M			
3	QF	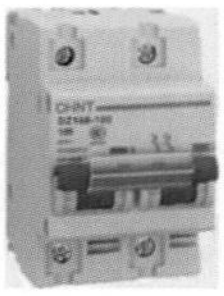		
4	FU			
5	FR			
6	SB_1、SB_2			
7	KM_1、KM_2			

（续表）

序号	符号	元件实物图	名　称	型　号
8	KT			
9	KA			
10			万用表	
11			工具	
12			导线	

3）线路安装

分析电路，清点元器件、工具等，确定安装导线的数量、接线位置，填入表 2-57 中。

表 2-57　探究时间继电器控制的自耦变压器减压启动线路接线表

线　号	根　数	位　置
0 号线		
1 号线		
2 号线		
3 号线		
4 号线		

（续表）

线　号	根　　数	位　　置
5 号线		
6 号线		
7 号线		
8 号线		
9 号线		
10 号线		
11 号线		
12 号线		
13 号线		
14 号线		

根据时间继电器控制的自耦变压器减压启动线路原理图，在线路板上完成电路安装（见图 2-35）。

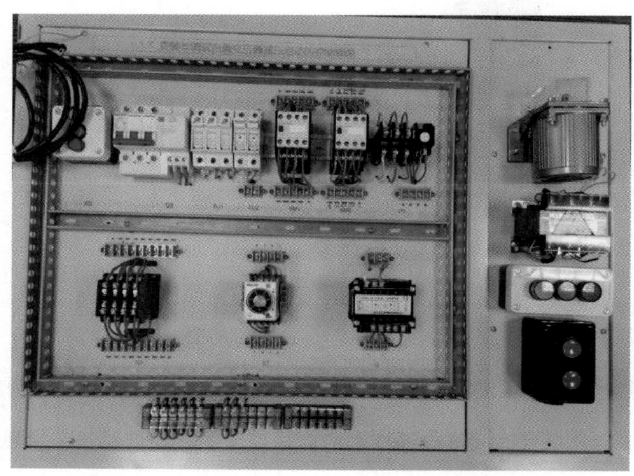

图 2-35　时间继电器控制的自耦变压器减压启动线路板

4）线路检测

根据表 2-58 的提示，完成线路通电前检测，如果测量结果与正常值相符，表示安装电路正确，可通电调试电路。

注意：在测试该电路时，可将 FU_2 中熔断器取出，使控制电路与主电路隔绝，否则需考虑主电路中变压器一次侧电阻与控制回路中的电阻并联关系，下表中正常值是已断开主电路忽略变压器电阻的测量值。

表 2-58　时间继电器控制的自耦变压器减压启动线路通电前检测

序号	测量位置	操作步骤	正常值	测量值	故障点位置判断
1	FU_2 1 0 万用表红黑表笔分别接 0、1FU_2 接线柱两端	按下按钮 SB_2	1.4 kΩ 左右（KM_1 线圈电阻）		
2		按下 KM_1 机械按键	1.4 kΩ 左右（KM_1 线圈电阻）		
3		按下 KA 机械按键	0.7 kΩ 左右（KA 线圈电阻 // KM_2 线圈电阻）		

5）通电调试

（1）检查电路后在教师的指导下接通电源。

（2）按照表 2-59 的操作顺序，观察每一步操作后的动作现象，并记录在表中。

表 2-59　时间继电器控制的自耦变压器减压启动线路工作过程探究

序号	操作步骤	动作元件	动作结果	功能
1	合上电源开关 QF	→断路器闭合	→三相电源指示灯亮	
2	按下启动按钮 SB_2	→KM_1 线圈得电		接 TM 启动
		→KT 线圈得电		
3	KT 常开触点闭合	→KA 线圈得电		全压运转
		→KM_1 线圈失电		
		→KT 线圈失电		
		→KM_2 线圈得电		
4	按下停止按钮 SB_1	→KA 线圈失电		停转
		→KM_2 线圈失电		
5	拉开电源开关 QF	→断路器断开	→三相电源指示灯熄灭→线路断开	

6）按 5S 管理要求清理工位

探究任务完成后，关闭电源。按 5S 管理要求清理工位台，清点并整理工具箱，将实训设备恢复到初始状态。

任务评价

学习任务评价如表 2-60 所示。

表 2-60　学习任务评价表

评价项目		评 价 内 容	评 价 标 准	配分	自评 10%	互评 30%	师评 60%
职业素养	劳动纪律	有时间观念，遵守实训规章制度	没有时间观念，不遵守实训规章制度扣 1～10 分	10			
	工作态度	认真完成学习任务，主动钻研专业技能	态度不认真，不能按指导老师要求完成学习任务扣 1～10 分	10			
	职业规范	遵守电工操作规程及规范；工作台面保持清洁，工具摆放整齐	不遵守电工操作规程及规范扣 1～8 分；工作台面脏乱，工具摆放无序扣 1～2 分	10			
职业技能	元器件选择及检测	(1) 根据电路图，选择元器件的型号规格和数量 (2) 元器件检测	(1) 接触器、熔断器、热继电器选择不当每处扣 2 分，其他元件选择不当每处扣 1 分 (2) 元器件检测失误每处扣 2 分	10			
	安装工艺	导线连接紧固、接触良好	接线松动，露铜、接触不良等每处扣 1 分	10			
	安装与调试	(1) 按图接线正确 (2) 能正确调整热继电器、时间继电器的整定值 (3) 通电试车一次成功 (4) 通电操作步骤正确	(1) 未按图接线，或线路功能不全每处扣 10 分 (2)整定不当每处扣 2～4 分 (3) 一次不成功扣 10 分，三次不成功本项不得分 (4) 通电操作步骤不正确扣 2～10 分	30			
	故障检测	(1) 能正确分析故障原因 (2) 能正确查找故障并排除	(1) 分析错误，每处扣 3 分 (2) 每少查出并少排除一个故障点，扣 5 分	20			
合　计				100			
指导教师签字：					年	月	日

能力拓展与提升

试一试，你能解决表 2-61 中的问题吗？

表 2-61　时间继电器控制的自耦变压器减压启动线路故障分析表

序号	故 障 现 象	故 障 原 因
1	电动机只能减压启动，不能全压运行	
2	时间继电器 KT 线圈断路损坏	
3	电动机启动后，按下 SB_1 不能正常停车	

知识小贴士

自耦变压器减压启动电路不能频繁操作，如果启动不成功的话，第二次启动应间隔 4 min 以上，如果在 60 s 连续两次启动后，应停电 4 h 再次启动运行，这是为了防止自耦变压器绕组内启动电流太大而发热损坏自耦变压器的绝缘。

任务 3　延边三角形减压启动控制线路

任务描述

你知道什么是延边三角形减压启动吗，它为什么被称为延边三角形启动线路，又是怎样实现减压启动任务的？本次任务将带领大家一起来探究延边三角形减压启动控制线路的构成、工作原理、安装调试方法等。

知识链接

相对于 Y-△减压启动和自耦变压器减压启动控制线路来说，延边三角形减压启动是一种既不用增加专用启动设备，又能得到较大启动转矩的减压启动方法。

前面我们学过的 Y-△减压启动，其启动线路比较简单，但是启动转矩较小；自耦变压器减压启动增大了启动转矩，但是需要专用的自耦变压器启动设备；延边三角形减压启动则克服了上述缺陷，它是一种既不用增加专用启动设备，又能得到较大启动转矩的减压启动方法，但是延边三角形减压启动也有其自身的限制，如图 2-36(a)所示。

采用延边三角形降压启动时，要求电动机的三相定子绕组有 9 个出线头(比一般的电动机定子绕组多了三个中间抽头)，电动机的结构稍显复杂，一定程度上限制了该减压启动方法的实际应用。

延边三角形降压启动和 Y-△减压启动的原理相似，即在启动时将电动机定子绕组的一部分联结成星形(Y)，另一部分联结成三角形(△)，使整个定子绕组联结成图 2-36(b)所示的电路，从图形上看好像是将一个三角形(△)的三条边进行了延长，因此称为延边三角形启动电路。

从图 2-36(b)可以看出，当延边三角形减压启动时，星形联结部分的绕组，既是各相定子绕组的一部分，同时又兼做另一相定子绕组的降压绕组，它的优点是当 U、V、W 三相接入 380 V 电源时，每相绕组上所承受的电压，比三角形联结时的相电压要低，比星形联结时的相电压要高，因此启动转矩要大于 Y-△减压启动时的转矩。

连接成延边三角形时每相绕组的相电压、启动电流和启动转矩的大小是根据每相绕组的两部分阻抗的比例（称为抽头比）的改变而变化的。在实际应用中，可根据不同的使用要求，选用不同的抽头比来进行减压启动，待电动机启动运转后，再将绕组改成三角形联结，如图 2-36(c)所示，使电动机在额定电压下正常运行。

延边三角形减压启动控制线路如图 2-37 所示，其工作过程分析如表 2-62 所示。

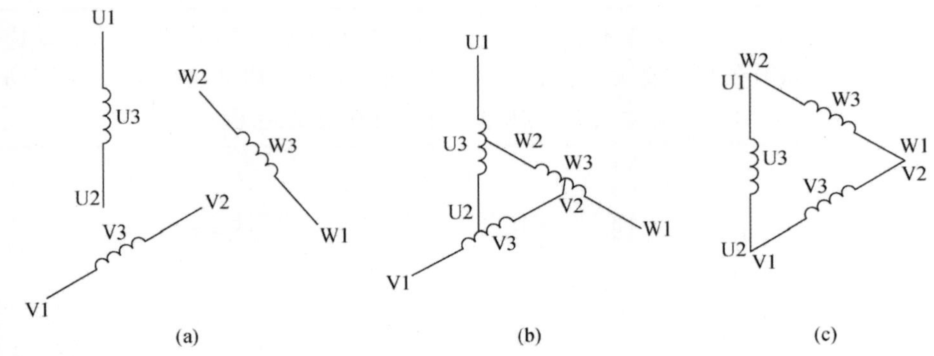

图 2-36　延边三角形减压启动电动机定子绕组的联结方式

(a) 原始状态；(b) 启动时；(c) 正常运转时

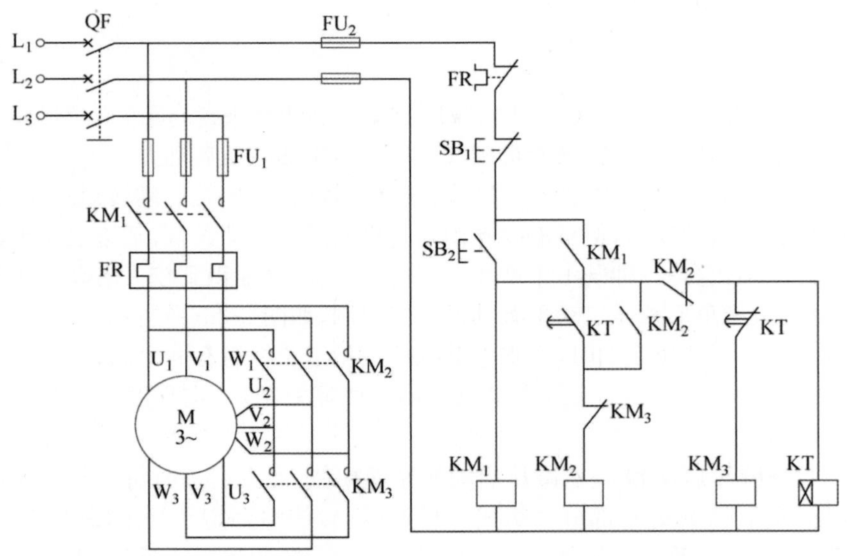

图 2-37　延边三角形减压启动控制线路

表 2-62　延边三角形减压启动控制线路工作过程

序号	操作步骤	动作元件	动作结果	功能
1	合上电源开关 QF	→断路器闭合	→三相电源指示灯亮	
2	按下启动按钮 SB_2	→KM 线圈得电	→KM 主触点闭合	延边△启动
			→KM(常开)自锁触点闭合	
		→KM_3 线圈得电	→KM_3 主触点闭合	
			→KM_3（常闭）联锁触点分断，锁住△形电路不能启动	
		→KT 线圈得电	→KT 常开触点延时闭合	延时
			→KT 常闭触点延时分断	
3	KT 常闭触点分断	→KM_3 线圈失电	→KM_3 主触点、辅助触点恢复常态	全压△运转
	KT 常开触点闭合	→KM_2 线圈得电	→KM_2 主触点闭合	
			→KM_2（常开）自锁触点闭合	
			→KM_2（常闭）联锁触点分断，切断 KT 线圈电源	
		→KT 线圈失电	→KT 触点恢复常态	
4	按下停止按钮 SB_1	→KM 线圈失电	→KM 主触点、辅助触点恢复常态	停转
		→KM_2 线圈失电	→KM_2 主触点、辅助触点恢复常态	
5	拉开电源开关 QF	→断路器断开	→三相电源指示灯熄灭→线路断开	

任务实施

1. 实训安全教育

安全无小事，在电气设备的实训操作中更是如此。在任务的实施过程中，每一个人都要严格遵守操作规程和规范，做到遵规守纪，这是尊重生命、尊重自我、尊重他人的一种表现。珍视生命、重视安全是每个人的义务，更是每个人的责任，让我们携手共进，共同维护好校园与课堂安全。

2. 延边三角形减压启动控制线路的探究

1）探究电路

延边三角形减压启动控制线路探究电路如图 2-38 所示。

2）探究器材

根据探究电路，正确选择元器件的型号规格和数量并填写在元器件明细表中（见表 2-63）。

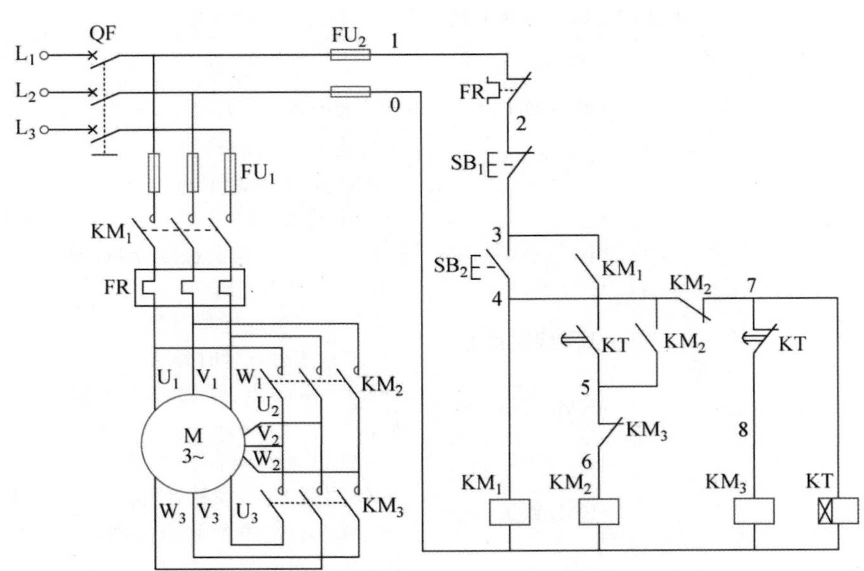

图 2-38　延边三角形减压启动控制线路探究电路

表 2-63　元器件明细表

序号	符号	元件实物图	名　称	型　号
1	XD	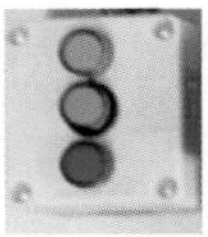		
2	M			
3	QF	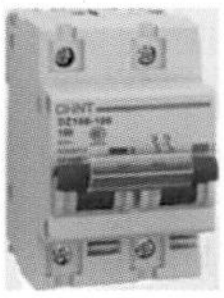		
4	FU	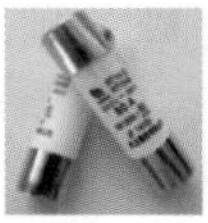		

（续表）

序号	符号	元件实物图	名　　称	型　　号
5	FR			
6	SB_1、SB_2	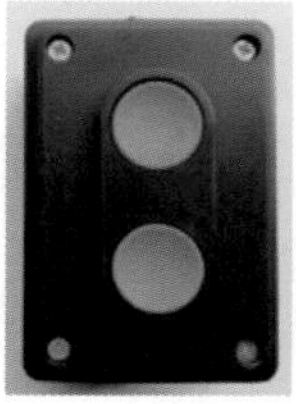		
7	KM_1、KM_2、KM_3	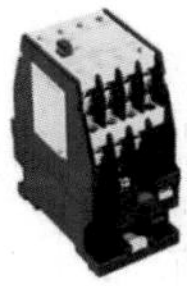		
8	KT			
9			万用表	
10			工具	
11			导线	

3) 线路安装

分析电路、清点元器件、工具等,确定安装导线的数量、接线位置,填入表 2-64 中。

表 2-64　探究延边三角形减压启动控制线路接线表

线　号	根　　数	位　　置
0 号线		
1 号线		
2 号线		
3 号线		
4 号线		
5 号线		
6 号线		
7 号线		
8 号线		

根据延边三角形减压启动控制线路原理图,在线路板上完成电路安装(见图 2-39)。

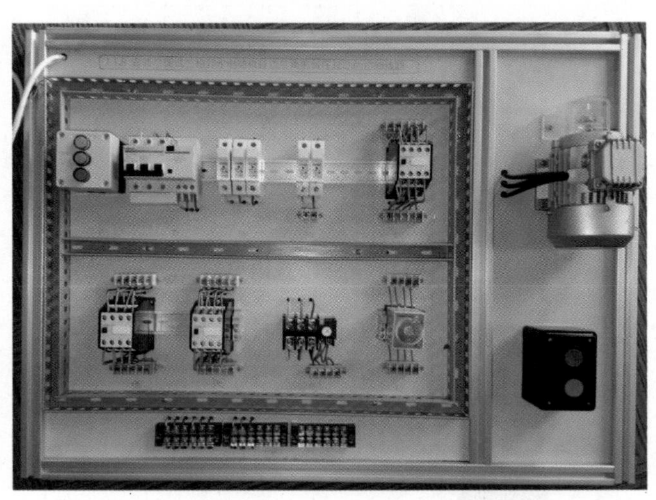

图 2-39　延边三角形减压启动控制线路板

4) 线路检测

如表 2-65 所示,完成线路通电前检测,如果测量结果与正常值相符,表示安装电路正确,可通电调试电路。

表 2-65 延边三角形减压启动控制线路通电前检测

序号	测量位置	操作步骤	正常值	测量值	故障点位置判断
1	FU_2 1 0 万用表红黑表笔分别接 0、1FU_2 接线柱两端	按下按钮 SB_2	0.7 kΩ 左右(KM_1 线圈电阻 // KM_3 线圈电阻)		
2		按下 KM_1 机械按键	0.7 kΩ 左右(KM_1 线圈电阻 // KM_3 线圈电阻)		
3		按下按钮 SB_2 + KM_2 机械按键	0.7 kΩ 左右(KM_2 线圈电阻 // KM_1 线圈电阻)		

5) 通电调试

(1) 检查电路后在教师的指导下接通电源。

(2) 按照表 2-66 的操作顺序,观察每一步操作后的动作现象,并记录在表 2-66 中。

表 2-66 延边三角形减压启动控制线路工作过程探究

序号	操作步骤	动作元件	动作结果	功能
1	合上电源开关 QF	→断路器闭合	→三相电源指示灯亮	
2	按下启动按钮 SB_2	→KM 线圈得电		延边△启动
		→KM△线圈得电		
		→KT 线圈得电		延时
3	KT 常闭触点分断	→KM△线圈失电		全压△运转
	KT 常开触点闭合	→KM△线圈得电		
		→KT 线圈失电		
4	按下停止按钮 SB_1	→KM 线圈失电		停转
		→KM△线圈失电		
5	拉开电源开关 QF	→断路器断开	→三相电源指示灯熄灭→线路断开	

6) 按 5S 管理要求清理工位

探究任务完成后,关闭电源。按 5S 管理要求清理工位台,清点并整理工具箱,将实训设备恢复到初始状态。

任务评价

学习任务评价如表 2-67 所示。

表 2-67　学习任务评价表

评价项目		评价内容	评价标准	配分	自评 10%	互评 30%	师评 60%
职业素养	劳动纪律	有时间观念，遵守实训规章制度	没有时间观念，不遵守实训规章制度扣 1～10 分	10			
	工作态度	认真完成学习任务，主动钻研专业技能	态度不认真，不能按指导老师要求完成学习任务扣 1～10 分	10			
	职业规范	遵守电工操作规程及规范；工作台面保持清洁，工具摆放整齐	不遵守电工操作规程及规范扣 1～8 分；工作台面脏乱，工具摆放无序扣 1～2 分	10			
职业技能	元器件选择及检测	(1) 根据电路图，选择元器件的型号规格和数量 (2) 元器件检测	(1) 接触器、熔断器、热继电器选择不当每处扣 2 分，其他元件选择不当每处扣 1 分 (2) 元器件检测失误每处扣 2 分	10			
	安装工艺	导线连接紧固、接触良好	接线松动，露铜、接触不良等每处扣 1 分	10			
	安装与调试	(1) 能正确按图接线 (2) 能正确调整热继电器、时间继电器的整定值 (3) 通电试车一次成功 (4) 通电操作步骤正确	(1) 未按图接线，或线路功能不全每处扣 10 分 (2) 整定不当每处扣 2～4 分 (3) 一次不成功扣 10 分，三次不成功本项不得分 (4) 通电操作步骤不正确扣 2～10 分	30			
	故障检测	(1) 能正确分析故障原因 (2) 能正确查找故障并排除	(1) 分析错误，每处扣 3 分 (2) 每少查出并少排除一个故障点，扣 5 分	20			
合　计				100			
指导教师签字：					年	月	日

能力拓展与提升

试一试，你能解决表 2-68 中的问题吗？

表 2-68　延边三角形减压启动控制线路故障分析表

序号	故 障 现 象	故 障 原 因
1	电动机只能延边三角形减压启动，不能全压运行	
2		时间继电器 KT 线圈断路损坏
3	松开 SB_2 后，接触器 KM_1、KM_3 即失电	
4	定时时间到，电动机定子绕组不能切换到三角形联结	
5	电动机启动后，按下 SB_1 不能正常停车	

任务 4　串电阻减压启动控制线路

任务描述

对于电阻，相信大家都不陌生，我们在初中学物理时应该就知道了这个元件，电阻的一个重要特性就是把它串联在电路中的某条支路上，具有串联分压的作用，同时还可以减小该支路的电流，因此如果我们尝试在电动机绕组与电源之间串联电阻，应该可以达到降低启动电压、减小启动电流的作用。那么接下来就让我们一起来探究一下串电阻减压启动控制线路的工作原理、安装调试方法吧。

知识链接

利用串联电阻的分压作用，我们可以在三相笼型异步电动机的定子绕组上串联电阻，以减小加在定子绕组的启动电压；也可以在三相绕线转子异步电动机的转子绕组中串联外接电阻，以减小启动电流，提高启动转矩。

1. 定子绕组串电阻减压启动控制线路

定子绕组串电阻减压启动是指在电动机启动时，在电动机定子绕组上串联电阻，通过电阻的分压作用，来降低定子绕组上的启动电压，待启动后，再将电阻短接，使电动机在额定电压下正常运行，这种减压启动控制线路有手动控制、接触器控制、时间继电器控制和手动自动混合控制等多种形式。本篇重点介绍接触器控制和时间继电器控制的串电阻减压启动线路。

1) 接触器控制的串电阻减压启动线路

接触器控制的串电阻减压启动线路如图 2-40 所示，该电路的工作过程如表 2-69 所示。

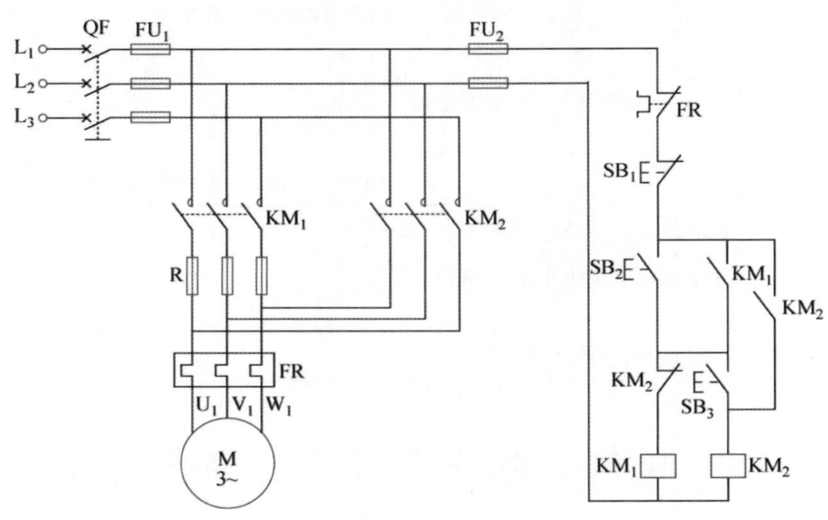

图 2-40　接触器控制串联电阻减压启动控制原理

表 2-69　接触器控制串联电阻减压启动控制线路的工作过程

序号	操作步骤	动作元件	动作结果	功能
1	合上电源开关 QF	→断路器闭合	→三相电源指示灯亮	
2	按下启动按钮 SB_2	→KM_1 线圈得电	→KM_1 常开辅助触点闭合自锁	减压启动
			→KM_1 主触点闭合→电动机 M 串联电阻 R 减压启动	
	松开 SB_2	→KM_1 常开辅助触点闭合自锁	电动机 M 串联电阻 R 继续减压启动	
3	→电动机转速升到一定时			全压运转
	按下启动按钮 SB_3	→KM_2 线圈得电	→KM_2 常开辅助触点闭合自锁	
			→KM_2 主触点闭合→电阻 R 被短接→电动机 M 全压运行	
			→KM_2 常闭辅助触点分断，联锁→KM_1 线圈失电→KM_1 各触点复位	
	松开 SB_3	→KM_2 常开辅助触点闭合自锁	电动机 M 全压运行	
4	按下停止按钮 SB_1	→控制电路失电	→电动机 M 停转	停转
5	拉开电源开关 QF	→断路器断开	→三相电源指示灯熄灭→线路断开	

接触器控制的定子串电阻减压启动线路控制虽然简单，但是从串联电阻减压启动到全压运行的转换过程需要工作人员手动完成，存在不确定因素，给电路操作带来了不便，因此为进一步提高电路控制的效率，可以采用时间继电器自动控制的串联电阻减压启动线路。

2）时间继电器自动控制的串联电阻减压启动控制线路

时间继电器自动控制的串联电阻减压启动控制线路如图 2-41 所示。这个线路中用时间继电器 KT 代替了按钮 SB_3，从而实现了电动机从减压启动到全压运行的自动控制。工作中只要调整好时间继电器 KT 的动作时间，就能准确可靠地实现电动机由减压启动切换到全压运行的过程。时间继电器自动控制的串电阻减压启动控制线路的工作过程如表 2-70 所示。

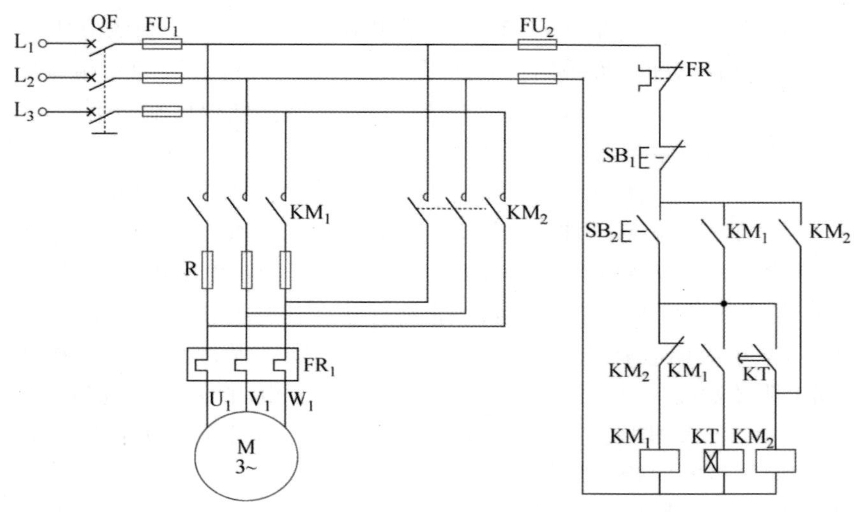

图 2-41　时间继电器控制串电阻减压启动控制原理

表 2-70　时间继电器控制的串联电阻减压启动控制线路的工作过程

序号	操作步骤	动作元件	动作结果	功能
1	合上电源开关 QF	→断路器闭合	→三相电源指示灯亮	
2	按下启动按钮 SB_2	→KM_1 线圈得电	→KM_1 常开辅助触点闭合自锁	减压启动
			→KM_1 主触点闭合→电动机 M 串联电阻 R 减压启动	
			→KM_1 常开辅助触点闭合→KT 线圈得电	
	松开 SB_2	→KM_1 常开辅助触点闭合自锁	电动机 M 串联电阻 R 继续减压启动	
3	→KT 线圈得电	→KT 延时闭合的常开触点闭合→KM_2 线圈得电	→KM_2 常开辅助触点闭合自锁	全压运转
			→KM_2 主触点闭合→电阻 R 被短接→电动机 M 全压运行	
			→KM_2 常闭辅助触点分断，联锁→KM_1 线圈失电	
	→KM_1 线圈失电	→ KM_1 各触点复位	→KT 线圈失电→KT 各触点复位	

（续表）

序号	操 作 步 骤	动 作 元 件	动 作 结 果	功能
4	按下停止按钮 SB_1	→控制电路失电	→电动机 M 停转	停转
5	拉开电源开关 QF	→断路器断开	→三相电源指示灯熄灭→线路断开	

采用定子绕组串联电阻减压启动是在牺牲启动转矩的情况下进行的，因此只适用于轻载或空载下启动，在目前的生产实际中，定子串电阻减压启动控制的应用正在逐渐减少。如果在需要重载启动时，可采用三相转子串联电阻的方法。因为三相异步电动机转子电阻增加时能保持最大的转矩，所以适当选择启动电阻能使得启动转矩最大。

2. 转子绕组串接电阻启动控制线路

三相绕线转子异步电动机可以通过集电环在转子绕组中串接外加电阻来减少启动电流，提高转子电路的功率因数，增加启动转矩，并通过改变其串联电阻的大小进行调速。因此，在一般要求启动转矩较高和需要调速的场合，绕线转子异步电动机得到了广泛的应用。

对于串接在转子绕组中的外加电阻，通常将这些启动电阻分级连成星形。启动时，电阻全部接入，以减小启动电流，提高启动转矩。随着启动过程的进行，电动机转速逐渐提高，转子启动电阻依次被短接，逐级减小，直至启动完毕，电阻将全部被切除，电动机在额定转速下运行。实现这种切换可以采用时间继电器控制，也可采用电流继电器控制。

1）时间继电器控制的转子串电阻启动线路

时间继电器控制的绕线转子异步电动机启动控制线路如图 2-42 所示，其工作过程分

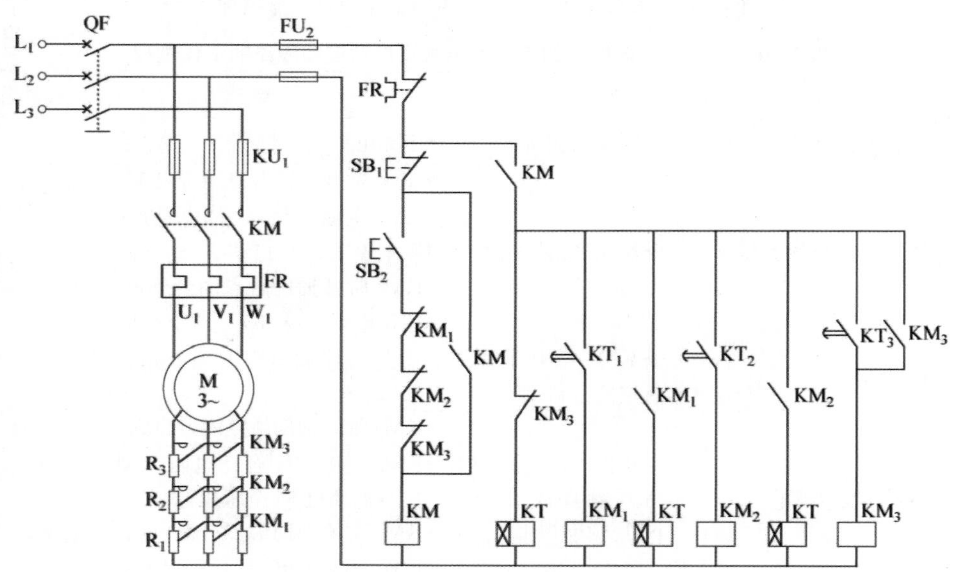

图 2-42　时间继电器控制转子串电阻启动控制线路

析如表 2-71 所示。

表 2-71　时间继电器控制的转子串电阻启动线路工作过程

序号	操作步骤	动作元件	动作结果	功能
1	合上电源开关 QF	→断路器闭合	→三相电源指示灯亮	
2	按下启动按钮 SB_2	→KM 线圈得电	→KM 主触点闭合	串三级电阻启动
			→KM(常开)自锁触点闭合，保持电动机 M 运转状态	
			→KM(常开)联锁触点闭合，启动自动切除转子绕组中三级电阻	
		→KT_1 线圈得电	→KT_1 常开触点延时闭合	
3	KT_1 常开触点闭合	→KM_1 线圈得电	→KM_1 主触点闭合，切除第一组电阻 R_1	串二级电阻启动
			→KM_1(常开)联锁触点闭合，接通时间继电器 KT_2 线圈的电源	
		→KT_2 线圈得电	→KT_2 常开触点延时闭合	
4	KT_2 常开触点闭合	→KM_2 线圈得电	→KM_2 主触点闭合，切除第二组电阻 R_2	串一级电阻启动
			→KM_2(常开)联锁触点闭合，接通时间继电器 KT_3 线圈的电源	
		→KT_3 线圈得电	→KT_3 常开触点延时闭合	
5	KT_3 常开触点闭合	→KM_3 线圈得电	→KM_3 主触点闭合，切除第三组电阻 R_3	切除全部电阻启动结束
			→KM_3(常开)自锁触点闭合，保持转子绕组中电阻全部切除状态	
			→KM_3(常闭)联锁触点分断，切断 KT_1、KT_2、KT_3 线圈的电源，随之 KM_1、KM_2 线圈失电	
		→KT_1 线圈失电	→KT_1 触点恢复常态	
		→KT_2 线圈失电	→KT_2 触点恢复常态	
		→KT_3 线圈失电	→KT_3 触点恢复常态	
		→KM_1 线圈失电	→KM_1 主触点、辅助触点恢复常态	
		→KM_2 线圈失电	→KM_2 主触点、辅助触点恢复常态	
6	按下停止按钮 SB_1	→KM 线圈失电	→KM 主触点、辅助触点恢复常态	停转
		→KM_3 线圈失电	→KM_3 主触点、辅助触点恢复常态	
7	拉开电源开关 QF	→断路器断开	→三相电源指示灯熄灭→线路断开	

由时间继电器控制的转子串电阻启动线路图可知，只有当与启动按钮 SB_2 串接的 KM_1、KM_2、KM_3 的常闭辅助触点全部闭合，即保证三个接触器都处于释放状态，此时三级电阻均串入转子绕组中，按下启动按钮 SB_1 才能启动，以防电动机不串电阻直接启动。

2) 电流继电器控制的转子串电阻启动线路

电流继电器控制绕线转子异步电动机启动控制线路如图 2-43 所示，该电路是根据电动机转子电流的变化，利用电流继电器来控制串接电阻的自动切除而实现启动的。图中 KI_1、KI_2、KI_3 是电流继电器，其线圈串接在转子电路中。这三个电流继电器的吸合电流大小相同，但释放电流不一样，KI_1 的释放电流最大，KI_3 的释放电流最小。

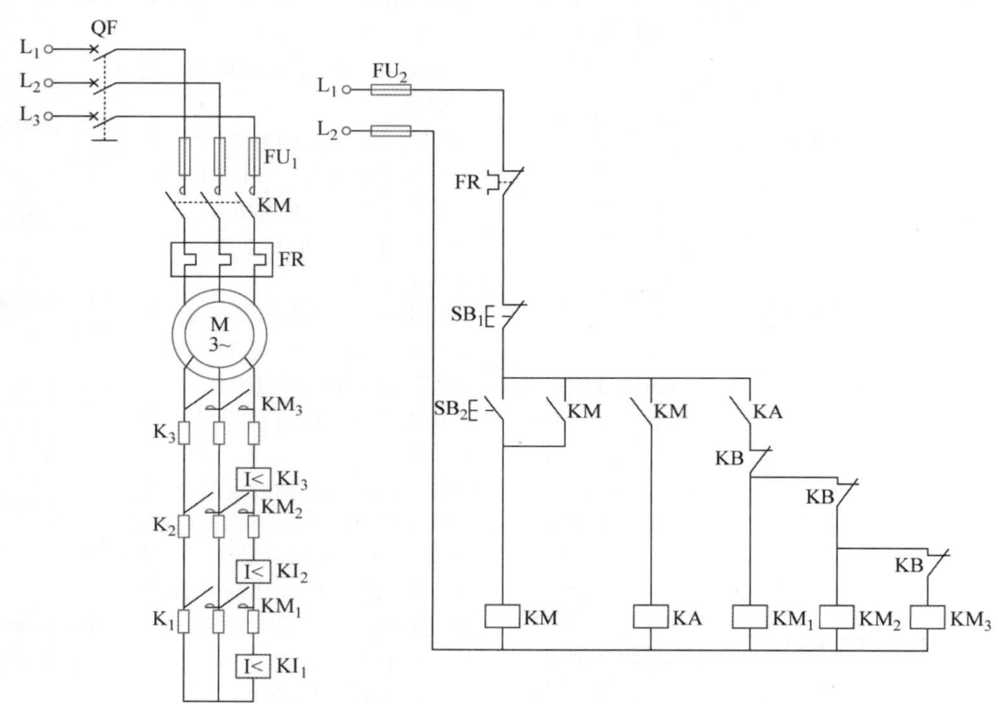

图 2-43　电流继电器控制转子串电阻启动控制线路图

该电路的工作原理如下：

按下启动按钮 SB_2，接触器 KM 线圈通电吸合。自锁触点闭合，主触点闭合，电动机 M 串电阻启动。此时由于电动机刚启动，转子绕组启动电流很大，使三个电流继电器 KI_1、KI_2、KI_3 都通电吸合，它们串联在控制回路中的常闭触点全部断开，保证接触器 KM_1、KM_2、KM_3 处于失电释放状态，转子绕组串联全电阻启动；KM 常开辅助触点闭合，中间继电器 KA 通电吸合，其常开辅助触点闭合，为逐级切除电阻做好准备。随着电动机转速的逐渐升高，转子电流逐渐减小。当小到 KI_1 的释放电流值时，KI_1 的常闭触点闭合，接触器 KM_2 通电吸合，主触点闭合，短接电阻 R_1，当电阻 R_1 被切除后，转子电流重新增大，但当转速继续上升时，转子电流又会减小，当小到 KI_2 的释放电流值时，电流继电器

KI_2 的常闭触点闭合，使接触器 KM_2 通电吸合，KM_2 主触点闭合，短接电阻 R_2，当电阻 R_2 被切除后，转子电流又重新增大，使电动机转速继续上升，此时转子电流再次减小，当小到 KI_3 的释放电流值时，电流继电器 KI_3 的常闭触点闭合，使接触器 KM_3 通电吸合，KM_3 主触点闭合，短接电阻 R_3，当电阻 R_3 被切除后，转子电流又重新增大，使电动机转速继续上升到额定值，电动机启动完毕并正常运转。

中间继电器 KA 的作用是保证启动时全部电阻接入转子回路，只有在中间继电器 KA 线圈通电吸合，KA 的常开触点闭合后，接触器 KM_1、KM_2 和 KM_3 的线圈方能通电，然后才能逐级切除电阻，这样就保证了电动机启动时电阻全部接入转子回路中，避免了电动机不串电阻直接启动。

3. 转子绕组串频敏变阻器启动控制线路

绕线转子异步电动机用转子绕组串电阻启动时，使用的电器很多，控制电路较复杂，而且启动电阻的体积也很大。近年来，在工矿企业中常采用频敏变阻器来代替启动电阻控制绕线转子异步电动机的启动。频敏变阻器启动控制线路如图 2-44 所示，该电路可以实现自动和手动两种控制。

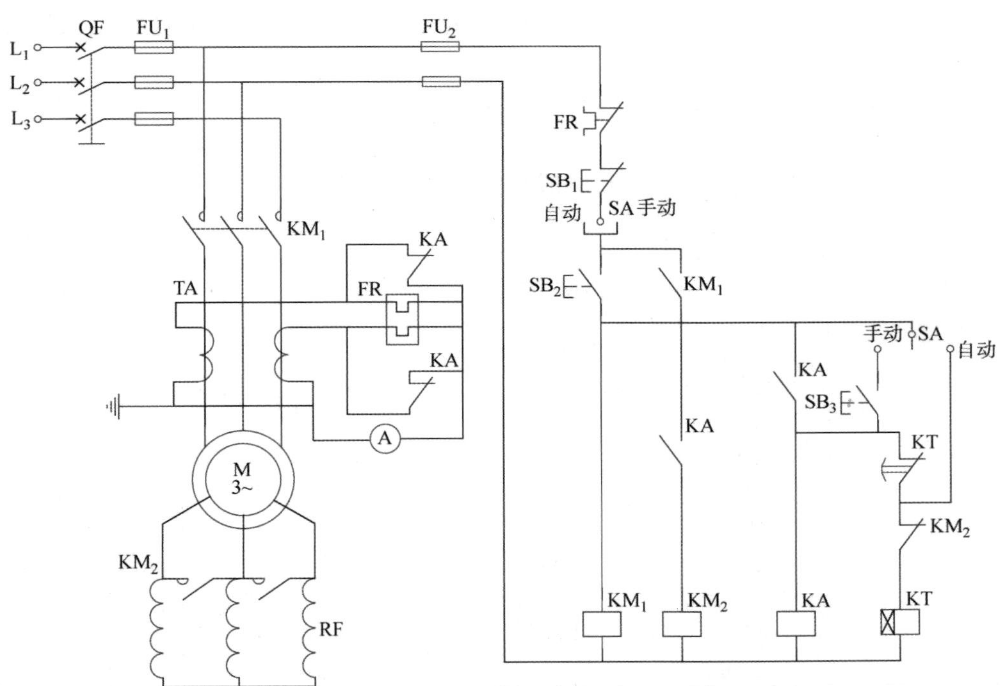

图 2-44 频敏变阻器启动控制线路

1）自动控制

将转换开关 SA 扳到自动位置(Z)，按下启动按钮 SB_2，接触器 KM_1 线圈通电吸合并自锁，电动机转子绕组串接频敏变阻器 RF 启动，同时，时间继电器 KT 线圈通电吸合，经过一段延时时间以后，KT 延时闭合常开触点延时闭合，中间继电器 KA 线圈通电吸合并自锁，它的常开触点闭合，使接触器 KM_2 线圈通电吸合，接触器 KM_2 的常开触点闭合，将频敏变阻器 RF 短接，KM_2 常闭触点分断，使 KT 失电释放，启动完毕。

2）手动控制

将转换开关 SA 扳到手动位置（S），时间继电器 KT 就不起作用了，利用按钮 SB_3 手动控制中间继电器 KA 和接触器 KM_2 的动作。

采用转子绕组串频敏变阻器启动控制线路时，在启动过程中，为避免启动时间较长而使热继电器误动作，在电路中用中间继电器 KA 的常闭触点将热继电器 FR 的发热元件短接。待电路正常运行时，再接入热继电器，图 2-44 中 TA 是电流互感器。

任务实施

1. 实训安全教育

安全无小事，在电气设备的实训操作中更是如此。在任务的实施过程中，每一个人都要严格遵守操作规程和规范，做到遵规守纪，这是尊重生命、尊重自我、尊重他人的一种表现。珍视生命、重视安全是每个人的义务，更是每个人的责任，让我们携手共进，共同维护好校园与课堂安全。

2. 时间继电器控制的转子串电阻启动线路的探究

1）探究电路

时间继电器控制的转子串电阻启动线路探究电路如图 2-45 所示。

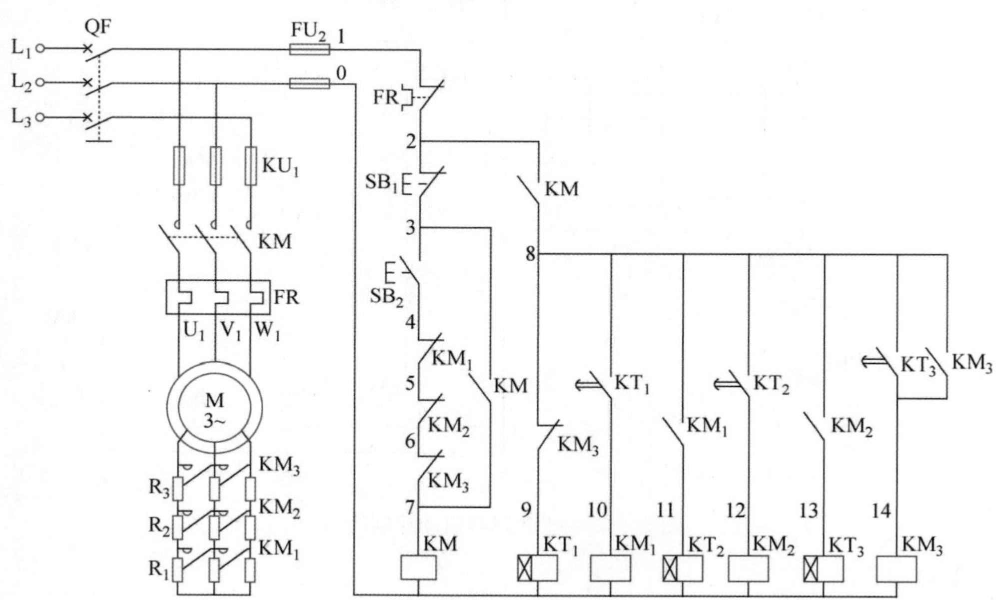

图 2-45　时间继电器控制的转子串电阻启动线路探究电路

2) 探究器材

根据探究电路，正确选择元器件的型号规格和数量并填写在元器件明细表中(见表 2-72)。

表 2-72　元器件明细表

序号	符号	元件实物图	名　称	型　号
1	XD	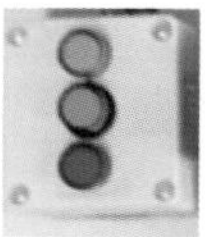		
2	M			
3	QF	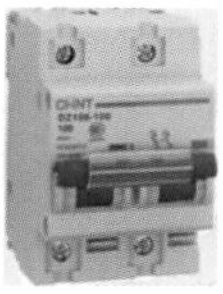		
4	FU			
5	FR			
6	SB_1、SB_2	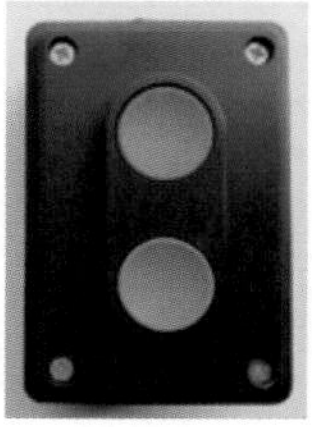		

（续表）

序号	符号	元件实物图	名　称	型　号
7	KM_1、KM_2、KM_3			
8	KT			
9			万用表	
10			工具	
11			导线	

3) 线路安装

分析电路，清点元器件、工具等，确定安装导线的数量、接线位置，填入表 2-73 中。

表 2-73　探究时间继电器控制的转子串电阻启动线路接线表

线　号	根　数	位　置
0 号线		
1 号线		
2 号线		
3 号线		
4 号线		

（续表）

线　号	根　　数	位　　置
5 号线		
6 号线		
7 号线		
8 号线		
9 号线		
10 号线		
11 号线		
12 号线		
13 号线		
14 号线		

根据时间继电器控制的转子串电阻启动线路（见图 2-46）原理，使用给定的设备和仪器仪表，在线路板上完成电路安装。注意安装时，必须做到板面导线经线槽敷设，线槽外导线须平直，各接点必须紧密，接电源、电动机及按钮等的导线必须通过接线柱引出。

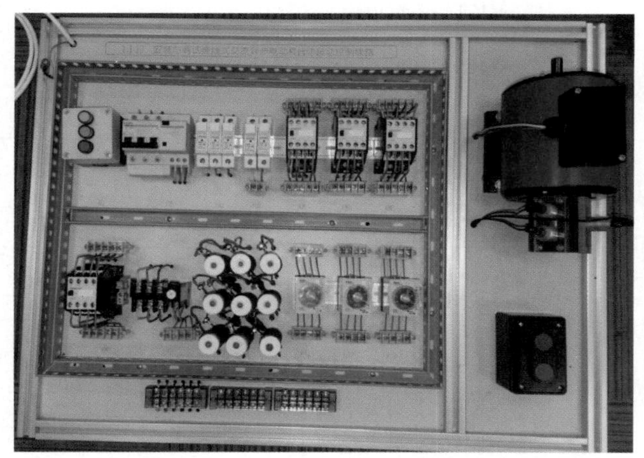

图 2-46　时间继电器控制的转子串电阻启动线路板

4）线路检测

根据表 2-74 的提示，完成线路通电前检测，如果测量结果与正常值相符，表示安装电路正确，可通电调试并运行电路。

表 2-74　时间继电器控制的转子串电阻启动线路通电前检测

序号	测量位置	操作步骤	正常值	测量值	故障点位置判断
1	FU_2 1 0 万用表红黑表笔分别接 0、1FU_2 接线柱两端	按下按钮 SB_2	1.4 kΩ 左右（KM 线圈电阻）		
2		按下 KM 机械按键	1.4 kΩ 左右（KM 线圈电阻）		
3		按下 KM 机械按键＋KM_3 机械按键	0.7 kΩ 左右（KM 线圈电阻 // KM_3 线圈电阻）		

5）通电调试

（1）检查电路后，在教师的指导下接通电源。

（2）按照表 2-75 操作顺序，观察每一步操作后的动作现象，并记录在表中(见表 2-75)。

表 2-75　时间继电器控制的转子串电阻启动线路工作过程探究

序号	操作步骤	动作元件	动作结果	功能
1	合上电源开关 QF	→断路器闭合	→三相电源指示灯亮	
2	按下启动按钮 SB_2	→KM 线圈得电		串三级电阻启动
		→KT_1 线圈得电		
3	KT_1 常开触点闭合	→KM_1 线圈得电		串二级电阻
		→KT_2 线圈得电		
4	KT_2 常开触点闭合	→KM_2 线圈得电		串一级电阻
		→KT_3 线圈得电		
5	KT_3 常开触点闭合	→KM_3 线圈得电		切除全部电阻启动结束
		→KT_1 线圈失电		
		→KT_2 线圈失电		
		→KT_3 线圈失电		
		→KM_1 线圈失电		
		→KM_2 线圈失电		
6	按下停止按钮 SB_1	→KM 线圈失电		停转
		→KM_3 线圈失电		
7	拉开电源开关 QF	→断路器断开	→三相电源指示灯熄灭→线路断开	

6) 按5S管理要求清理工位

探究任务完成后，关闭电源；按5S管理要求清理工位台，清点并整理工具箱，将实训设备恢复到初始状态。

任务评价

学习任务评价如表2-76所示。

表2-76　学习任务评价表

评价项目		评价内容	评价标准	配分	自评 10%	互评 30%	师评 60%
职业素养	劳动纪律	有时间观念，遵守实训规章制度	没有时间观念，不遵守实训规章制度扣1～10分	10			
	工作态度	认真完成学习任务，主动钻研专业技能	态度不认真，不能按指导老师要求完成学习任务扣1～10分	10			
	职业规范	遵守电工操作规程及规范；工作台面清洁，工具摆放整齐	不遵守电工操作规程及规范扣1～8分；工作台面脏乱，工具摆放无序扣1～2分	10			
职业技能	元器件选择及检测	(1) 根据电路图，选择元器件的型号规格和数量 (2) 元器件检测	(1) 接触器、熔断器、热继电器选择不当每处扣2分，其他元件选择不当每处扣1分 (2) 元器件检测失误每处扣2分	10			
	安装工艺	导线连接紧固、接触良好	接线松动，露铜、接触不良等每处扣1分	10			
	安装与调试	(1) 按图接线正确 (2) 能正确调整热继电器、时间继电器的整定值 (3) 通电试车一次成功 (4) 通电操作步骤正确	(1) 未按图接线，或线路功能不全每处扣10分 (2)整定不当每处扣2～4分 (3) 一次不成功扣10分，三次不成功本项不得分 (4) 通电操作步骤不正确扣2～10分	30			
	故障检测	(1) 能正确分析故障原因 (2) 能正确查找故障并排除	(1) 分析错误，每处扣3分 (2) 每少查出并少排除一个故障点，扣5分	20			
合　计				100			
指导教师签字：					年	月	日

能力拓展与提升

试一试，你能解决表2-77中的问题吗？

表 2-77　时间继电器控制的转子串电阻启动线路故障分析表

序号	故 障 现 象	故 障 原 因
1	松开 SB_2 后，接触器 KM 即失电	
2	电动机启动后，按下 SB_1 不能正常停车	
3	第一级电阻不能去除	
4	第二级电阻不能去除	
5	第三级电阻不能去除	
6		时间继电器 KT_1 损坏

模块 4　电动机制动控制线路

学习目标

知识目标: 了解典型制动控制电路的组成及工作原理。

技能目标: 能根据典型控制电路的原理图，完成分析、安装、调试各种类型制动控制电路。

素养目标: 在分析、安装、调试各种类型制动控制线路的过程中，逐步培养持之以恒的工匠精神；将 5S 管理理念融于课堂、落实到学习生活中：提倡整理、整顿、清扫自己的书桌、学习用品与工具，养成良好的工作习惯。

任务 1　反接制动控制线路

任务描述

你一定有过乘车时碰到紧急刹车的经历吧，相信你肯定希望刹车时能够即快速又平稳。许多机械工作时也有同样的需求，电动机的制动与汽车刹车要求类似，就是希望在电动机停转的时候，能够即快速又平稳，那么怎样才能实现电动机快速平稳地制动呢？本次任务将带领大家一起来探究电动机反接制动控制线路的工作原理、安装调试方法等。

知识链接

通常电动机自由停车的时间长短随惯性大小而不同，某些生产机械要求迅速、准确地停车，如镗床、车床的主电动机需要快速停车；起重机为使重物停位准确及现场安全要求，也必须采用快速、可靠的制动方式。

所谓制动，就是给正在运行的电动机加上一个与原转动方向相反的制动转矩迫使电动机迅速停转的过程。电动机常用的制动方法有机械制动和电气制动两大类。

电动机的电气制动是指电动机产生一个和电动机实际旋转方向相反的电磁转矩即制动转矩，使电动机迅速制动停转。电气制动的方法通常有反接制动、能耗制动和发电制动等。本教材将重点针对电气制动中反接制动和能耗制动控制线路来介绍。

反接制动可分为负载倒拉反接制动和电源反接制动两种。

1. 负载倒拉反接制动

负载倒拉反接制动的原理是保持电源相序不变，当负载转矩大于电动机的电磁转矩时，电动机被负载拖着反转，其转向与旋转磁场方向相反，电磁转矩即起制动作用，限制负载继续运行的速度。

2. 电源反接制动

电源反接制动是依靠改变电动机定子绕组中三相电源的相序，在停车时，把电动机反接，使其定子旋转磁场反向旋转，从而在转子上产生一个与转子惯性转动方向相反的电磁转矩，成为制动转矩，在制动转矩作用下，使电动机转速迅速下降，这个过程就是电动机的电源反接制动过程。

需要指出的是，当电动机制动到接近零转速时，需要立即将反接电源切除，否则电动机将反转。在控制电路中，我们通常采用速度继电器（又称反接制动继电器）检测速度的过零点，为了减小冲击电流，通常要求在电动机主电路中串接一定的电阻以限制反接制动电流。

图 2-47 所示为电动机单向运行反接制动控制线路。该控制线路工作原理：合上电源开关 QF，按下启动按钮 SB_2，接触器 KM_1 通电吸合自锁，KM_1 主触点闭合，电动机 M 启

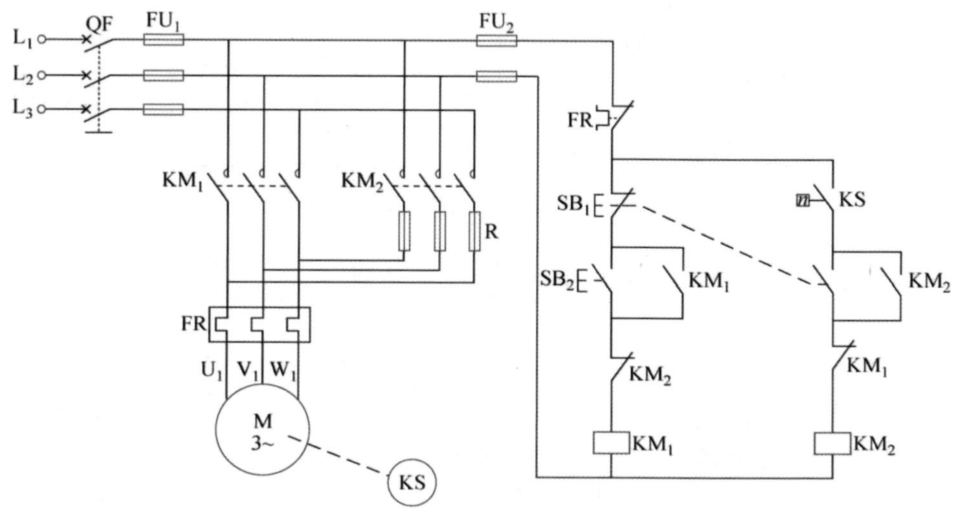

图 2-47 电动机单向反接制动控制线路

动运行，当电动机转速升高到一定值时，速度继电器 KS 常开触点闭合，为反接制动 KM_2 接触器接通做好准备。停车时，按下停止按钮 SB_1，接触器 KM_1 线圈失电释放，其互锁触点闭合，此时电动机脱离电源，电动机由于惯性作用转速依然较高，速度继电器 KS 常开触点还处于闭合状态，接触器 KM_2 通电吸合并自锁，KM_2 主触点闭合，电动机定子绕组中三相电源的相序改变同时串入电阻 R 进行反接制动，电动机转速迅速下降，当其转速下降到 100 r/min 以下时，速度继电器检测到速度接近零点，常开触点复位，KM_2 线圈失电释放，电动机断电，反接制动结束。

如图 2-48 所示为电动机可逆运行的反接制动控制线路。该控制线路工作原理：合上电源开关 QF，按下启动按钮 SB_2，接触器 KM_1 通电吸合并自锁，KM_1 主触点闭合，电动机 M 正序启动运行，当电动机转速升高到一定值时，速度继电器 KS_1 常开触点闭合，为反接制动 KM_2 接触器接通做好准备。停车时，按下停止按钮 SB_1，接触器 KM_1 线圈断电，电动机脱离正序电源，同时中间继电器 KA 通电吸合，其常开和常闭触点动作。电动机由于惯性作用转速依然较高，速度继电器 KS_1 常开触点还处于闭合状态，接触器 KM_2 通电吸合，KM_2 主触点闭合，电动机定子绕组中三相电源的相序改变，电机进入反接制动，速度迅速下降。当速度继电器检测速度接近零点时，速度继电器 KS_1 触点复位，接触器 KM_2 失电，反接制动结束。这种控制线路的缺点是主电路没有限流电阻，冲击电流较大。

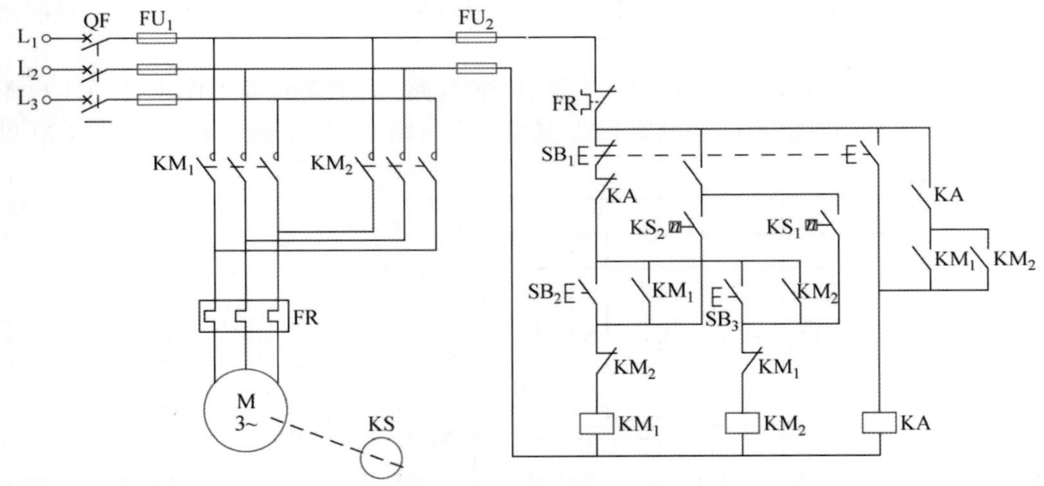

图 2-48　电动机可逆运行的反接制动控制线路

反接制动的优点是设备简单，调整方便，制动迅速，价格低。缺点是制动冲击大，制动能量损耗大，且制动准确度不高，制动过程中冲击力大，易破坏机床的精度，甚至损坏传动零部件，不宜频繁制动，故一般适用于制动要求迅速、系统惯性较大、不经常启动和制动的场合，如铣床、镗床、中型车床等主轴的制动控制。

任务实施

1. 实训安全教育

安全无小事，在电气设备的实训操作中更是如此。在任务的实施过程中，每一个人都要严格遵守操作规程和规范，做到遵规守纪，这是尊重生命、尊重自我、尊重他人的一种表现。珍视生命、重视安全是每个人的义务，更是每个人的责任，让我们携手共进，共同维护好校园与课堂安全。

2. 三相异步电动机减压启动反接制动控制线路的探究

1) 探究电路

三相异步电动机减压启动反接制动控制线路探究电路如图 2-49 所示。

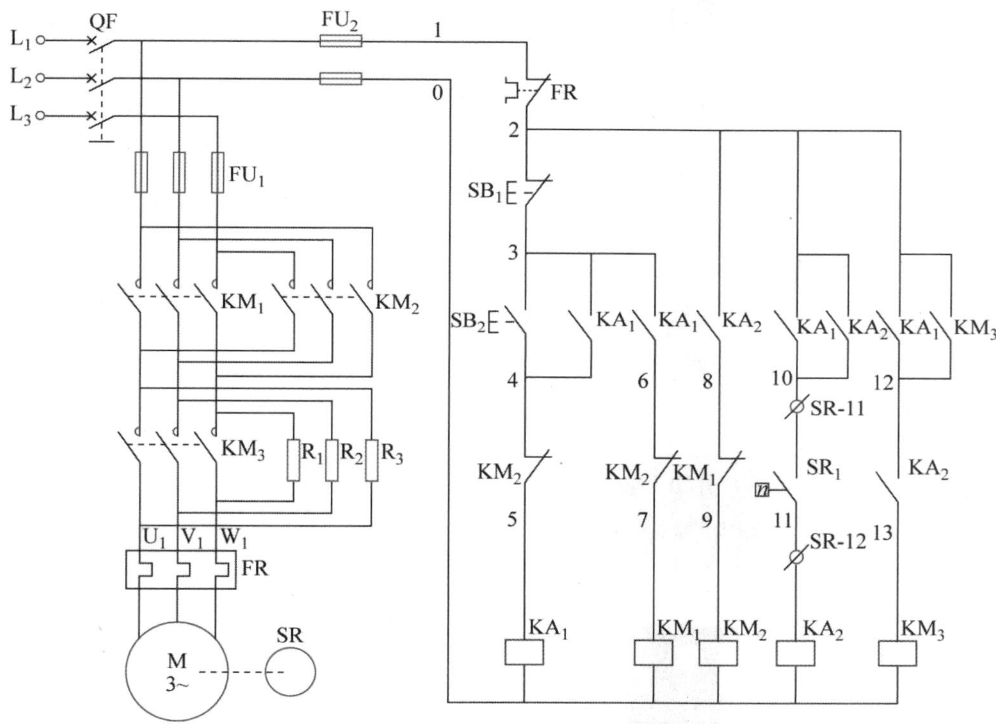

图 2-49　三相异步电动机减压启动反接制动控制线路探究电路

2) 探究器材

根据探究电路，正确选择元器件的型号规格和数量并填写在元器件明细表中(见表 2-78)。

表 2-78　元器件明细表

序号	符号	元件实物图	名　　称	型　　号
1	XD	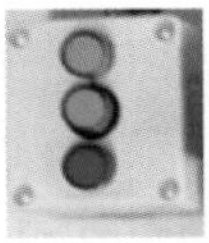		
2	M			
3	QF			
4	FU	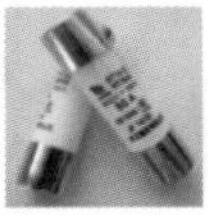		
5	FR			
6	SB_1、SB_2	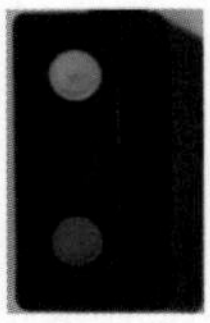		
7	KM_1、KM_2、KM_3			

（续表）

序号	符号	元件实物图	名　称	型　号
8	KT			
9			万用表	
10			工具	
11			导线	

3）线路安装

（1）分析电路。三相异步电动机减压启动反接制动控制线路的工作过程及原理如表 2-79 所示。

表 2-79　三相异步电动机减压启动反接制动控制线路工作过程分析表

序号	操作步骤	动作元件	动作结果	功能
1	合上电源开关 QF	→断路器闭合	→三相电源指示灯亮	
2	按下启动按钮 SB_2	→KA_1 线圈得电	→KA_1（常开）自锁触点闭合	串电阻启动
			→KA_1（常开）联锁触点闭合	
		→KM_1 线圈得电	→KM_1 主触点闭合	
			→KM_1（常闭）联锁触点分断，锁住反接制动电路不能启动	
3	电动机转速上升，转速继电器 SR_1 触点闭合	→KA_2 线圈得电	→KA_2（常开）自锁触点闭合	正常运转
			→KA_2（常开）联锁触点闭合	
		→KM_3 线圈得电	→KM_3 主触点闭合	
			→KM_3（常开）自锁触点闭合，保持电动机 M 运转状态	

（续表）

<table>
<tr><th>序号</th><th>操作步骤</th><th>动作元件</th><th>动作结果</th><th>功能</th></tr>
<tr><td rowspan="5">4</td><td rowspan="5">按下停止按钮 SB_1</td><td>→KA_1 线圈失电</td><td>→KA_1 触点恢复常态</td><td rowspan="5">反接制动</td></tr>
<tr><td>→KM_1 线圈失电</td><td>→KM_1 主触点、辅助触点恢复常态</td></tr>
<tr><td rowspan="2">→KM_2 线圈得电</td><td>→KM_2 主触点闭合</td></tr>
<tr><td>→KM_2（常闭）联锁触点分断，锁住正转电路不能启动</td></tr>
<tr style="display:none"></tr>
<tr><td rowspan="3">5</td><td rowspan="3">电动机转速下降，转速继电器 SR_1 触点分断</td><td>→KA_2 线圈失电</td><td>→KA_2 触点恢复常态</td><td rowspan="3">停转</td></tr>
<tr><td>→KM_2 线圈失电</td><td>→KM_2 主触点、辅助触点恢复常态</td></tr>
<tr><td>→KM_3 线圈失电</td><td>→KM_3 主触点、辅助触点恢复常态</td></tr>
<tr><td>6</td><td>拉开电源开关 QF</td><td>→断路器断开</td><td>→三相电源指示灯熄灭→线路断开</td><td></td></tr>
</table>

（2）清点元器件、工具等，确定安装导线的数量、接线位置，填入表 2-80 中。

表 2-80　探究三相异步电动机减压启动反接制动控制线路接线表

线　号	根　　数	位　　置
0 号线		
1 号线		
2 号线		
3 号线		
4 号线		
5 号线		
6 号线		
7 号线		
8 号线		
9 号线		
10 号线		
11 号线		
12 号线		
13 号线		

根据三相异步电动机减压启动反接制动控制线路的原理图，在线路板上完成电路安装。使用给定的设备和仪器仪表，在线路板上完成电路安装。注意安装时，必须做到板面导线经线槽敷设，线槽外导线须平直，各接点必须紧密，接电源、电动机及按钮等的导线必须通过接线柱引出（见图 2-50）。

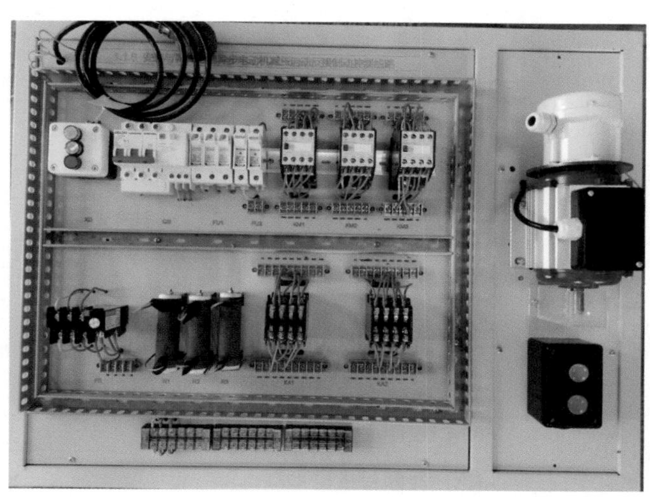

图 2-50　三相异步电动机减压启动反接制动控制线路安装板

4）线路检测

根据表 2-81 的提示，完成线路通电前检测，如果测量结果与正常值相符，表示安装电路正确，可通电调试并运行电路。

表 2-81　三相异步电动机减压启动反接制动控制线路测量值

序号	测量位置	操作步骤	正常值	测量值	故障点位置判断
1	FU_2 1 0 万用表红黑表笔分别接 FU_2 的 0、1 接线柱两端	按下按钮 SB_2	1.4 kΩ 左右（KA_1 线圈电阻）		
2		按下 KA_1 机械按键	0.7 kΩ 左右（KA_1 线圈电阻 // KM_1 线圈电阻）		
3		按下 KA_2 机械按键	1.4 kΩ 左右（KM_2 线圈电阻）		
4		按下 KM_3 机械按键	1.4 kΩ 左右（KM_3 线圈电阻）		
5		按下 KA_1 机械按键 + KA_2 机械按键	0.35 kΩ 左右		

5) 通电调试

(1) 检查电路后在教师的指导下接通电源。

(2) 按照表 2-82 操作顺序，观察每一步操作后的动作现象，并记录在表 2-82 中。

表 2-82　三相异步电动机减压启动反接制动控制线路工作过程探究

序号	操作步骤	动作元件	动作结果	功能
1	合上电源开关 QF	→断路器闭合	→三相电源指示灯亮	
2	按下启动按钮 SB_2	→KA_1 线圈得电		串电阻启动
		→KM_1 线圈得电		
3	电动机转速上升，转速继电器 SR_1 触点闭合	→KA_2 线圈得电		正常运转
		→KM_3 线圈得电		
4	按下停止按钮 SB_1	→KA_1 线圈失电		反接制动
		→KM_1 线圈失电		
		→KM_2 线圈得电		
5	电动机转速下降，转速继电器 SR_1 触点分断	→KA_2 线圈失电		停转
		→KM_2 线圈失电		
		→KM_3 线圈失电		
6	拉开电源开关 QF	→断路器断开	→三相电源指示灯熄灭→线路断开	

6) 按 5S 管理要求清理工位

探究任务完成后，关闭电源。按 5S 管理要求清理工位台，清点并整理工具箱，将实训设备恢复到初始状态。

任务评价

学习任务评价如表 2-83 所示。

表 2-83　学习任务评价表

评价项目		评价内容	评价标准	配分	自评 10%	互评 30%	师评 60%
职业素养	劳动纪律	有时间观念，遵守实训规章制度	没有时间观念，不遵守实训规章制度扣 1～10 分	10			
	工作态度	认真完成学习任务，主动钻研专业技能	态度不认真，不能按指导老师要求完成学习任务扣 1～10 分	10			

（续表）

评价项目		评 价 内 容	评 价 标 准	配分	自评 10%	互评 30%	师评 60%
职业素养	职业规范	遵守电工操作规程及规范；工作台面保持清洁，工具摆放整齐	不遵守电工操作规程及规范扣 1～8 分；工作台面脏乱，工具摆放无序扣 1～2 分	10			
职业技能	元器件选择及检测	(1) 根据电路图，选择元器件的型号规格和数量 (2) 元器件检测	(1) 接触器、熔断器、热继电器选择不当每处扣 2 分，其他元件选择不当每处扣 1 分 (2) 元器件检测失误每处扣 2 分	10			
	安装工艺	导线连接紧固、接触良好	接线松动，露铜、接触不良等每处扣 1 分	10			
	安装与调试	(1) 按图接线正确 (2) 能正确调整热继电器、时间继电器的整定值 (3) 通电试车一次成功 (4) 通电操作步骤正确	(1) 未按图接线，或线路功能不全每处扣 10 分 (2)整定不当每处扣 2～4 分 (3) 一次不成功扣 10 分，三次不成功本项不得分 (4) 通电操作步骤不正确扣 2～10 分	30			
	故障检测	(1) 能正确分析故障原因 (2) 能正确查找故障并排除	(1) 分析错误，每处扣 3 分 (2) 每少查出并少排除一个故障点，扣 5 分	20			
合 计				100			
指导教师签字：					年	月	日

能力拓展与提升

试一试，你能解决表 2-84 中的问题吗？

表 2-84 三相异步电动机减压启动反接制动控制线路故障分析表

序号	故 障 现 象	故 障 原 因
1		接触器 KM_3 损坏
2		速度继电器 SR 控制失灵

任务 2　能耗制动控制线路

任务描述

在我们学习反接制动时了解到反接制动的缺点是制动过程中冲击力大、能量损耗大，且制动准确度不高，因此不宜频繁制动；如果在生产中有些设备需要平稳且频繁地制动时，我们该怎么办？本次任务将带领大家一起来探究电动机能耗制动控制线路的工作原理、安装调试方法等。

知识链接

能耗制动就是当电动机切断三相交流电源后，立即在定子绕组的任意两相加一个直流电源，以产生起阻止旋转作用的静止磁场，当电动机转子在惯性作用下继续旋转时将产生感应电流，该感应电流与静止磁场相互作用产生一个与电动机旋转方向相反的电磁转矩，达到制动的目的，在制动的过程中，转子因惯性转动的动能转变成电能而消耗在转子电路中，所以称为“能耗”制动。

能耗制动按照制动时需附加的直流电源装置可分为无变压器半波整流能耗制动与有变压器的桥式整流能耗制动；按照控制原则来分则可分为时间继电器控制的能耗制动与速度继电器控制的能耗制动两类。

1. 无变压器半波整流能耗制动线路

一般 10 kW 以下小功率电动机可采用无变压器半波整流能耗制动控制线路，其电路如图 2-51 所示。这种电路的特点是结构简单、体积小、附加设备少、成本低。

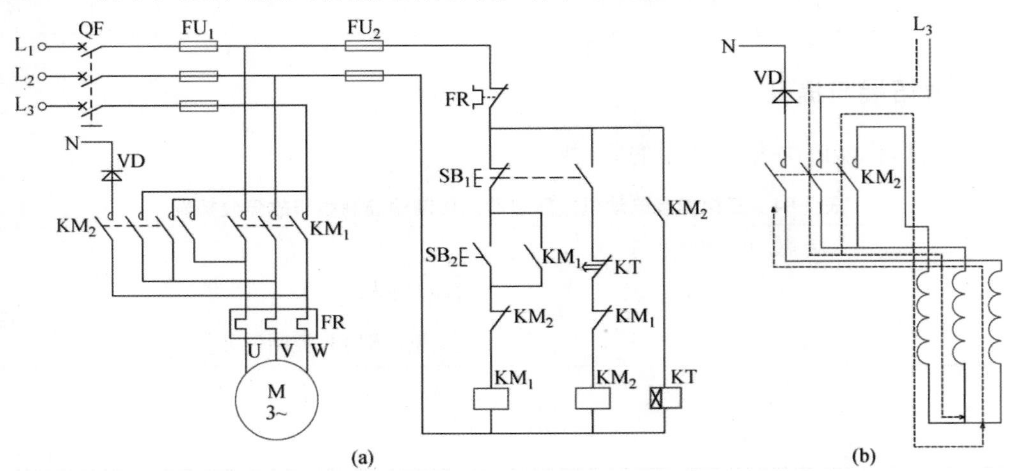

图 2-51　无变压器半波整流能耗制动控制线路图

(a) 控制电路；(b) 定子绕组直流电通路

该电路采用时间继电器控制,其工作过程如表 2-85 所示。

表 2-85　无变压器半波整流能耗制动线路的工作过程

序号	操作步骤	动作元件	动作结果	功能
1	合上电源开关 QF	→断路器闭合	→三相电源指示灯亮	
2	按下启动按钮 SB_2	→KM_1 线圈得电	→KM_1 主触点闭合	启动
			→KM_1(常开)自锁触点闭合,保持电动机 M 运转工作状态	
			→KM_1(常闭)联锁触点分断,锁住能耗制动电路不能启动	
3	按下停止按钮 SB_1	→KM_1 线圈失电	→KM_1 主触点分断→电动机 M 失电惯性运转	能耗制动
			→KM_1 自锁触点分断	
			→KM_1 互锁触点闭合	
		→KM_2 线圈得电	→KM_2 主触点闭合,接入半波整流直流电,电动机 M 进入能耗制动	
			→KM_2(常开)自锁触点闭合,保持电动机 M 能耗制动状态	
			→KM_2(常闭)联锁触点分断,锁住电动机 M 启动电路	
		→KT 线圈得电	→KT 常闭触点延时分断	
4	KT 常闭触点延时分断	→KM_2 线圈失电	→KM_2 主触点、辅助触点恢复常态	制动结束
		→KT 线圈失电	→KT 触点恢复常态	
5	拉开电源开关 QF	→断路器断开	→三相电源指示灯熄灭→线路断开	

2. 有变压器桥式整流能耗制动控制线路

10 kW 以上的电动机能耗制动一般采用有变压器的桥式整流能耗制动控制,其控制线路如图 2-52 所示。

这个电路的控制部分与无变压器的半波整流能耗制动电路的控制部分完全相同,其控制原理也相同,不同的地方就是在主电路中,直流电由变压器降压后的单相桥式整流电路供给,并且可以通过调节电阻 R 的大小改变电流的大小,从而调节制动的强度。

能耗制动的特点是消耗的能量小,其制动电流要小得多;适用于电动机能量较大,要求制动平稳和制动频繁的场合;能耗制动需要直流电源整流装置。

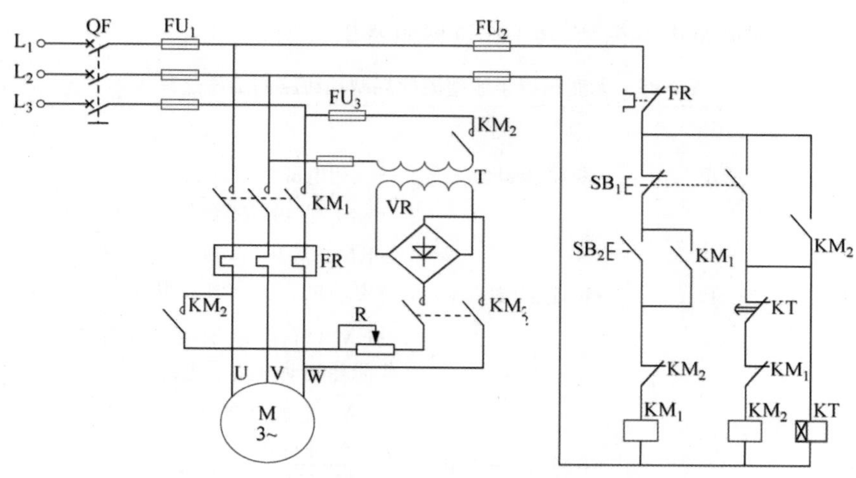

图 2-52　有变压器桥式整流能耗制动控制线路

任务实施

1. 实训安全教育

安全无小事，在电气设备的实训操作中更是如此。在任务的实施过程中，每一个人都要严格遵守操作规程和规范，做到遵规守纪，这是尊重生命、尊重自我、尊重他人的一种表现。珍视生命、重视安全，是每个人的义务，更是每个人的责任，让我们携手共进，共同维护好校园与课堂安全。

2. 带桥式整流的正反转能耗制动控制线路的探究

1）探究电路

带桥式整流的正反转能耗制动控制线路探究电路如图 2-53 所示。

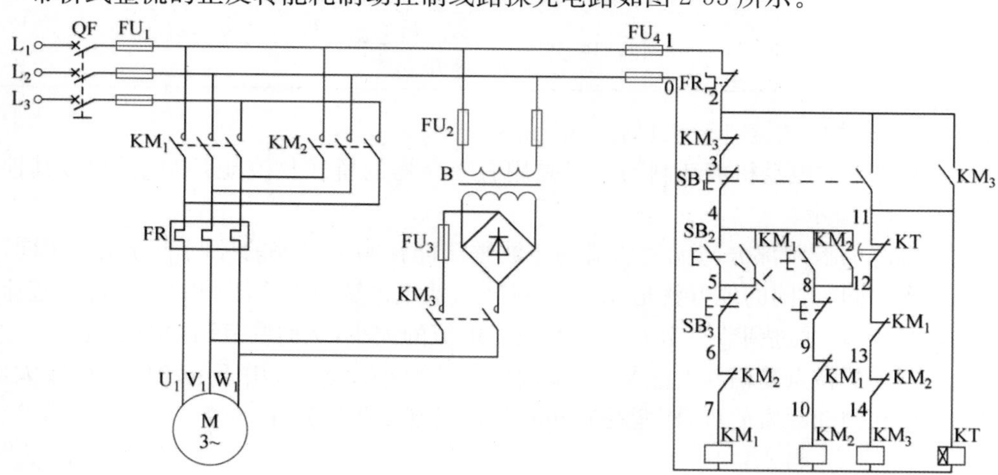

图 2-53　带桥式整流的正反转能耗制动控制线路探究电路

2）探究器材

根据探究电路，正确选择元器件的型号规格和数量并填写在元器件明细表 2-86 中。

表 2-86　元器件明细表

序号	符号	元件实物图	名　称	型　号
1	XD	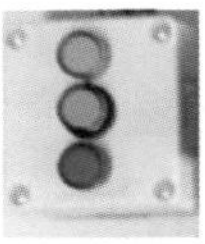		
2	M	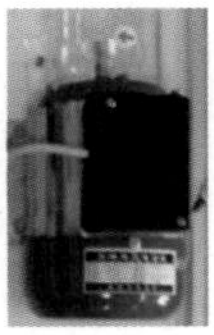		
3	QF	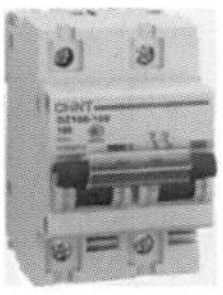		
4	FU			
5	FR			
6	SB_1、SB_2、SB_3			
7	KM_1、KM_2、KM_3			

（续表）

序号	符号	元件实物图	名　称	型　号
8	KT			
9			万用表	
10			工具	
11			导线	

3) 线路安装

(1) 分析电路。带桥式整流的正反转能耗制动控制线路的工作过程及原理如表 2-87 所示。

表 2-87　带桥式整流的正反转能耗制动控制线路工作过程分析表

<table>
<tr><th>序号</th><th>操作步骤</th><th>动作元件</th><th>动作结果</th><th>功能</th></tr>
<tr><td>1</td><td>合上电源开关 QF</td><td>→断路器闭合</td><td>→三相电源指示灯亮</td><td></td></tr>
<tr><td rowspan="5">2</td><td rowspan="5">按下正转启动按钮 SB_2</td><td colspan="2">→SB_2(常闭)联锁触点分断，锁住反转电路不能启动</td><td rowspan="5">正转</td></tr>
<tr><td rowspan="4">→KM_1 线圈得电</td><td>→KM_1 主触头闭合</td></tr>
<tr><td>→KM_1(常开)自锁触点闭合，保持电动机 M 正转工作状态</td></tr>
<tr><td>→KM_1(常闭)联锁触点分断，锁住反转电路不能启动</td></tr>
<tr><td>→KM_1(常闭)联锁触点分断，锁住能耗制动电路不能启动</td></tr>
</table>

（续表）

<table>
<tr><th>序号</th><th>操作步骤</th><th>动作元件</th><th>动作结果</th><th>功能</th></tr>
<tr><td rowspan="5">3</td><td rowspan="5">按下反转启动按钮 SB_3</td><td colspan="2">→SB_3（常闭）联锁触点分断，锁住正转电路不能启动</td><td rowspan="5">反转</td></tr>
<tr><td rowspan="4">→KM_2 线圈得电</td><td>→KM_2 主触头闭合</td></tr>
<tr><td>→KM_2（常开）自锁触点闭合，保持电动机 M 反转工作状态</td></tr>
<tr><td>→KM_2（常闭）联锁触点分断，锁住正转电路不能启动</td></tr>
<tr><td>→KM_2（常闭）联锁触点分断，锁住能耗制动电路不能启动</td></tr>
<tr><td rowspan="5">4</td><td rowspan="5">按下停止按钮 SB_1</td><td>→KM_1（2）线圈失电</td><td>→KM_1（2）主触头、辅助触点恢复常态</td><td rowspan="5">能耗制动</td></tr>
<tr><td rowspan="3">→KM_3 线圈得电</td><td>→KM_3 主触头闭合，接入直流电，电动机 M 进入能耗制动</td></tr>
<tr><td>→KM_3（常开）自锁触点闭合，保持电动机 M 能耗制动状态</td></tr>
<tr><td>→KM_3（常闭）联锁触点分断，锁住电动机 M 启动电路</td></tr>
<tr><td>→KT 线圈得电</td><td>→KT 常闭触点延时分断</td></tr>
<tr><td rowspan="2">5</td><td rowspan="2">KT 常闭触点分断</td><td>→KM_3 线圈失电</td><td>→KM_3 主触头、辅助触点恢复常态</td><td rowspan="2"></td></tr>
<tr><td>→KT 线圈失电</td><td>→KT 触点恢复常态</td></tr>
<tr><td>6</td><td>拉开电源开关 QF</td><td>→断路器断开</td><td>→三相电源指示灯熄灭→线路断开</td><td></td></tr>
</table>

（2）清点元器件、工具等，确定安装导线的数量、接线位置，填入表 2-88 中。

表 2-88　探究带桥式整流的正反转能耗制动控制线路接线表

线　号	根　　数	位　　置
0 号线		
1 号线		
2 号线		
3 号线		
4 号线		
5 号线		
6 号线		
7 号线		

（续表）

线　号	根　　数	位　　置
8 号线		
9 号线		
10 号线		
11 号线		
12 号线		
13 号线		
14 号线		

根据带桥式整流的正反转能耗制动控制线路的原理图，在线路板上完成电路安装。使用给定的设备和仪器仪表，在线路板上完成电路安装。注意安装时，必须做到板面导线经线槽敷设，线槽外导线须平直，各接点必须紧密，接电源、电动机及按钮等的导线必须通过接线柱引出（见图 2-54）。

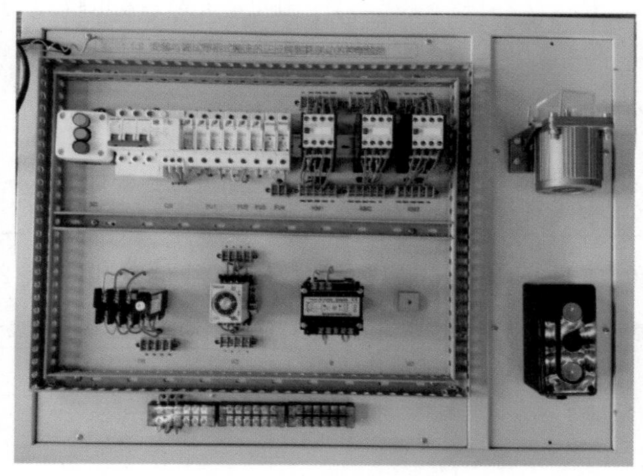

图 2-54　带桥式整流的正反转能耗制动控制线路安装板

4）线路检测

根据表 2-89 的提示，完成线路通电前检测，如果测量结果与正常值相符，表示安装电路正确，可通电调试并运行电路。

注意：在测试该电路时，可将 FU_4 中熔断器取出，使控制电路与主电路隔绝，否则需考虑主电路中变压器一次侧电阻与控制回路中的电阻并联关系，下表中正常值是已断开主电路忽略变压器电阻的测量值。

表 2-89　带桥式整流的正反转能耗制动控制线路测量值

序号	测量位置	操作步骤	正常值	测量值	故障点位置判断
1	FU_2 1 0 万用表红黑表笔分别接 0、$1FU_4$ 接线柱两端	按下按钮 SB_1(或按下 KM_3 机械按键)	1.4 kΩ 左右(KM_3 线圈电阻)		
2		按下按钮 SB_2(或按下 KM_1 机械按键)	1.4 kΩ 左右(KM_1 线圈电阻)		
3		按下按钮 SB_3(或按下 KM_2 机械按键)	1.4 kΩ 左右(KM_2 线圈电阻)		

5) 通电调试

(1) 检查电路后在教师的指导下接通电源。

(2) 按照表 2-90 操作顺序,观察每一步操作后的动作现象,并记录在表 2-90 中。

表 2-90　带桥式整流的正反转能耗制动控制线路工作过程探究

序号	操作步骤	动作元件	动作结果	功能
1	合上电源开关 QF	→断路器闭合	→三相电源指示灯亮	
2	按下正转启动按钮 SB_2	→SB_2(常闭)联锁触点分断,锁住反转电路不能启动		正转
		→KM_1 线圈得电		
3	按下反转启动按钮 SB_3	→SB_3(常闭)联锁触点分断,锁住正转电路不能启动		反转
		→KM_2 线圈得电		
4	按下停止按钮 SB_1	→KM_1(2)线圈失电		能耗制动
		→KM_3 线圈得电		
		→KT 线圈得电		
5	KT 常闭触点分断	→KM_3 线圈失电		
		→KT 线圈失电		
6	拉开电源开关 QF	→断路器断开	→三相电源指示灯熄灭→线路断开	

6) 按 5S 管理要求清理工位

探究任务完成后，关闭电源。按 5S 管理要求清理工位台，清点并整理工具箱，将实训设备恢复到初始状态。

任务评价

学习任务评价如表 2-91 所示。

表 2-91　学习任务评价表

评价项目		评价内容	评价标准	配分	自评 10%	互评 30%	师评 60%
职业素养	劳动纪律	有时间观念，遵守实训规章制度	没有时间观念，不遵守实训规章制度扣 1～10 分	10			
	工作态度	认真完成学习任务，主动钻研专业技能	态度不认真，不能按指导老师要求完成学习任务扣 1～10 分	10			
	职业规范	遵守电工操作规程及规范；工作台面保持清洁，工具摆放整齐	不遵守电工操作规程及规范扣 1～8 分；工作台面脏乱，工具摆放无序扣 1～2 分	10			
职业技能	元器件选择及检测	(1) 根据电路图，选择元器件的型号规格和数量 (2) 元器件检测	(1) 接触器、熔断器、热继电器选择不当每处扣 2 分，其他元件选择不当每处扣 1 分 (2) 元器件检测失误每处扣 2 分	10			
	安装工艺	导线连接紧固、接触良好	接线松动，露铜、接触不良等每处扣 1 分	10			
	安装与调试	(1) 能正确按图接线 (2) 能正确调整热继电器、时间继电器的整定值 (3) 通电试车一次成功 (4) 通电操作步骤正确	(1) 未按图接线，或线路功能不全每处扣 10 分 (2)整定不当每处扣 2～4 分 (3) 一次不成功扣 10 分，三次不成功本项不得分 (4) 通电操作步骤不正确扣 2～10 分	30			
	故障检测	(1) 能正确分析故障原因 (2) 能正确查找故障并排除	(1) 分析错误，每处扣 3 分 (2) 每少查出并少排除一个故障点，扣 5 分	20			
合计				100			
指导教师签字：					年	月	日

能力拓展与提升

试一试，你能解决表 2-92 中的问题吗？

表 2-92　带桥式整流的正反转能耗制动控制线路故障分析表

序号	故障现象	故障原因
1	按下启动按钮 SB_2 后，接触器不动作	
2	松开启动按钮 SB_2 后，接触器 KM_1 即失电	
3	电动机正向启动后，按下 SB_1 不能停车	
4	按下启动按钮 SB_3 后，接触器 KM_2 不动作	
5	松开按钮 SB_3 后，接触器 KM_2 即失电	

模块 5　电动机调速控制线路

学习目标

知识目标：了解典型调速控制电路的组成及工作原理。

技能目标：能根据典型控制电路的原理图，完成分析、安装、调试各种类型调速控制电路。

素养目标：在分析、安装、调试各种类型调速控制线路的过程中，逐步培养学生的创新精神；将 5S 管理理念融于课堂、落实到学习生活中：提倡整理、整顿、清扫自己的书桌、学习用品与工具，养成良好的工作习惯。

任务　笼型异步电动机调速控制线路

任务描述

假如有这样一部汽车，它的油门开的很大，所以跑的很快，但它的油门是固定死的，要减速只能踩刹车，这种设计聪明吗？大家应该都知道，现实中是绝对不允许这样的车上路的，因为它的调速方法太简单粗暴，消耗的能源实在太多。我们怎么样才能解决这个问题呢？其实也很简单，就是要把固定速度的电动机变成快慢控制自如的电动机，也即通过调速控制线路来实现电动机的调速。当然对于不同的电动机，调速的方法各不相同，本次任务将带领大家一起来探究三相笼型异步电动机的变极调速控制线路的工作原理、安装调试方法等。

知识链接

1. 异步电动机的调速方法

我们知道，异步电动机的转速公式为

$$n = n_1(1-s) = \frac{60f_1}{p}(1-s) \tag{2-2}$$

由此可以知道，要改变异步电动机的转速可以有三种选择：改变磁极对数 p；改变转差率 s；改变电源频率 f_1。所以想改变电动机的转速，只要通过改变上述三个参数就可实现。虽然这三个与电动机转速有关的参数改变并不容易，但还是可以通过相应的控制方法来实现。

1）变频调速

变频调速主要是依靠变频器来实现的。其原理是通过改变异步电动机供电电源频率 f_1 来改变同步转速 N 来调速的。如图 2-55 所示为变频调速的方框图。变频调速装置（变频器）主要由整流器和逆变器组成，通过整流器先将 50Hz 的交流电变换成电压可调的直流电，直流电再通过逆变器变成频率连续可调的三相交流电，在变频装置（变频器）的支持下，即可实现三相异步电动机的无极调速。

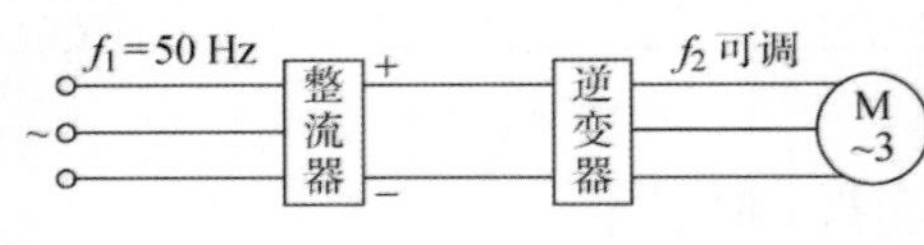

图 2-55　变频调速原理

2）变转差率调速

调速过程中保持电动机同步转速 N_0 不变，通过改变转差率 s 来进行调速。在电动机转子绕组电路中串入一个调速电阻，通过改变电阻即可实现调速（实质是改变了转子绕组中的电流大小）。改变转差率调速方法只适用于绕线转子电动机。

3）变极调速

改变电动机每相绕组的连接方法可以改变磁极对数。磁极对数的改变可使电动机的同步转速发生改变，从而达到改变电动机转速的目的。由于磁极对数 p 只能成倍变化，所以这种不能实现无极调速，目前已生产的变极调速电动机有双速、三速、四速等多速电动机。这种调速方法只适用于笼型异步电动机。变极调速虽不能平滑无级调速，但比较经济简单，在机床中常用减速齿轮箱来扩大其调速范围。

2. 双速电动机控制线路

怎样实现电动机的磁极改变呢？我们可以通过改变异步电动机定子绕组的连接方式来改变磁极对数，从而得到不同的转速。常见的交流变极调速电动机有双速电动机和多速电动机。

1）双速电动机定子绕组的联结

双速电动机定子绕组常见的联结方法有 Y/YY 和△/YY 两种。如图 2-56 所示为 4/2 极△/YY 的双速电动机定子绕组接线图。在制造时每相绕组就分为两个相同的绕组，中间抽头依次为 U2、V2、W2，这两个绕组可以串联或并联。

根据变极调速原理“定子一半绕组中电流方向变化，磁极对数成倍变化”，如图 2-56(a)所示，将绕组的 U1、V1、W1 三个端子接三相电源，将 U2、V2、W2 3 个端子悬空，此时三相定子绕组接成三角形（△），每一相的两个绕组串联，电动机以 4 极运行，同步转速为 1 500 r/min，为低速。

要使电动机高速运行时，如图 2-56(b)所示，只需将 U2、V2、W2 3 个端子接三相电源，U1、V1、W1 连成星点，三相定子绕组连接成双星（YY）形。这时每一相的两个绕组并联，电动机以 2 极运行，同步转速为 3000 r/min，为高速。可见，双速电动机高转速是低转速的两倍。

必须注意，根据变极调速理论，为保证变极前后电动机转动方向不变，要求变极的同时改变电源相序。

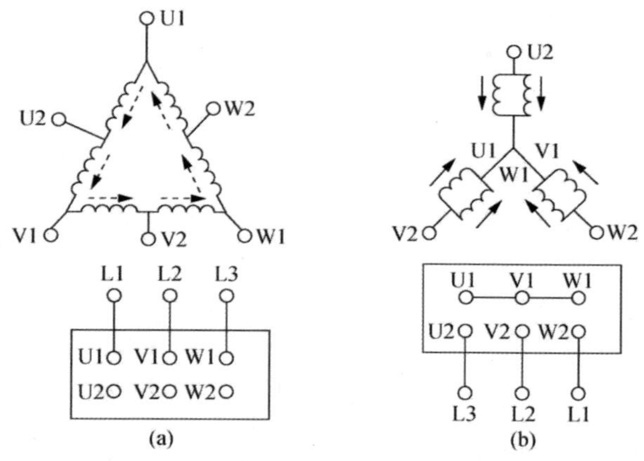

图 2-56　双速电动机定子绕组接法

(a) 低速△形接法；(b) 高速 YY 形接法

2) 按钮和接触器控制的△-YY 双速电动机控制线路

按钮和接触器控制的△-YY 双速电动机控制线路如图 2-57 所示。其中 SB_2 为低速

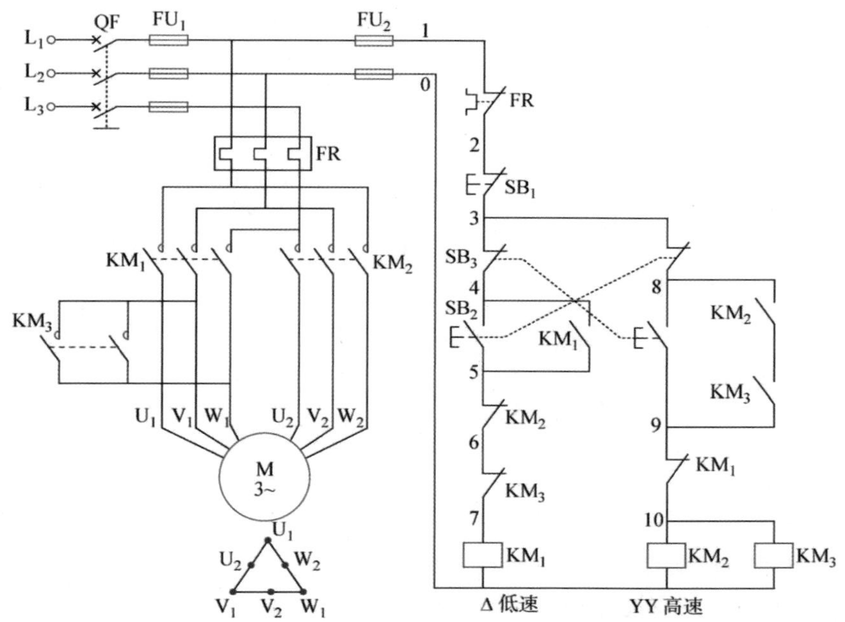

图 2-57　按钮和接触器控制的双速电动机控制线路

启动按钮，SB_3 为高速启动按钮，SB_1 为停止按钮。由低速变为高速时采用手动进行控制，手动控制有个好处，就是电动机转速的转换可以随时进行。电动机低速运转时，交流异步电动机 M 的绕组连接成△形；电动机高速运转时，交流异步电动机 M 的绕组连接成 YY 形。

其工作过程如表 2-93 所示。

表 2-93　按钮和接触器控制的双速电动机控制线路工作过程分析

序号	操作步骤	动作元件	动作结果	功能
1	合上电源开关 QF	→断路器闭合	→三相电源指示灯亮	
2	按下启动按钮 SB_2	→SB_2 常闭触点先分断	→对 KM_2、KM_3 互锁，锁住 YY 电路不能启动	△形低速启动
		→SB_2 常开触点后闭合→KM_1 线圈得电	→KM_1 主触头闭合，电动机 M 成△形低速运转	
			→KM_1（常开）自锁触点闭合，保持电动机 M 低速运转工作状态	
			→KM_1（常闭）互锁触点分断，锁住 YY 电路不能启动	
3	按下按钮 SB_3	→SB_3 常闭触点先分断→KM_1 线圈失电	→KM_1（常开）自锁触点分断，解除自锁	YY 形高速运转
			→KM_1 主触头分断，电动机 M 失电	
			→KM_1（常闭）互锁触点闭合	
		→SB_3 常开触点后闭合→KM_2、KM_3 线圈同时得电	→KM_2、KM_3（常开）自锁触点闭合，自锁→松开 SB_3	
			→KM_2、KM_3 主触头闭合，电动机 M 成 YY 形高速速运转	
			→KM_2、KM_3（常闭）联锁触点分断→对 KM_1 互锁	
4	按下停止按钮 SB_1	→KM_2 线圈失电	→KM_2 主触头、辅助触点恢复常态	停止
		→KM_3 线圈失电	→KM_3 主触头、辅助触点恢复常态，电动机停转	
5	拉开电源开关 QF	→断路器断开	→三相电源指示灯熄灭→线路断开	

3）时间继电器控制的双速电动机控制线路

时间继电器控制的双速电动机控制线路如图 2-58 所示，图中 SC 是具有三个接点的位置转换开关。

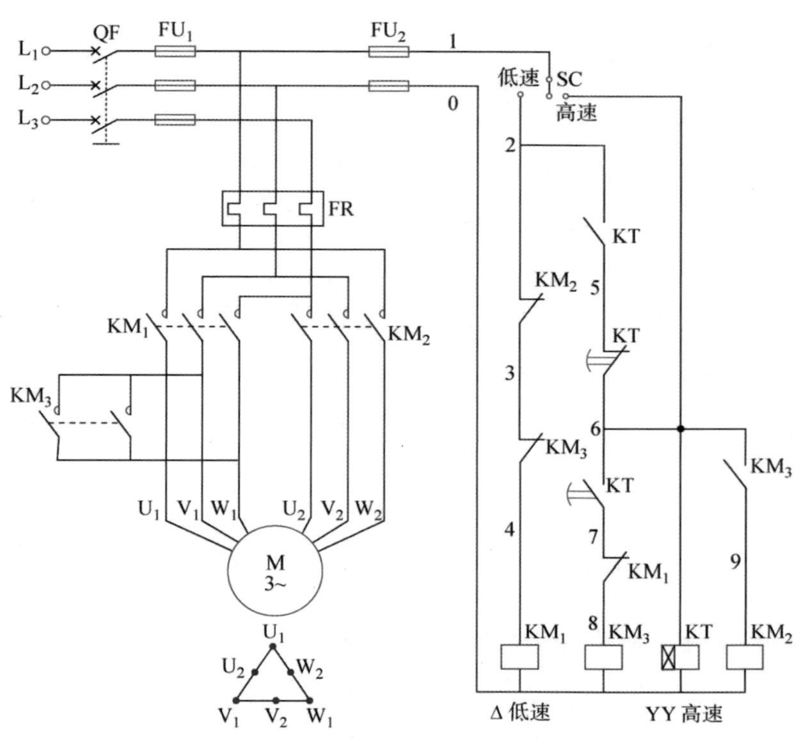

图 2-58　时间继电器控制的双速电动机控制线路

该电路的工作原理：当开关 SC 扳到中间位置时，电动机停止；如把开关 SC 扳到“低速”位置时，接触器 KM_1 线圈得电吸合，KM_1 主触头闭合，电动机定子绕组的三个接线端 U1、V1、W1 与电源连接，电动机定子绕组接成三角形，以低速运转。

当开关 SC 扳到“高速”位置时，时间继电器 KT 线圈先得电吸合，KT 常开触头瞬时闭合，接触器 KM_1 线圈得电吸合，电动机定子绕组接成低速启动；经过一定的整定时间，时闸继电器 KT 的常闭触头延时断开，接触器 KM_1 线圈失电释放，与此同时 KT 常开触头延时闭合，接触器 KM_3 线圈得电吸合，接着 KM_2 线圈也得电吸合，电动机定子绕组接成 YY 联结，以高速运行。

3. 三速电动机的控制线路

1）三速电动机定子绕组的联结

三速电动机定子共有两套绕组，如图 2-59(a)所示。当采用不同的连接方法时，可以有三种不同的转速，即低速、中速、高速。第一套绕组（U_2、V_2、W_2）同双速电动机一样，当电动机定子绕组接成△形接法时如图 2-59(b)所示，电动机低速运行；第二套线组（U_4、V_4、W_4）接成 Y 形接法，如图 2-59(c)所示，电动机中速运行；当电动机定子线组接成 YY 形接法时如图 2-59(d)所示，电动机高速运行。

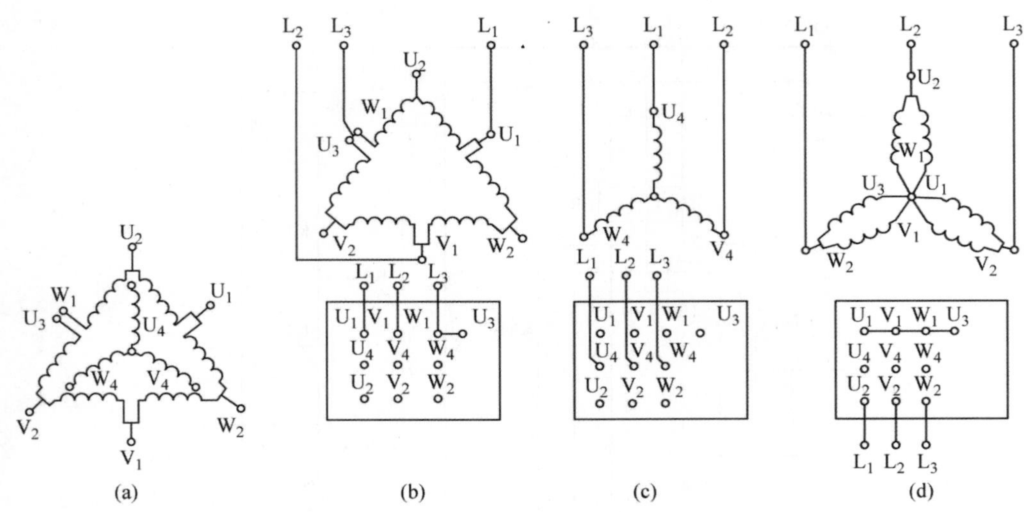

图 2-59 三速电动机定子绕组的联结方法

(a) 两套绕组；(b) △联结(低速)；(c) 联结(中速) (d) 联结(高速)

2) 按钮和接触器控制的三速电动机控制线路

按钮和接触器控制的三速电动机控制线路如图 2-60 所示。

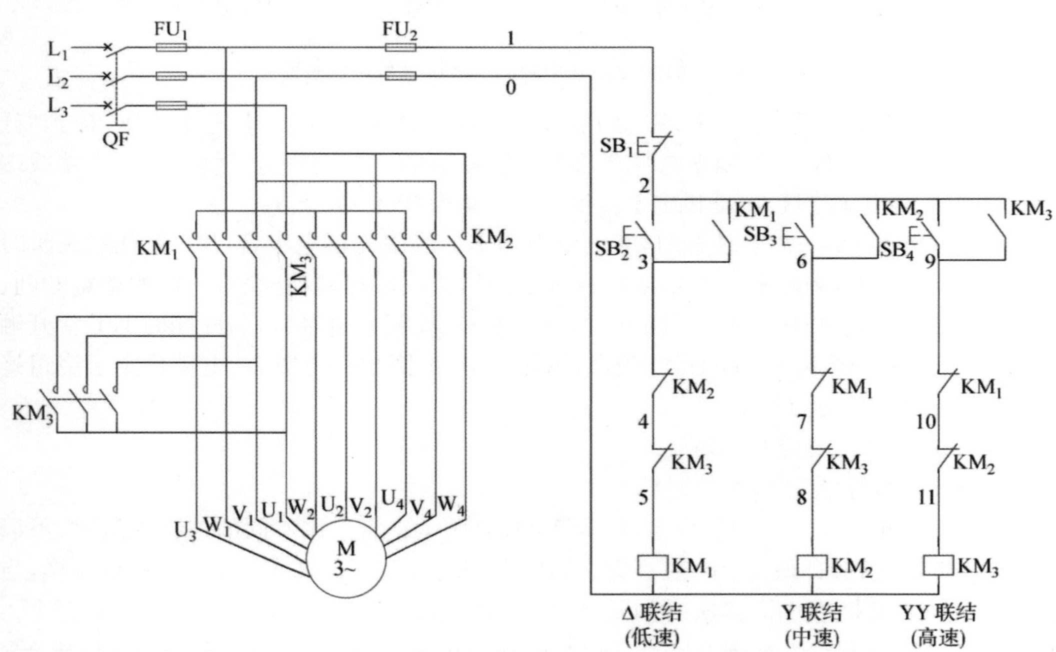

图 2-60 按钮和接触器控制的三速电动机的控制线路

该电路的工作原理：低速启动运转。合上电源开关 QF，按下 SB_2，接触器 KM_1 线圈得电吸合，触头动作，电动机 M 第一套定子绕组出线端 U_1、V_1、W_1（W_1 与 U_3 接通）与电源接通，电动机 M 接成△联结低速运转；低速转为中速运转。先按下停止按钮 SB_1，接触器 KM_1 线圈失电释放使触头复位，电动机 M 失电，再按下 SB_3，接触器 KM_2 线圈得电吸合使触头动作，电动机 M 另一套定子绕组的出线端 U_4、V_4、W_4 与电源接通，电动机 M 接成 Y 联结中速运转；中速转为高速运转。先按下停止按钮 SB_1，接触器 KM_2 线圈失电释放使触头复位，电动机 M 失电，再按下 SB_4，接触器 KM_3 线圈得电吸合使触头动作，电动机 M 第一套定子绕组的出线端 U_2、V_2、W_2 与电源接通（U_1、V_1、W_1、U_3 则通过 KM_3 的另外三对动合触点接通），电动机 M 接成 YY 联结高速运转。

任务实施

1. 实训安全教育

安全无小事，在电气设备的实训操作中更是如此。在任务的实施过程中，每一个人都要严格遵守操作规程和规范，做到遵规守纪，这是尊重生命、尊重自我、尊重他人的一种表现。珍视生命、重视安全是每个人的义务，更是每个人的责任，让我们携手共进，共同维护好校园与课堂安全。

2. Y-YY 双速电动机控制线路的探究

1）探究电路

Y-YY 双速电动机控制线路探究电路如图 2-61 所示。

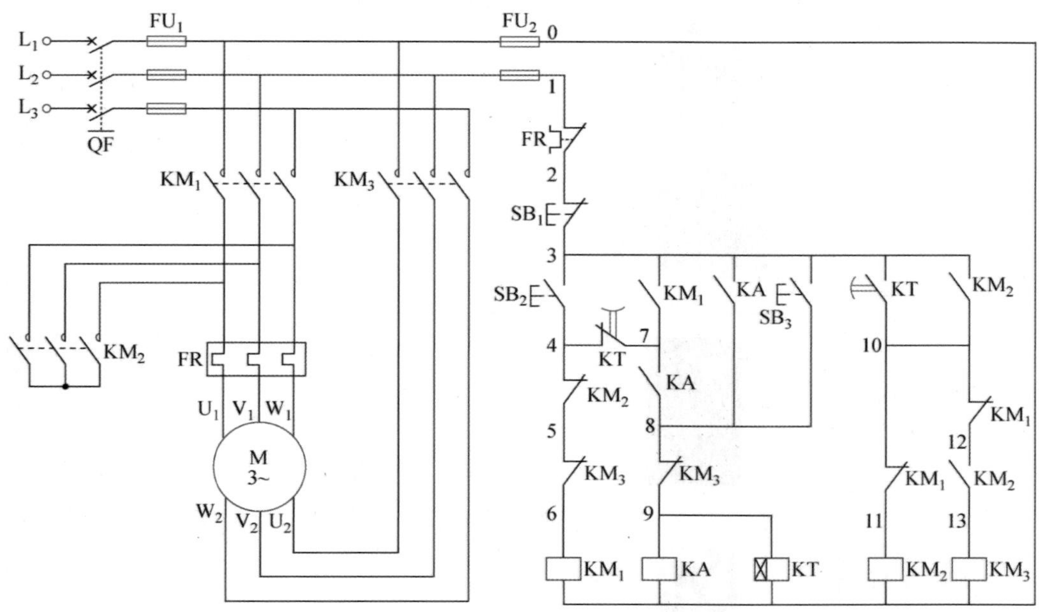

图 2-61　Y-YY 双速电动机控制线路探究电路

2）探究器材

根据探究电路，正确选择元器件的型号规格和数量并填写在元器件明细表 2-94 中。

表 2-94　元器件明细表

序号	符号	元件实物图	名　称	型　号
1	XD	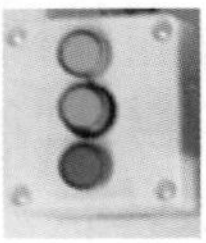		
2	M			
3	QF	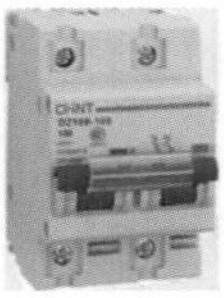		
4	FU			
5	FR			
6	SB_1、SB_2、SB_3			
7	KM_1、KM_2、KM_3			

（续表）

序号	符号	元件实物图	名　称	型　号
8	KT			
9	—		万用表	
10	—		工具	
11	—		导线	

3）线路安装

（1）分析电路。Y-YY 双速电动机控制线路的定子绕组接法如图 2-62 所示，它是从单路星形接法（Y）变换成双路星形接法（YY）。具体接法如图所示：电动机在低速工作时，三相电源接至电动机绕组星形联结的顶点的出线端 U_1、V_1、W_1 上，其余三个出线端 U_2、V_2、W_2 空着不接，此时电动机为单星形联结，磁极为 4 极，1 500 r/min；要使电动机以高速工作时，把电动机绕组三个出线端 U_1、V_1、W_1 连接在一起，电源接到 U_2、V_2、W_2 三

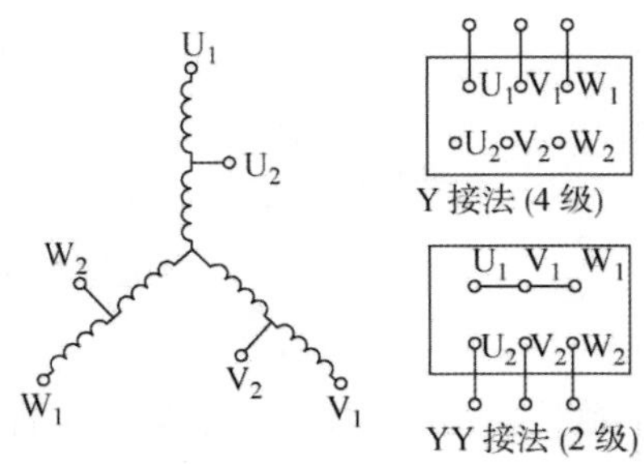

图 2-62　Y-YY 双速电动机控制线路定子绕组接线

个出线端上，此时电动机绕组成为 YY 联结，磁极为 2 极，同步转速为 3 000 r/min。

注意：Y-YY 与前述的△-YY 这两种方法均属于并联的反向变极法，都能使磁极减少一半而使转速增加一倍，但 Y-YY 具有恒转矩调速特性，△-YY 具有恒功率调速特性。

工作过程及原理如表 2-95 所示。

表 2-95　Y-YY 双速电动机控制线路工作过程分析表

序号	操作步骤	动作元件	动作结果	功能
1	合上电源开关 QF	→断路器闭合	→三相电源指示灯亮	
2	按下启动按钮 SB_2	→KM_1 线圈得电	→KM_1 主触头闭合，电动机 M 成 Y 形低速运转	Y 形低速启动
			→KM_1（常开）自锁触点闭合，保持电动机 M 低速运转工作状态	
			→KM_1（常闭）联锁触点分断，锁住 YY 电路不能启动	
3	按下按钮 SB_3	→KA 线圈得电	→KA（常开）自锁触点闭合	手动切换
		→KT 线圈得电	→KT 常闭触点延时分断	
			→KT 常开触点延时闭合	
4	KT 常闭触点分断	→KM_1 线圈失电	→KM_1 主触头、辅助触点恢复常态	YY 形高速运转
	KT 常开触点闭合	→KM_2 线圈得电	→KM_2（常开）自锁触点闭合	
			→KM_2 常开触点闭合	
			→KM_2（常闭）联锁触点分断，锁住 Y 电路不能启动(1)	
			→KM_2 主触头闭合	
5	KM_2 常开触点闭合	→KM_3 线圈得电	→KM_3 主触头闭合	
			→KM_3 常闭触点分断	
			→KM_3（常闭）联锁触点分断，锁住 Y 电路不能启动(2)	
6	KM_3 常闭触点分断	→KA 线圈失电	→KA 触点恢复常态	
		→KT 线圈失电	→KT 触点恢复常态	
7	按下停止按钮 SB_1	→KM_2 线圈失电	→KM_2 主触头、辅助触点恢复常态	停止
		→KM_3 线圈失电	→KM_3 主触头、辅助触点恢复常态，电动机停转	
8	拉开电源开关 QF	→断路器断开	→三相电源指示灯熄灭→线路断开	

(2) 清点元器件、工具等，确定安装导线的数量、接线位置，填入表 2-96 中。

表 2-96　探究 Y-YY 双速电动机控制线路接线表

线　号	根　　数	位　　置
0 号线		
1 号线		
2 号线		
3 号线		
4 号线		
5 号线		
6 号线		
7 号线		
8 号线		
9 号线		
10 号线		
11 号线		
12 号线		
13 号线		

根据 Y-YY 双速电动机控制线路的原理图，在线路板上完成电路安装。使用给定的设备和仪器仪表，在线路板上完成电路安装。注意安装时，必须做到板面导线经线槽敷设，线槽外导线须平直，各接点必须紧密，接电源、电动机及按钮等的导线必须通过接线柱引出（见图 2-63）。

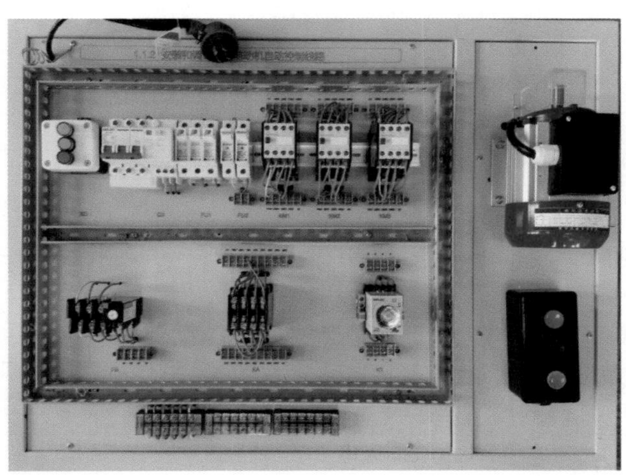

图 2-63　Y-YY 双速电动机控制线路安装板

4）线路检测

根据表 2-97 的提示，完成线路通电前检测，如果测量结果与正常值相符，表示安装电路正确，可通电调试并运行电路。

表 2-97　Y-YY 双速电动机控制线路测量值

序号	测量位置	操作步骤	正常值	测量值	故障点位置判断
1	FU_2 1 0 万用表红黑表笔分别接 0、1FU_2 接线柱两端	按下按钮 SB_2	1.4 kΩ 左右（KM_1 线圈电阻）		
2		按下按钮 SB_3（或按下 KA 机械按键）	1.4 kΩ 左右（KA 线圈电阻）		
3		按下 KM_2 机械按键	0.7 kΩ 左右（KM_2 线圈电阻，KM_3 线圈电阻）		

5）通电调试

（1）检查电路后在教师的指导下接通电源。

（2）按照表 2-98 操作顺序，观察每一步操作后的动作现象，并记录在表 2-98 中。

表 2-98　Y-YY 双速电动机控制线路工作过程探究

序号	操作步骤	动作元件	动作结果	功能
1	合上电源开关 QF	→断路器闭合	→三相电源指示灯亮	
2	按下启动按钮 SB_2	→KM_1 线圈得电		Y 形低速启动
3	按下按钮 SB_3	→KA 线圈得电		手动切换
		→KT 线圈得电		
4	KT 常闭触点分断	→KM_1 线圈失电		YY 形高速运转
	KT 常开触点闭合	→KM_2 线圈得电		
5	KM_2 常开触点闭合	→KM_3 线圈得电		
6	KM_3 常闭触点分断	→KA 线圈失电		
		→KT 线圈失电		

(续表)

序号	操作步骤	动作元件	动作结果	功能
7	按下停止按钮 SB_1	→KM_2 线圈失电		停止
		→KM_3 线圈失电		
8	拉开电源开关 QF	→断路器断开	→三相电源指示灯熄灭→线路断开	

6) 按5S管理要求清理工位

探究任务完成后，关闭电源。按5S管理要求清理工位台，清点并整理工具箱，将实训设备恢复到初始状态。

任务评价

学习任务评价如表2-99所示。

表2-99 学习任务评价表

评价项目		评价内容	评价标准	配分	自评 10%	互评 30%	师评 60%
职业素养	劳动纪律	有时间观念，遵守实训规章制度	没有时间观念，不遵守实训规章制度扣1～10分	10			
	工作态度	认真完成学习任务，主动钻研专业技能	态度不认真，不能按指导老师要求完成学习任务扣1～10分	10			
	职业规范	遵守电工操作规程及规范；工作台面保持清洁，工具摆放整齐	不遵守电工操作规程及规范扣1～8分；工作台面脏乱，工具摆放无序扣1～2分	10			
职业技能	元器件选择及检测	(1) 根据电路图，选择元器件的型号规格和数量 (2) 元器件检测	(1) 接触器、熔断器、热继电器选择不当每处扣2分，其他元件选择不当每处扣1分 (2) 元器件检测失误每处扣2分	10			
	安装工艺	导线连接紧固、接触良好	接线松动，露铜、接触不良等每处扣1分	10			
	安装与调试	(1) 能正确按图接线 (2) 能正确调整热继电器、时间继电器的整定值 (3) 通电试车一次成功 (4) 通电操作步骤正确	(1) 未按图接线，或线路功能不全每处扣10分 (2)整定不当每处扣2～4分 (3) 一次不成功扣10分，三次不成功本项不得分 (4) 通电操作步骤不正确扣2～10分	30			
	故障检测	(1) 能正确分析故障原因 (2) 能正确查找故障并排除	(1) 分析错误，每处扣3分 (2) 每少查出并少排除一个故障点，扣5分	20			

（续表）

评价项目	评 价 内 容	评 价 标 准	配分	自评 10%	互评 30%	师评 60%
合　计			100			
指导教师签字：				年	月	日

能力拓展与提升

试一试，你能解决表 2-100 中的问题吗？

表 2-100　Y-YY 双速电动机控制线路故障分析表

序号	故 障 现 象	故 障 原 因
1	按下启动按钮 SB_2 后，接触器不动作	
2	按下 SB_3，电动机只能低速运转，不能高速运转	
3		时间继电器 KT 线圈断路损坏

走 进 历 史

电动机使用了通电导体在磁场中受力的作用的原理，发现这一原理的是丹麦物理学家奥斯特。奥斯特 1777 年生于兰格朗岛鲁德乔宾的一个药剂师家庭，1794 年考入哥本哈根大学，1799 年获博士学位，1806 年起任哥本哈根大学物理学教授，1820 年因电流磁效应这一杰出发现获英国皇家学会科普利奖章。

奥斯特曾对物理学、化学和哲学进行过多方面的研究，由于受康德哲学与谢林的自然哲学的影响，他坚信自然力是可以相互转化的，并长期坚持探索电与磁之间的联系，1820 年 4 月终于发现了电流对磁针的作用，即电流的磁效应。同年 7 月以《关于磁针上电冲突作用的实验》为题发表了他的发现。这篇短短的论文使欧洲物理学界产生了极大震动，导致了大批实验成果的出现，由此开辟了物理学的新领域——电磁学。

1821 年法拉第完成了自己第一项重大的电发明，在这之前，奥斯特已发现如果电路中有电流通过，它附近的普通罗盘的磁针就会发生偏移。法拉第从中得到启发，认为假如磁铁固定，线圈就可能会运动。根据这种设想，他成功地发明了一种简单的装置：在装置内，只要有电流通过线路，线路就会绕着一块磁铁不停地转动。事实上法拉第的发明就是世界上第一台电动机的诞生，这是第一台使用电流让物体运动起来的装置。虽然装置很简陋，但它却是今天世界上使用的所有电动机的祖先。这是一项重大的突破，只是在当时它的实际用途还非常有限，因为那时除了用简陋的电池以外还别无其他方法发电。50 年之后，1873 年，比利时人格拉姆发明了大功率电动机，从此电动机开始大规模用于工业生产中。

项 目 小 结

1. 知识脉络

本项目知识脉络见图 2-64。

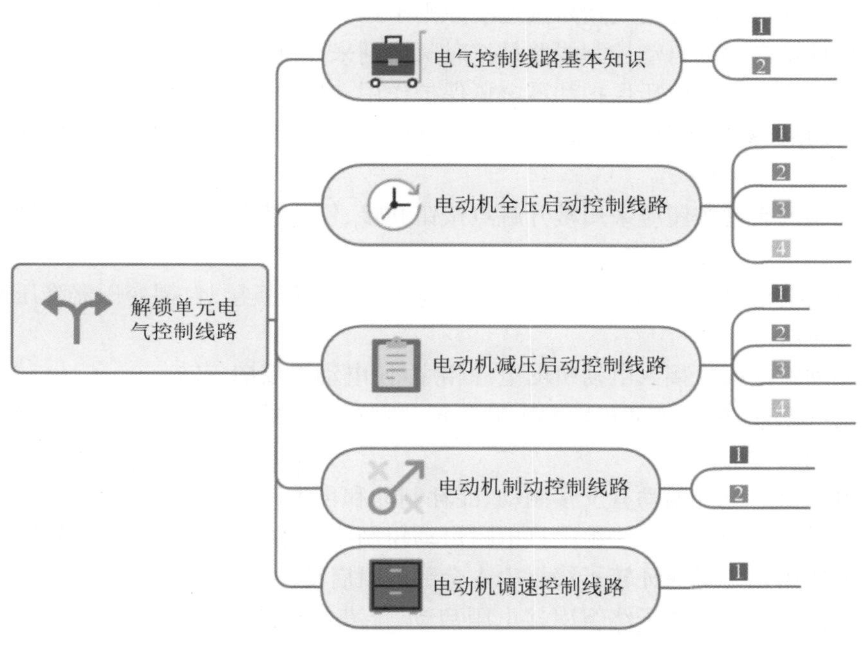

图 2-64 项目 2 知识脉络导图

2. 学习方法

(1) 对于不同类型的电气控制线路，应抓住线路的本质，了解其组成、特点、用途、工作原理等。

(2) 学习本项目时一定要勤于实践，对照线路原理图，进行分析、安装与调试电路。在实训中，需要结合项目一中各电气元件的特性、动作条件、触点位置分配等来分析单元控制线路，因此常用低压电器是学习本项目单元控制线路的基础，而学好单元控制线路又能为后续分析、调试复杂的综合控制线路打下坚实基础。在学习中，希望大家特别要克服畏难情绪，只有通过反复训练，做到熟能生巧、举一反三，才能够正确掌握安装和调试电气控制线路的方法。

项 目 闯 关

第一关　判断题

1. Y-△减压启动自动控制线路是按行程原则来控制。（ ）
2. 机械滑台往返自动控制线路是按速度原则来控制。（ ）
3. 电动机反接制动的自动控制线路是按时间原则来控制。（ ）
4. 交流接触器具有欠电压保护和零电压保护作用。（ ）
5. 按钮、接触器双重联锁的正反转控制电路中，双重联锁的作用是防止电源的相间短路。（ ）
6. 多地控制的启动按钮应采用常开触点按钮并接、停止按钮应采用常闭触点按钮串接。（ ）
7. 三相笼型电动机减压启动有定子绕组串电阻、星-三角换接、自耦变压器降压及延边三角形等方法。（ ）
8. 反接制动就是改变接入电动机的电源相序，使电动机反向旋转。（ ）
9. 利用电气原理，使得电动机内部生成与转动方向相反的转矩，使得电动机快速停车称为电气制动。（ ）
10. 异步电动机的电气制动有反接制动、能耗制动和再生制动三种。（ ）
11. 绕线式异步电动机转子绕组串接电阻启动控制线路中与启动按钮串联的接触器常闭触点的作用是为了保证转子绕组串入全部电阻启动。（ ）
12. 绕线式异步电动机转子绕组串接电阻启动，能获得较小的启动电流和较大的启动转矩。（ ）
13. 三相笼型异步双速电动机，通常有△/YY 和 Y/YY 两种接线方法。（ ）
14. 能耗制动是在电动机切断三相电源的同时，把直流电通入定子绕组，直到电机停止转动再切断直流。（ ）
15. Y-△减压启动方式只适用于空载或轻载下的启动。（ ）
16. 额定功率是指电动机在额定工作状态运行时的输出功率，小于电动机消耗的功率。（ ）
17. 三相异步电动机的转速取决于电源频率、磁极对数和转差率 s。（ ）
18. 三相 380V 电网，只有 380V/△接法的笼型电动机才能采用 Y-△减压启动。（ ）
19. 任意交换电动机的两根电源接线，就能改变电动机的转动方向。（ ）
20. 必须按序换接电动机的三根电源接线，才能改变电动机的转动方向。（ ）

第二关　选择题

1. 电动机控制一般原则有行程控制原则、(　)、速度控制原则及电流控制原则。
   A. 时间控制原则　　B. 电压控制原则
   C. 电阻控制原则　　D. 位置控制原则
2. Y-△减压启动自动控制线路是按(　)来控制。
   A. 时间控制原则　　B. 电流控制原则
   C. 速度控制原则　　D. 行程控制原则
3. 电动机的短路保护,一般采用(　)或断路器的电磁脱扣。
   A. 热继电器　　B. 过电流继电器
   C. 熔断器　　D. 过电压继电器
4. 接触器具有(　)保护作用。
   A. 短路　　B. 过载
   C. 过电流　　D. 欠压
5. 按钮、接触器双重联锁的正反转控制电路,从正转到反转操作过程是(　)。
   A. 按下反转按钮　　B. 先按下停止按钮、再按下反转按钮
   C. 先按下正转按钮、再按下反转按钮　　D. 先按下反转按钮、再按下正转按钮
6. 能耗制动是在电动机切断三相电源同时,把(　),使电动机迅速地停下来。
   A. 电容并联在定子绕组上　　B. 电阻并联在定子绕组上
   C. 直流电流通入转子绕组　　D. 直流电流通入定子绕组
7. Y-△减压启动,主电路是按(　)换接的。
   A. 启动时定子绕组接成星形,运行时接成三角形
   B. 启动时定子绕组接成三角形,运行时接成星形
   C. 启动时定子绕组接成延边星形,运行时接成三角形
   D. 启动时定子绕组接成延边三角形,运行时接成三角形
8. 延边三角形减压启动,主电路是按(　)控制的。
   A. 启动时定子绕组接成星形,运行时接成三角形
   B. 启动时定子绕组接成三角形,运行时接成星形
   C. 启动时定子绕组接成延边星形,运行时接成三角形
   D. 启动时定子绕组接成延边三角形,运行时接成三角形
9. 以下能实现笼型异步电动机减压启动的方法是(　)。
   A. 定子绕组串电容减压启动　　B. 延边星形减压启动
   C. 延边三角形减压启动　　D. 转子串电阻减压启动
10. 速度继电器安装时,应将其转子装在被控电动机的(　)。
   A. 同一根轴上　　B. 非同一根轴上

C. 同一电源　　D. 非同一电源

11. 能耗制动的制动效果与通入定子绕组的直流电流有关，通常取直流电流为(　)倍电动机空载电流。

A. 0.5～1　　B. 1.5～2

C. 3.5～4　　D. 5～6

12. 衡量异步电动机的启动性能，一般要求是(　)。

A. 启动电流尽可能大、启动转矩尽可能小

B. 启动电流尽可能小、启动转矩尽可能大

C. 启动电流尽可能大、启动时间尽可能短

D. 启动电流尽可能小、启动转矩尽可能小

13. 笼型异步电动机减压启动方法有串电阻减压、Y-△减压、自耦变压器减压及(　)。

A. △-Y 减压　　B. △-△减压

C. 延边三角形减压　　D. 延边星形减压

14. 反接制动是在电动机需要停车时，采取(　)，使电动机迅速地停下来。

A. 对调电动机定子绕组的两相电源　　B. 对调电动机转子绕组的两相电源

C. 直流电源通入转子绕组　　D. 直流电源通入定子绕组

15. 双速电动机的变极调速有 Y/YY 和(　)两种。

A. △/△△　　B. △△/△

C. Y/△△　　D. △/YY

第三关　分析题

1. 分析下图电路的功能、控制原则，说明各电器元件的作用。

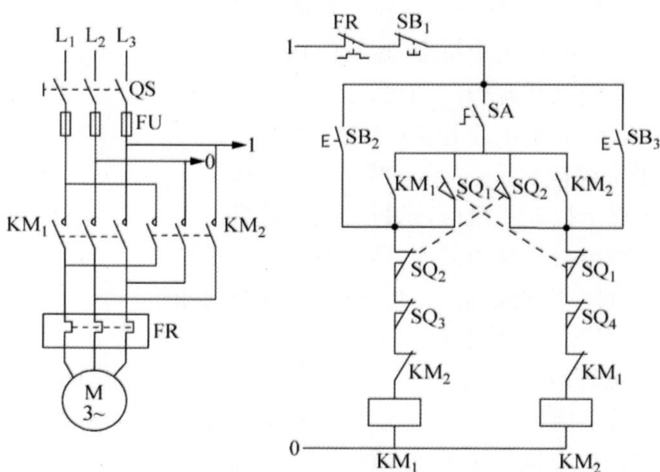

2. 分析下图电路的功能、控制原则，说明各电器元件的作用。

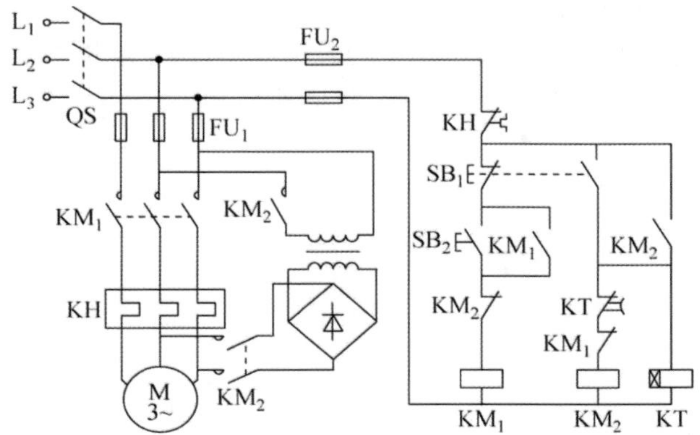

3. 分析下图电路的功能，说明各电器元件的作用。

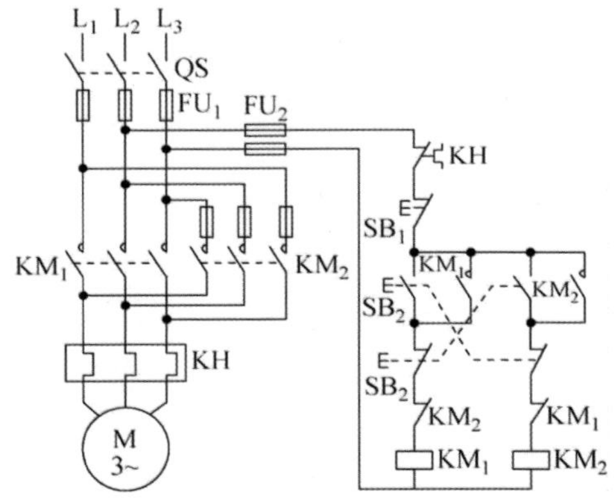

4. 分析下图电路的功能、控制原则，说明各电器元件的作用。

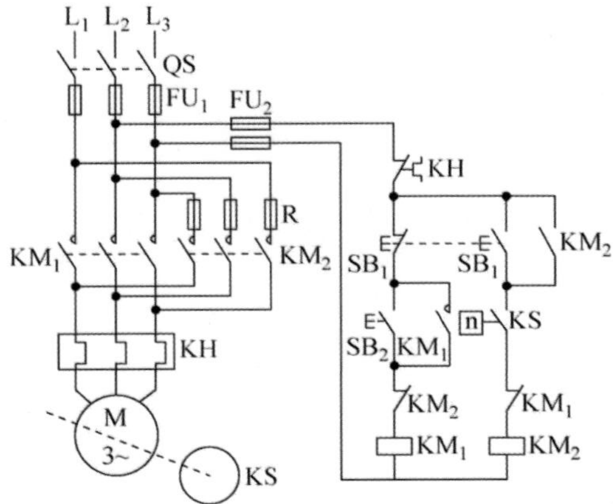

5. 设计一个控制线路，要求第一台电动机启动 10 s 后，第二台电动机自动启动，运行 20 s 后，两台电动机同时停转。
6. 以小组为单位，进一步完善项目小结中的思维导图；网上查阅我国民族工业以及电气行业的发展历程与历史，完成项目汇报，巩固所学知识。

项目3 探究典型机床电气控制线路

怎样才能让零件表面更光洁、如何快速在零件上钻孔？如果是在两百年前，这些事都还是挺难的，而在二十一世纪的今天，可以说这都不是事啦……今天我们已经有了各种各样的机床，如车床、铣床、镗床、刨床、钻床、磨床等，它们的加工工艺各不相同，对电动机的驱动控制方法也不一样，因此不同种类不同型号的机床具有不同的电气控制线路。

本项目通过介绍典型机床电气控制电路的组成、工作原理、用途及适用条件、适用场所等知识，让你学会如何正确分析机床电气控制电路的工作原理以及其在运行过程中的故障产生原因和基本故障排除方法，为在工作中遇到复杂控制电路的安装、调试、维护、维修打下坚实的基础。

模块1 典型机床电气控制线路基础

学习目标

知识目标：了解机床电气控制系统图的组成及识读方法；熟悉机床电气控制线路一般故障的检修方法。

技能目标：能正确识读典型机床电气图，包括原理图、电气接线图；了解线路中各元器件的作用、并能分析其控制电路的功能；能根据各种机床电气线路的故障检修技术与方法，分析、检测及维护典型机床电路。

素养目标：能与教师、同学有效沟通，有团队合作精神，养成良好的职业习惯；将5S管理理念融于课堂、落实到学习生活中：提倡整理、整顿、清扫自己的书桌、学习用品与工具，养成良好的工作习惯、营造良好的工作环境。

任务 1　机床电气控制系统图的识读

任务描述

项目 2 中，我们接触到的都是基本单元电气控制线路，你见过机床电气控制线路系统全图吗？当我们面对一张复杂的电气控制系统图时，我们该从哪里入手，怎么识读呢？本次任务将带领大家一起来探究电气控制系统图的组成及识读方法。

知识链接

1. 机床电气控制系统图的组成

机床电气控制系统图一般由电路功能说明框、电气控制图、区域标号、元器件表格表示等部分组成。图 3-1 所示的是 CA6140 型卧式车床的电气控制线路图，并以此为例作机床电气控制系统图的识读。

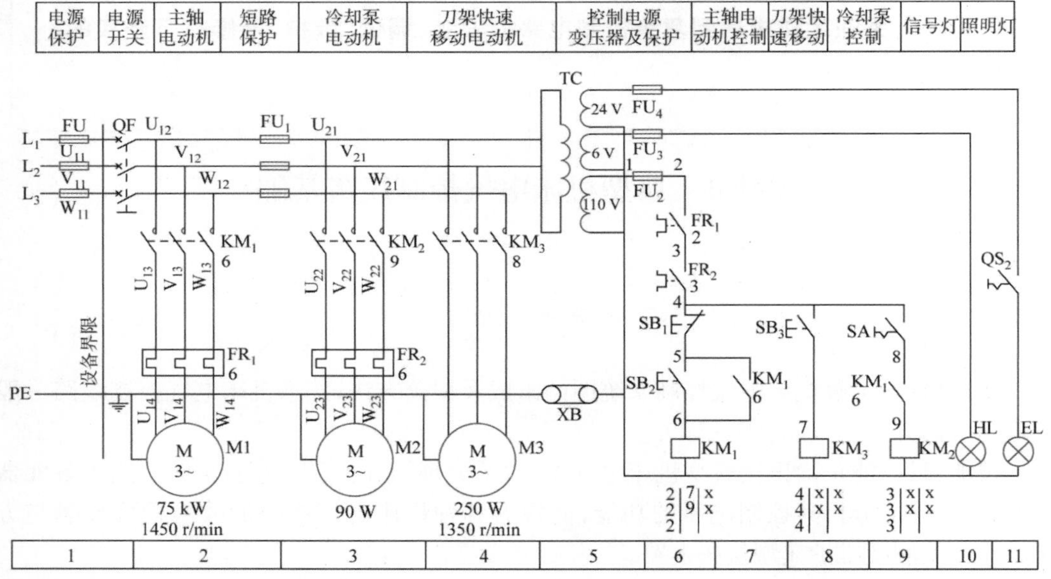

图 3-1　CA6140 型卧式车床的电气控制线路

1）功能说明框

功能说明框在电路图的上方，方框中标有文字，主要用于说明文字框下方电路的功能，该图是说明从文字框两条垂直边向下延伸，两条边框里所覆盖的元件以及构成的控制电路在机床电气线路中所起的作用。

2) 电气控制线路图

电气控制线路图在图纸的中间部位，是机床电气控制电路的核心部分，由基本电器图形符号、文字符号和线段节点组成，反映了设备的各种功能、工作原理及相互的连接控制关系。

图中的图形符号都是按无电压、无外力作用时的状态画成的，电气图中的各种设备、器件和元件等可动作的部位也都应表示为不工作时的状态或位置。

3) 区域标号

机械设备电路图的图纸绘制是按照电路功能"列"绘制的，也叫区，对电路或分支电路采用数字编号来表示其位置的方法称为电路编号法，也称区域标号，如图 3-1 所示的区域标号，共分 11 个区域。

区域标号的主要作用是便于检修人员快速地查找到控制元件的触点位置；区域编号的原则是从左到右顺序排列，每一编号代表一条支路或电路，各编号所对应的电路功能用文字表示，一般放在图面上部的方框内(即功能说明框)。机床电气原理图使用电路区域编号表示较为广泛。

4) 元器件表格表示

电气控制图主要是由接触器和各种继电器触点按照控制要求组成，这些电器元件的触点形式并不多，只有常开、常闭两种，但是它们的数量却非常多，并且控制连接的形式多种多样。根据这一特点，电气控制系统图中，用统一的区域符号和元器件触点应用表格表示，它表明了电器元件的触点使用了多少个，并且这些触点在图中的哪个区域可以查到。

(1) 接触器的表格表示法：在每个接触器线圈文字符号 KM 的下面画两条竖线，分成左、中、右三栏，把受其控制而动作的触点所处的列，用数字标注在三栏内。对备而未用的触点，在相应的栏中用"×"或"—"标出，如表 3-1 所示。

表 3-1　接触器的表格表示法

栏　目	左　栏	中　栏	右　栏
触点类型	主触点所在列	常开辅助触点所在列	常闭辅助触点所在列
举例 KM 2 ⋮ 6 ⋮ 8 2 ⋮ × ⋮ × 2 ⋮	表示三对主触点均在列 2	表示一对常开辅助触点在列 6；另一对常开辅助触点未使用	表示一对常闭辅助触点在列 8；另一对常闭辅助触点未使用

(2) 继电器的表格表示法：在每个继电器线圈文字符号 KA 的下面画一条竖直线，分成左、右两栏，把受其控制而动作的触点所处的列，用数字标注在两栏内。对备而未用的触点，在相应的栏中用记号"×"或"—"标出，有时对备而未用的触点也可以不标出，如表 3-2 所示。

表 3-2 继电器的表格表示法

栏　目	左　栏	右　栏
触点类型	常开辅助触点所在列	常闭辅助触点所在列
举例 KA 5 ┆ 6 8 ┆ 9	表示一对常开辅助触点在列 5；另一对常开辅助触点在列 8	表示一对常闭辅助触点在列 6；另一对常闭辅助触点在列 9

2. 机床电气控制系统图的读图方法

1）分析主电路

要了解一个机床电路系统图的功能，必须先从主电路入手。主电路的作用是保证整机拖动要求的实现，从主电路的构成可分析出系统有多少个电动机或执行电器，每个电动机或者执行电器都是由什么电器来控制的（比如是接触器控制还是其他电器控制），又是怎么控制的，即其类型、工作方式、启动、转向、调速、制动等方面。

2）分析控制电路

主电路各控制要求是由控制电路来实现的，分析这部分内容时可以采用两种方法，分别是逆推法和顺推法。

逆推法是从主电路要控制的电动机或者执行电器入手，分析电动机或者执行电器如果运行其必须满足的条件，这种方法适用于不是很复杂的电路分析，项目 2 中的基本单元电气控制电路都可以使用此方法进行分析。

顺推法则是先分析主电路，然后将控制电路按功能划分为若干个局部控制电路，从主令电器（如按钮）开始，看电器发令后让哪个电器的线圈通电吸合，其触点动作后又导致什么电器动作，依次类推，经过逻辑判断，写出控制流程，以简便明了的方式表达出电路的自动工作过程。

本项目涉及的常用机床电气控制电路分析可以使用此法进行分析。

3）分析互锁与保护环节

生产机械对于安全性、可靠性有很高的要求。要满足这些需求，除了合理地选择电力拖动、控制方式外，在控制电路中必须设置一系列电气保护环节和机械、电气互锁环节，以保证电路安全、可靠运行。在机床电气系统图的分析过程中，电气互锁与电气保护环节是一个重要内容，不能遗漏。

4）分析辅助电路

辅助电路包括执行元件的工作状态显示、电源显示、照明显示等。这部分电路具有相对独立性，起辅助作用但又不影响主要功能。一般都很简单，多数是由控制电路中的电器元件来控制的。

任务实施

1. 实训安全教育

安全无小事，在电气设备的实训操作中更是如此。在任务的实施过程中，每一个人都

要严格遵守操作规程和规范，做到遵规守纪，这是尊重生命、尊重自我、尊重他人的一种表现。珍视生命、重视安全是每个人的义务，更是每个人的责任，让我们携手共进，共同维护好校园与课堂安全。

2. CA6140 型卧式车床电气控制线路的识读

根据 CA6140 型卧式车床电气控制线路(见图 3-1)，完成表 3-3。

表 3-3　说明表格接触器所在位置

栏　目	左　栏	中　栏	右　栏
触点类型	主触点所在列	常开辅助触点所在列	常闭辅助触点所在列
KM_1 2 ⋮ 7 ⋮ × 2 ⋮ 9 ⋮ × 2 ⋮			
KM_2 3 ⋮ × ⋮ × 3 ⋮ × ⋮ × 3 ⋮			
KM_3 4 ⋮ × ⋮ × 4 ⋮ × ⋮ × 4 ⋮			

任务评价

学习任务评价如表 3-4 所示。

表 3-4　学习任务评价表

评价项目		评 价 内 容	评 价 标 准	分值	自评 10%	互评 30%	师评 60%
职业素养	劳动纪律	有时间观念，遵守实训规章制度	没有时间观念，不遵守实训规章制度扣 1～10 分	10			
	工作态度	认真完成学习任务，主动钻研专业技能	态度不认真，不能按指导老师要求完成学习任务扣 1～10 分	10			
	职业规范	遵守电工操作规程及规范；工作台面清洁，工具摆放整齐	不遵守电工操作规程及规范扣 1～8 分；工作台面脏乱，工具摆放无序扣 1～2 分	10			
职业技能	表格法的应用	能正确识读继电器、接触器等元件的位置	识读失误每次扣 5 分	35			

（续表）

评价项目		评 价 内 容	评 价 标 准	分值	自评 10%	互评 30%	师评 60%
职业技能	支路功能识读	能正确分析每一条支路的功能	分析失误每次扣 5 分	35			
合　计				100			
指导教师签字：					年	月	日

任务 2　机床电气设备的维护与维修

任务描述

机床设备在运行操作过程中会出现不同类型的故障，不同类型的故障其产生原因也各不相同。机床设备最容易出现故障的地方是电气、机械和液压三大板块，因此机床使用者及其维护者只有在分析不同类型故障原因的基础上，有针对性的排查各种故障，才能找到合理的维修与维护方案。

本次任务将带领大家一起探究普通机床电气故障检测的一般方法，提高维护与维修典型机床故障的技能。

知识链接

1. 电气设备的日常维护

为了保证各种电气设备的安全运行，必须坚持对电气设备进行经常性的维护保养。电气设备的维护一般包括：正确选用熔断器的熔体；注意连接导线有无断裂、脱落，以及绝缘是否老化；检查接触器的触点接触是否良好，热继电器的选择是否恰当；经常清理电器元件上的油污和灰尘，特别要清除铁粉之类有导电性能的灰尘，并定期对电动机进行中修和大修等；雨季要防止绝缘受潮漏电。维护时，还必须注意安全，电气设备的保护接地或保护接零必须可靠。

通过经常的维护既能减少故障的发生，又能及时发现隐藏着的故障，从而防止故障的扩大。电气设备日常维护的对象一般包括：电动机、控制电器柜（包括接触器、继电器及保护装置）和电气线路。维护时应注意以下几点：

（1）当机床加工零件时，金属屑和油污易进入电动机、控制电器柜和电气线路中，造成电器绝缘电阻下降，触点接触不良，散热条件恶化，甚至造成接地或短路。因此，要经常清除电器柜内部的灰尘和油污，特别要清除铁粉之类有导电性能的灰尘。

(2) 维护检查时,应注意电器柜内的接触器、继电器等所有电器的接线端子是否松动或损坏,接线是否脱落等。

(3) 检查电器柜内各电器元件和导线是否有浸油或绝缘破损的现象,并进行必要的处理。

(4) 为保证电气设备各保护装置的正常运行,在维护时,不准随意改变热继电器、低压断路器的整定值;更换熔体时,必须按要求选配,不得过大或过小。

(5) 加强在高温、雨季、严寒等天气对电气设备的维护和检查。

(6) 定期对电动机进行小修或中修检查。

2. 电气设备维修的通用原则

1) 先动口,再动手

对于有故障的电气设备,不要急于动手,应先询问产生故障的前后经过及故障现象。对于陌生的设备,还应先熟悉电路原理和结构特点,遵守相应规则。拆卸前要充分熟悉每个电气部件的功能、位置、连接方式以及与四周其他器件的关系。在没有组装图的情况下,拆卸时应画草图,并做好相应标记。

2) 先外部,后内部

外部是指暴露在电气设备外壳或密封件外部的各种开关、按钮、插口及指示灯;内部是指在电气设备外壳或密封件内部的印制电路板、元器件及各种连接导线。先外部调试,后内部处理,就是在不拆卸电气设备的情况下,利用电气设备面板上的开关、旋钮、按钮等进行调试检查,缩小故障范围。先排除外部部件引起的故障,再检修机内的故障,尽量避免不必要的拆卸。

3) 先机械,后电气

只有在确定机械零件无故障后,才能进行电气方面的检查。检查电路故障时,应利用检测仪器寻找故障部位,确认无接触不良故障后,再有针对性地查看线路与机械的运作关系,以免误判。

4) 先静态,后动态

在设备未通电时,先判定电气设备按钮、接触器、热继电器以及熔断器的好坏,从而判定故障的所在。通电试验,听其声,测参数,判定故障,最后进行维修。

5) 先清洁,后维修

对污染较重的电气设备,先对其按钮、接线点、接触点进行清洁,检查外部控制键是否失灵。许多故障都是由脏污及导电灰尘引起的,清洁后,故障往往会消失。

6) 先电源,后设备

电源部分的故障在整个故障设备中占的比例很高,所以先检修电源往往可以事半功倍。

7) 先常见,后复杂

因装配配件质量或其他设备故障而引起的故障,一般占常见故障的50%左右。电气设备的复杂故障多为软故障,需要经验和仪表来测量和维修。

8）先公用，后专用

任何电气系统的公用电路出现故障，其能量、信息就无法传送和分配到各具体专用的电路，所以专用电路的功能、性能就不起作用。如一个电气设备的电源出现故障，整个系统就无法正常运转，向各种专用电路传递的能量、信息就不可能实现。因此遵循先公用电路，后专用电路的顺序就能快速、准确地排除电气设备的故障。

3. 电气设备维修的一般步骤

1）观察和调查故障现象

电气故障现象是多种多样的。例如，同一类型故障可能有不同的故障现象，不同类型故障可能有同种故障现象，这种故障现象的同一性和多样性，给查找故障带来复杂性。但是，故障现象是检修电气故障的基本依据，是电气故障检修的起点，因此要对故障现象进行仔细观察和分析，找出故障现象中最主要、最典型的方面，搞清故障发生的时间、地点、环境等。

2）分析故障原因

初步确定故障范围，缩小故障部位。根据故障现象分析故障原因是电气故障检修的关键。分析的基础是电气线路基本原理，是对电气设备的构造、原理、性能的充分理解，是基本理论与故障实际的结合。某一电气故障产生的原因可能很多，重要的是在众多原因中找出最主要的原因。

3）确定故障的具体部位

确定故障部位是电气故障检修的最终归纳和结果。确定故障部位可以理解为确定设备的故障点，如短路点、损坏的元器件等；也可以理解为确定某些运行参数的变异，如电压波动、三相电源不平衡等。确定故障部位是在对故障现象进行周密检测和细致分析的基础上进行的。在这一过程中可采用多种检测手段和方法。

4）排除故障

将已经确定的故障点，使用正确的方法予以排除。

5）校验与通电运行

在故障排除后要进行校验和通电运行。

4. 机床电气维修的常用方法

1）观察法

观察法是根据电器故障的外部表现，通过问、看、听、摸、闻等手段，检查、判定故障的方法。

一问：向现场操作人员了解故障发生前后的情况。如故障发生前是否过载、频繁启动和停止；故障发生时是否有异常声音、有没有冒烟、冒火等现象。

二看：仔细察看各种电器元件的外观变化情况。如看触点是否烧融、氧化；熔断器熔体熔断指示器是否跳出；热继电器是否脱扣、整定值是否合适、瞬时动作整定电流是否符合要求；导线是否烧焦等。

三听：主要听有关电器在故障发生前后声音是否有差异。如听电动机启动时是否只"嗡嗡"响而不转；接触器线圈得电后是否噪声很大等。

四摸：故障发生后，断开电源，用手触摸或轻轻推拉导线及电器的某些部位，以察觉异常变化。如触摸电动机、自耦变压器和电磁线圈表面，感觉温度是否过高；轻拉导线，看连接是否松动；轻推电器活动机构，看移动是否灵活等。

五闻：故障出现后，断开电源，靠近电动机、自耦变压器、继电器、接触器、绝缘导线等处，闻闻是否有焦味。如有焦味，则表明电器绝缘层已被烧坏，主要原因则是过载、短路或三相电流严重不平衡等故障所造成。

2）电压测量法

电压测量法是根据电器的供电方式，测量各点的电压值与电流值并与正常值比较。具体可分为分阶测量法、分段测量法和点测法。

3）电阻测量法

（1）电阻测量法可分为分阶测量法（见图 3-2）和分段测量法（见图 3-3）。这两种方法适用于开关、电器分布距离较大的电气设备。电阻测量法的优点是安全，缺点是测量电阻值不准确时易造成判断错误。

（2）注意事项：①用电阻测量法检查故障时一定要断开电源；②所测量电路与其他电路并联，必须将该电路与其他电路断开，否则所测量电阻值不准确。

测量高电阻电器元件，要将万用表的电阻挡调到适当的位置。

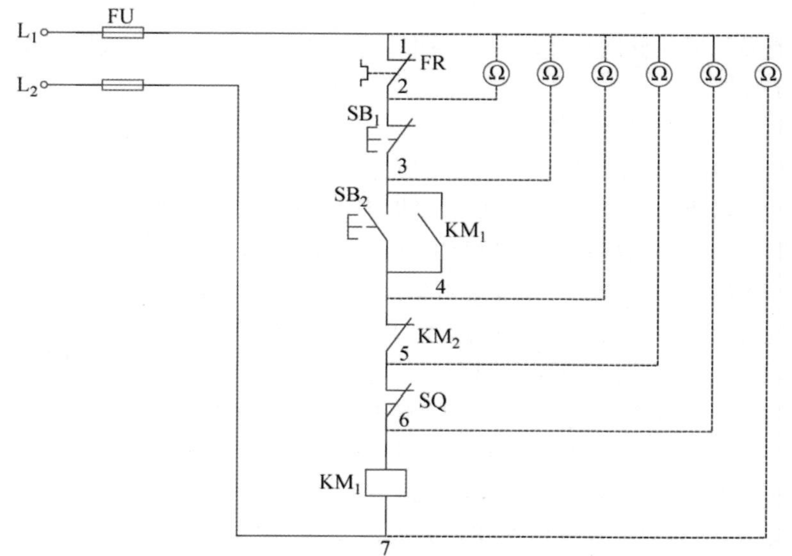

图 3-2　电阻分阶测量法

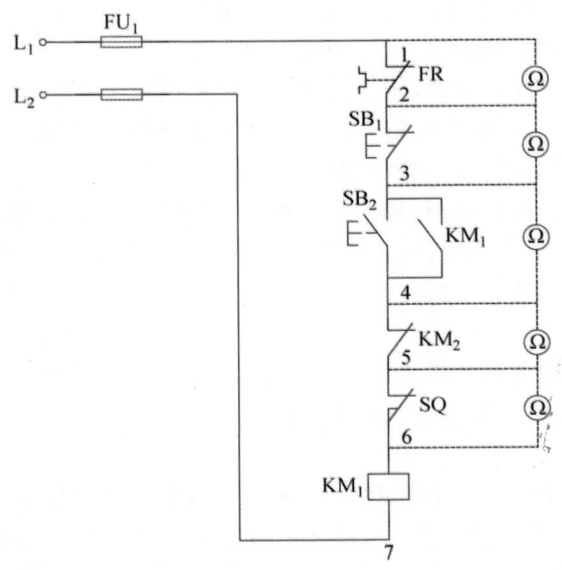

图 3-3 电阻分段测量法

4) 对比、置换元件、逐步开路(或接入)法

(1) 对比法。把检测数据与图纸资料及平时记录的正常参数相比较来判定故障。对无资料又无平时记录的电器,可与同型号的完好电器相比较。电路中的电器元件属于同样控制性质或多个元件共同控制同一设备时,可以利用其他相似的或同一电源的元件动作情况来判定故障。

(2) 置换元件法。某些电路的故障原因不易确定或检查时间过长时,但是为了保证电气设备的利用率,可转换相同性能良好的元器件实验,以证实故障是否由此电器引起。运用转换元件法检查时应注意,当把原电器拆下后,要认真检查是否已经损坏,只有肯定是由于该电器本身因素造成损坏时,才能换上新电器,以免新换元件再次损坏。

(3) 逐步开路(或接入)法。多支路并联且控制较复杂的电路短路或接地时,一般有明显的外部表现:如冒烟、有火花等。电动机内部或带有护罩的电路短路、接地时,除熔断器熔断外,不易发现其他外部现象。这种情况可采用逐步开路(或接入)法检查。

逐步开路法。碰到难以检查的短路或接地故障,可重新更换熔体,把多支路交联电路,一路、一路逐步或重点地从电路中断开,然后通电试验,若熔断器一再熔断,故障就在刚刚断开的这条电路上。然后再将这条支路分成几段,逐段地接入电路。当接入某段电路时熔断器又熔断,故障就在这段电路及某电器元件上。这种方法简单,但容易把损坏不严重的电器元件彻底烧毁。

逐步接入法。电路出现短路或接地故障时,换上新熔断器逐步或重点地将各支路一条一条地接入电源重新试验。当接到某段时熔断器又熔断,故障就在刚刚接入的这条电路及其所包含的电器元件上。

5）短接法

设备电路或电器的故障大致归纳为短路、过载、断路、接地、接线错误、电器的电磁及机械部分故障等6类。在上述故障中出现较多的为断路故障。它包括导线断路、虚连、松动、触点接触不良、虚焊、假焊、熔断器熔断等。对这类故障除用电阻法、电压法检查外，还有一种更为简单可行的方法，就是短接法。方法是用一根良好绝缘的导线，将所怀疑的断路部位短路接起来，如短接到某处，电路工作恢复正常，说明该处断路。具体操作可分为局部短接法和长短接法。

（1）局部短接法。如图3-4所示，按下启动按钮 SB_2 时若 KM_1 不吸合，说明该电路有故障。

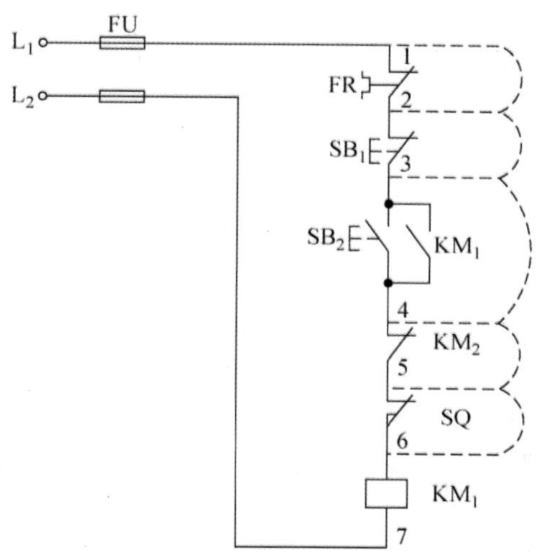

图3-4　局部短接法

检查前，先用万用表测量1—7两点间电压，若电压正常，可按下启动按钮 SB_2 不放，然后用一根绝缘良好的导线，分别短接标号相邻的两点，如1—2、2—3、3—4、4—5、5—6。当短接到某两点时，接触器 KM_1 吸合，说明断路故障就在这两点之间。具体短接部位及故障原因如表3-5所示。

表3-5　具体短接部位及故障原因

故障现象	短接点标号	KM_1 动作情况	故障原因
按下 SB_2，KM_1 不吸合	1—2	KM_1 吸合	FR 动断触点接触不良或误动作
	2—3	KM_1 吸合	SB_1 的动断触点接触不良
	3—4	KM_1 吸合	SB_2 的动合触点接触不良
	4—5	KM_1 吸合	KM_2 动断触点接触不良
	5—6	KM_1 吸合	SQ 动断触点接触不良

（2）长短接法。是指一次短接两个或多个触点来检查故障的方法，如图3-5所示。

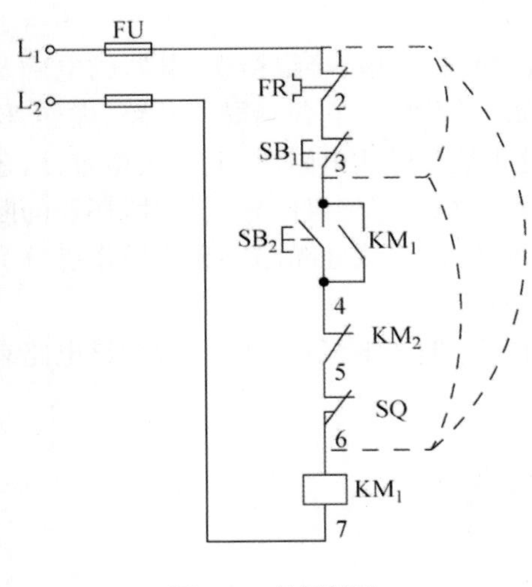

图 3-5　长短接法

当 FR 的动断触点和 SB_1 的动断触点同时接触不良时，若用局部短接法短接 1—2 点，按下 SB_2，KM_1 仍不能吸合，则可能造成判断错误；而用长短接法将 1—6 点短接，如果 KM_1 吸合，说明 1—6 这段电路上有断路故障；然后再用局部短接法逐段找出故障点。

长短接法的另外一个作用是，可把故障点缩小到一个较小的范围。例如，第一次先短接 3—6 点，KM_1 不吸合，再短接 1—3 点，KM_1 吸合，说明故障点在 1—3 点范围内。

可见，用长短接法结合局部短接法能快速排除故障。

（3）注意事项：①短接法是用手拿绝缘导线带电操作的，所以一定要注意安全，避免触电事故；②短接法只适用于压降极小的导线及触点之类的断路故障。对于压降较大的电器，如电阻、线圈、绕阻等断路故障。不能采用短接法，否则会出现短路故障；③对于机床的某些要害部位，必须在保障电气设备或机械部位不会出现事故的情况下，才能使用短接法。

以上几种检查方法，要灵活运用，遵守安全操作规程。对于连续烧坏的元器件应查明原因后再进行更换；电压测量时应考虑到导线的压降；不违反设备电器控制的原则，试车时手不得离开电源开关，并且保险应使用等量或略小于额定电流；注重测量仪器的挡位的选择。

电气设备出现的故障五花八门、千奇百怪。任何一台有故障的电气设备检修完成，都应该及时总结经验，把故障现象、原因、检修经过、技巧、心得记录在专用笔记本上。学习掌握各种新型电气设备的机电理论知识、熟悉其工作原理、积累维修经验，将自己的经验上升为理论。在理论指导下，具体故障具体分析，才能准确、迅速地排除故障。只有这样才能把自己培养成为检修电气故障的行家里手。

任务实施

1. 实训安全教育

安全无小事，在电气设备的实训操作中更是如此。在任务的实施过程中，每一个人都要严格遵守操作规程和规范，做到遵规守纪，这是尊重生命、尊重自我、尊重他人的一种表现。珍视生命、重视安全是每个人的义务，更是每个人的责任，让我们携手共进，共同维护好校园与课堂安全。

2. 探究用电压测量法检测故障

1）探究电路

电压测量法检修探究电路如图 3-6 所示。

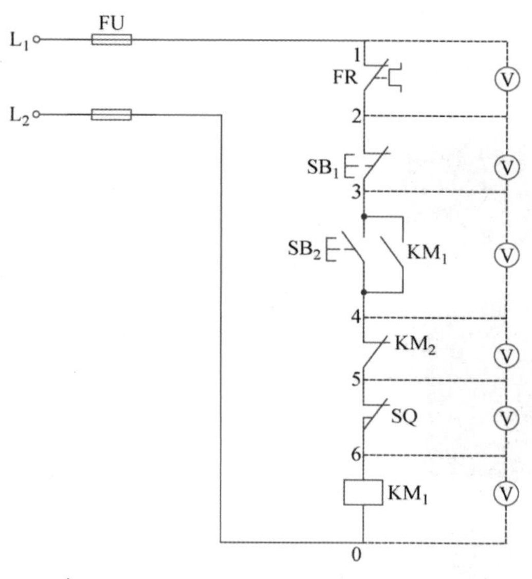

图 3-6　电压测量法检修探究电路

2）探究器材

根据探究电路，正确选择元器件的型号规格和数量并填写在元器件明细表中（见表 3-6）。

表 3-6　元器件明细表

序号	符号	元件实物图	名　　称	型　　号
1	XD			
2	M			
3	QF			
4	FU			

（续表）

序号	符号	元件实物图	名　　称	型　　号
5	FR			
6	SB_1、SB_2	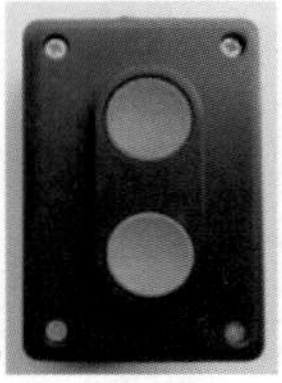		
7	KM_1、KM_2	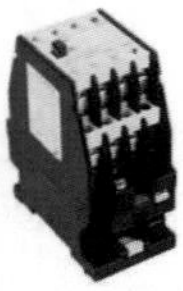		
8	SQ			
9			万用表	
10			工具	
11			导线	

3）线路安装

清点工具，分析电路，根据图 3-6 完成电路安装。确定安装导线数量、位置（见表 3-7）。

表 3-7　探究电压测量法线路接线表

线　号	根　　数	位　　置
0 号线		
1 号线		
2 号线		
3 号线		
4 号线		
5 号线		
6 号线		

3. 用电压测量法完成线路检测

1）电压分阶测量法

检查时把万用表的选择开关旋到交流电压 500 V 挡位上。

电压分阶测量法如图 3-7 所示，用分阶测量法测量时，是各点相对于同一公共点进行的，测试结果如表 3-8 所示。

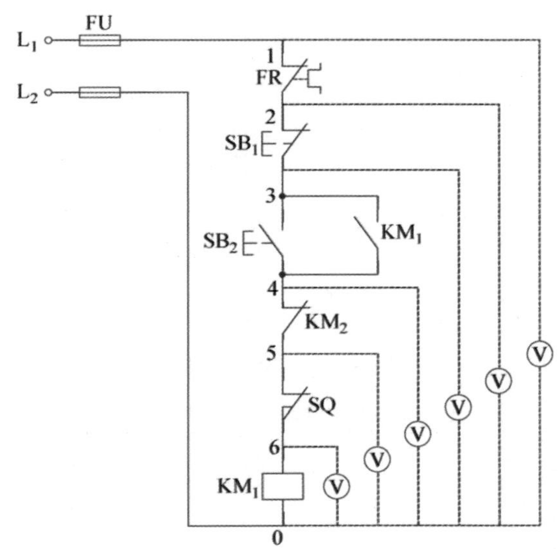

图 3-7　电压分阶测量法

表 3-8　电压分阶测量法测试结果

故障现象	测试状态	0—6	0—5	0—4	0—3	0—2	0—1	故 障 原 因
按下 SB_2，KM_1 不吸合	按下 SB_2 不放松	0	380	380	380	380	380	SQ 常闭触点接触不良
		0	0	380	380	380	380	KM_2 常闭触点接触不良
		0	0	0	380	380	380	SB_2 常开触点接触不良
		0	0	0	0	380	380	SB_1 常闭触点接触不良
		0	0	0	0	0	380	FR 常闭触点接触不良

2)电压分段测量法

电压分段测量法如图 3-8 所示，先用万用表测试 1、0 两点，电压值为 380 V，说明电源电压正常。电压的分段测试法是将红、黑两根表棒逐段测量相邻两标号点 1—2、2—3、3—4、4—5、5—6、6—0 间的电压。如电路正常，按 SB_2 后，除 6—0 两点间的电压等于 380 V 之外，其他任何相邻两点间的电压值均为零。完成表 3-9，并进行分析。

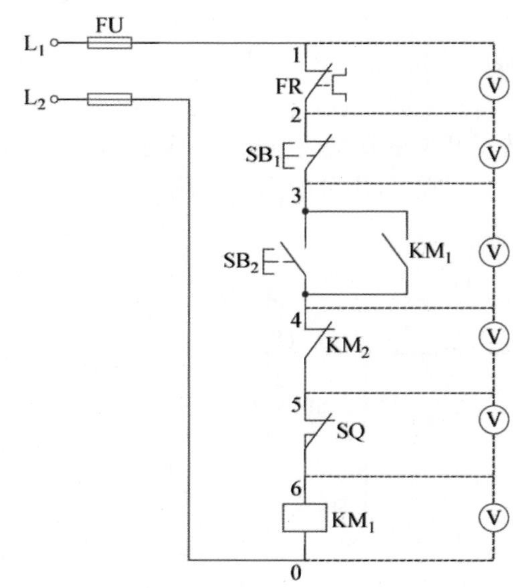

图 3-8　电压分段测量法

表 3-9　电压分段测量法测试结果

故障现象	测试状态							故 障 原 因
按下 SB_2，KM_1 不吸合	按下 SB_2 不放松							

4. 按 5S 管理要求清理工位

探究任务完成后，关闭电源。按 5S 管理要求清理工位台，清点并整理工具箱，将实训设备恢复到初始状态。

任务评价

学习任务评价如表 3-10 所示。

表 3-10　学习任务评价表

评价项目		评价内容	评价标准	配分	自评 10%	互评 30%	师评 60%
职业素养	劳动纪律	有时间观念，遵守实训规章制度	没有时间观念，不遵守实训规章制度扣 1～10 分	10			
	工作态度	认真完成学习任务，主动钻研专业技能	态度不认真，不能按指导老师要求完成学习任务扣 1～10 分	10			
	职业规范	遵守电工操作规程及规范；工作台面保持清洁，工具摆放整齐	不遵守电工操作规程及规范扣 1～8 分；工作台面脏乱，工具摆放无序扣 1～2 分	10			
职业技能	元器件选择及检测	(1) 根据电路图，选择元器件的型号规格和数量 (2) 元器件检测	(1) 接触器、熔断器、热继电器选择不当每处扣 2 分，其他元件选择不当每处扣 1 分 (2) 元器件检测失误每处扣 2 分	10			
	安装工艺	导线连接紧固、接触良好	接线松动，露铜、接触不良等每处扣 1 分	10			
	安装与测试	(1) 能正确按图接线 (2) 能正确调整热继电器、时间继电器的整定值 (3) 通电试车一次成功 (4) 通电操作步骤正确	(1) 未按图接线，或线路功能不全每处扣 10 分 (2) 整定不当每处扣 2～4 分 (3) 一次不成功扣 10 分，三次不成功本项不得分 (4) 通电操作步骤不正确扣 2～10 分	30			
	故障检测	(1) 能正确分析故障原因 (2) 能正确查找故障并排除	(1) 分析错误，每处扣 3 分 (2) 每少查出并少排除一个故障点，扣 5 分	20			
合　计				100			
指导教师签字：					年	月	日

模块2　C6150型车床电气控制线路

学习目标

知识目标：了解C6150型车床的结构和电力拖动特点。

技能目标：能正确识读C6150型普通车床电气图，包括原理图、电气接线图。了解车床电气线路中各元器件的作用，并能分析其控制电路的功能。能根据车床的故障现象及电气原理图分析故障原因，确定故障范围。能根据各种机床电气线路的故障检修技术与方法，借助仪表分析、检测及维护典型车床电路。能按电气故障检修要求及电工操作规范排除故障。

素养目标：能与教师、同学进行有效沟通，有团队合作精神，养成良好的职业习惯。将5S管理理念融于课堂、落实到学习生活中。提倡整理，整顿，清扫自己的书桌，学习用品与工具，养成良好的工作习惯，创造良好的工作环境。

任务1　C6150型车床电气控制线路的探究

任务描述

C6150型车床是一种应用极为广泛的金属切削通用机床，能够车削外圆、内圆、端面、螺纹、螺杆及定型表面等。本次任务将从了解车床的加工方法与工作运行流程入手，探究C6150车床电气控制线路的控制工作过程及原理。

知识链接

普通车床是最常见的一种机床，占机床总数的20%～35%，其电气控制系统较简单，主要用于加工各种回转体表面。加工时，把零件通过三爪卡盘夹在机床主轴上，并高速旋转，用车刀对旋转的工件按照回转体的母线走刀，切出产品外型来。在车床上还可用钻头、扩孔钻、铰刀、丝锥、板牙和滚花工具等进行相应的加工。车床主要用于加工轴、盘、套和其他具有回转表面的工件，是机械制造和修配工厂中使用较广泛的一类机床。

C6150型车床型号含义：C类代号（车床类）；6组代号（落地及卧式车床组）；1系代号（卧式车床系）；50主参数折算值（1/10）（见图3-9）。

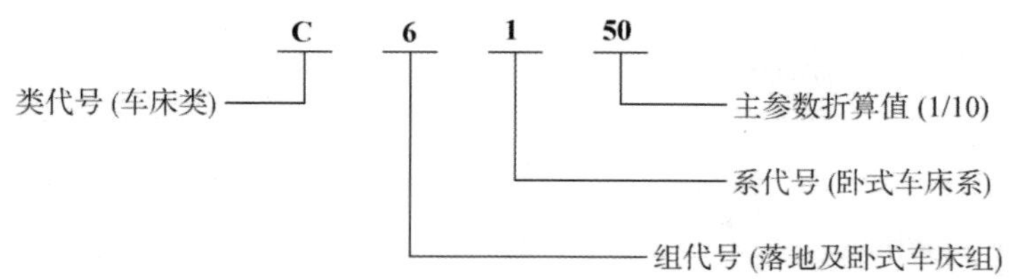

图 3-9　C6150 型车床型号含义

1. C6150 型车床的主要结构及运动形式

1）主要结构

C6150 型车床主要由床身、主轴变速箱、进给箱、溜板箱、溜板与刀架、尾架、主轴、丝杆与光杆等组成，如图 3-10 所示。

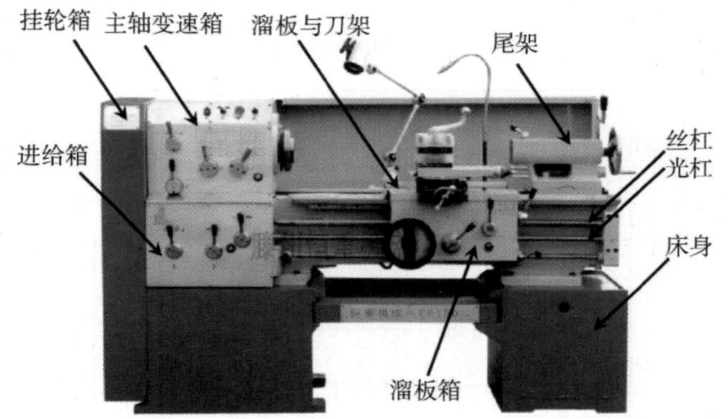

图 3-10　C6150 型车床主要结构

2）运动形式

车床的主运动是切削运动，是主轴通过卡盘或顶尖带动工件的旋转运动，是由主轴电动机 M1 通过带轮传动到主轴箱再旋转的。车床的主轴在车削螺纹时，要求主轴反转来退刀，因此要求主轴具有正反转功能。

快速进给运动是溜板箱带动刀架的直线运动，是由快进电动机 M4 传动进给箱，通过光杆传入溜板箱，再通过溜板箱的齿轮与床身上的齿条或下刀架的丝杆、螺母等获得纵、横两个方向的快速进给。常速进给仍由 M1 来传动。

润滑泵是为了给需要切削的工件和刀具进行润滑的，有时不启动，因此采用自动空气开关控制润滑泵电动机单相旋转。

2. C6150 型车床电力拖动特点及控制要求

（1）主轴的转动及刀架的移动由主拖动电机带动，主拖动电机一般采用机械变速。

（2）主拖动电机采用直接启动，启动采用按钮操作，停止采用机械制动。

（3）为车削螺纹，主轴要求具有正/反转功能，小型车床一般采用电动机正反转控制。C6150 型车床则靠电磁离合器来实现，主轴的转向与主电动机的转向无关。

(4) 车削加工时,需用切削液对刀具和工件进行冷却。为此,设有一台冷却泵电动机,拖动冷却泵输出冷却液。

(5) 冷却泵电动机与主轴电动机有着顺序关系,即冷却泵电动机应在主轴电动机启动后才可选择启动与否。而当主轴电动机停止时,冷却泵电动机立即停止。

(6) 为实现溜板箱的快速移动,通过单独的快速移动电动机拖动,且采用点动控制。

3. C6150 型车床电路分析

1) 主电路分析

C6150 型车床主电路系统如图 3-11 所示,M1 为主电动机,由接触器 KM_1 和 KM_2 的主触点控制正反转;M2 为润滑泵电动机,由 QF_2 自动断路器控制,具有短路和过载保护;M3 为冷却液泵电动机,由接触器 KM_3 控制,由 FR 热继电器做过载保护;M4 为快速移动电动机,由 SA_1 位置自动复位开关控制,由 FU_1 熔断器做短路保护。

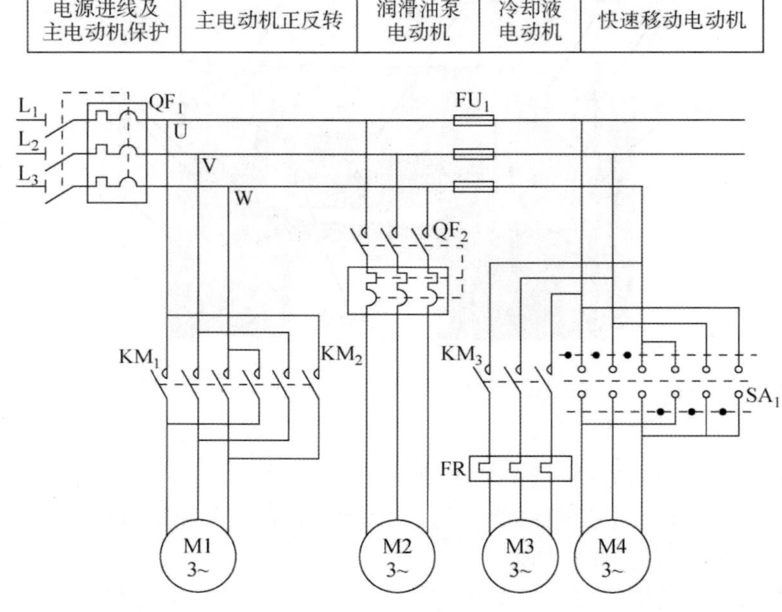

图 3-11 C6150 车床主电路系统

2) 控制电路分析

C6150 型车床控制电路由位置变压器、指示电路、主轴正反转电路、主轴制动器、冷却液泵电路组成。C6150 型车床控制电路系统如图 3-12 所示。

由控制电路可以看出,控制电路电源由控制变压器 TC 次级提供:~110 V。主电动机转向的变换由 SA_2 主令开关来实现,主轴的转向与主电动机的转向无关,而是取决于走刀箱或溜板箱操作手柄的位置,手柄的动作使行程开关、继电器及电磁离合器产生相应的动作,使主轴得到正确的转向。主电动机的转向、主轴的转向及各电气元件之间的关系如表 3-11 所示。

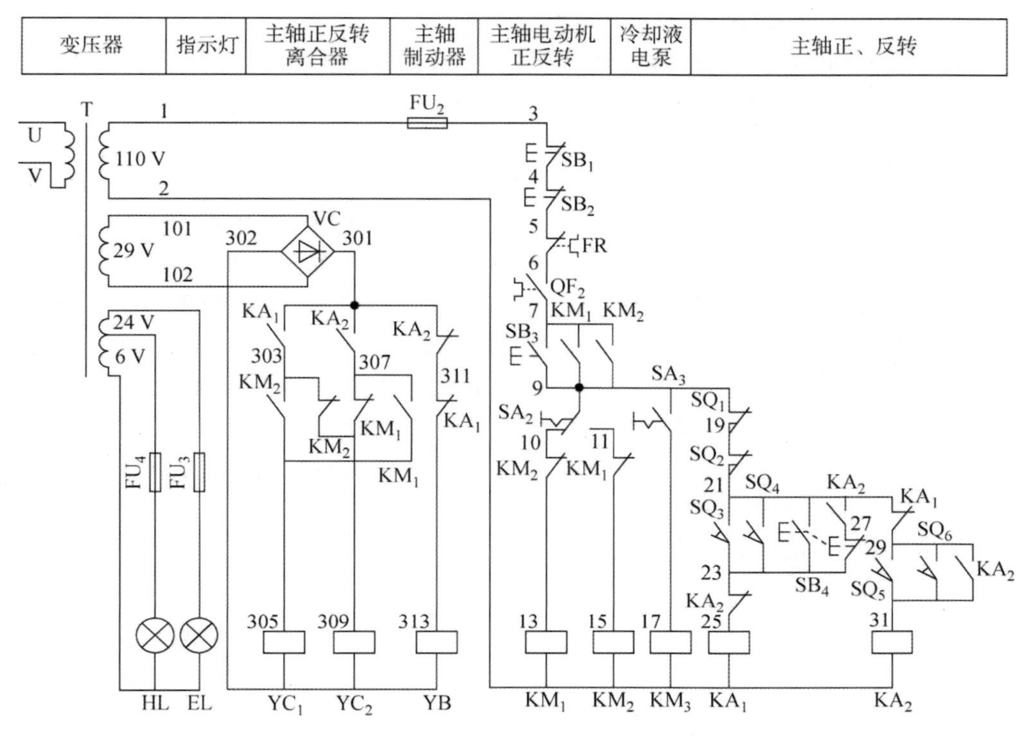

图 3-12　C6150 型车床控制电路系统

表 3-11　主电动机和主轴的转向以及各电气元件之间的关系

SA_2 开关选择	主电动机转向	操作手柄位置	行程开关	小型通用继电器	电磁离合器	主轴转向
n_2	正转	手柄向右(或向上) 手柄向左(或向下)	SQ_3、SQ_4 压合 SQ_5、SQ_6 压合	KA_1 吸合 KA_2 吸合	YC_2 通电 YC_1 通电	正转 反转
n_1	反转	手柄向右(或向上) 手柄向左(或向下)	SQ_3、SQ_4 压合 SQ_5、SQ_6 压合	KA_1 吸合 KA_2 吸合	YC_1 通电 YC_2 通电	正转 反转

3) 互锁与保护环节分析

主电路由 QF_1 自动开关控制，它具有短路和过载保护；M1 为主电动机，由 KM_1 接触器和 KM_2 接触器的主触点控制正反转；M2 为润滑泵电动机，由 QF_2 自动开关控制，具有短路和过载保护；M3 为冷却泵电动机，由 KM_3 接触器控制，由 FR 热继电器作过载保护；M4 为快速移动电动机，由 SA_1 三位置自动复位开关控制，由 FU_1 熔断器作短路保护。

4) 辅助电路分析

辅助电路包括机床照明电路与电源指示电路两部分，EL 为机床照明灯，HL 为电源指示灯。

4. C6150 型车床电气控制的工作原理

当 SA_2 在主轴电动机正转 n_2 位置时，按下 SB_3 按钮，KM_1 线圈通电，KM_1 主触点接通，M1 主电动机正转。同时 KM_1 的辅助触点将 305 和 307 两点接通，而 KM_2 的动断触点将 303 和 309 两点接通。此时如把操作手柄拉向右面(或向上面)，SQ_3 或 SQ_4 组合行程开关的触点接通，主轴正转继电器 KA_1 线圈通电，KA_1 动合触点闭合，YC_2 电磁离合器通电，带动主轴正转。若把操作手柄拉向左面(或向下)，SQ_5 或 SQ_6 组合行程开关的触点闭合，主轴反转。继电器 KA_2 线圈通电，KA_2 动合触点闭合，YC_1 电磁离合器通电，带动主轴反转。

当 SA_2 在主电动机反转 n_1 位置时，按下 SB_3 按钮，KM_2 接触器线圈通电，KM_2 主触点接通，M1 主电动机反转。同时 KM_2 的辅助触点将 303 和 305 两点接通，而 KM_1 的动断触点将 307 和 309 两点接通。此时如把操作手柄拉向右面(或向上面)，SQ_1 或 SQ_4 组合行程开关的触点接通，KA_1 继电器线圈通电，KA_1 动合触点闭合，将使 YC_1 电磁离合器通电，带动主轴正转。若把操作手柄拉向左面(或向下面)，SQ_5 或 SQ_6 组合行程开关的触点闭合，KA_2 继电器线圈通电，KA_2 动合触点闭合，YC_2 电磁离合器通电，带动主轴反转。操作者控制主轴的正反转是通过走刀箱操作手柄或溜板箱操作手柄来进行控制的，如图 3-13 所示。

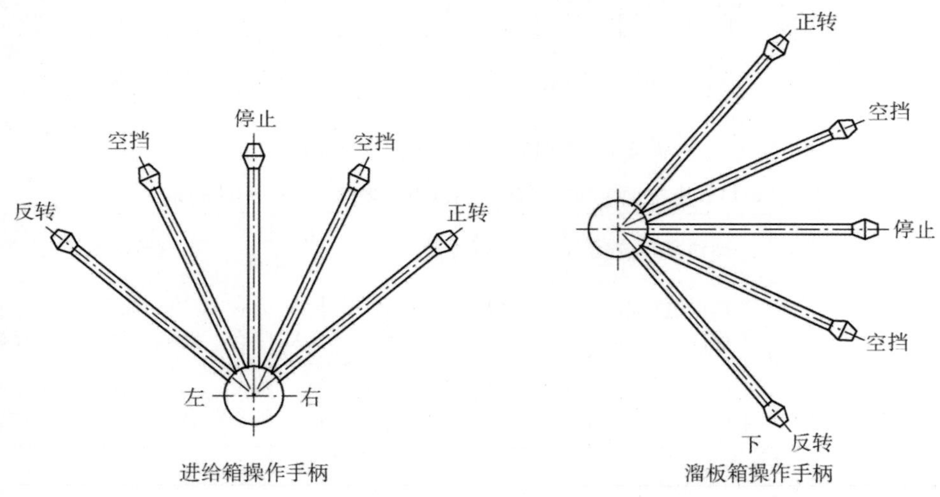

图 3-13　C6150 型车床操作手柄示意

操作手柄有两个空挡、正转、停止(制动)和反转等五挡位置。若需要正转，只要把手柄向右(或向上)一拉，手放松后，手柄自动回到右面(或上面)的空挡位置，因 KA_1 继电器吸合后触点自锁，保持主轴正转。若需要反转，只要把手柄向左(或向下)一拉，手放松后，手柄自动回到左面(或下面)的空挡位置，因 KA_2 继电器吸合后触点自锁，保持主轴反转。若需要主轴停止(制动)，只要把手柄放在中间位置，SQ_1 或 SQ_2 组合行程开关动断触点断开，切断 KA_1 和 KA_2 继电器的电源，YC_1 和 YC_2 电磁离合器断电，主轴制动电磁离合器 YB 通电，使主轴制动。如果需要微量转动主轴，可以按 SB_4 点动按钮。

任务实施

1. 实训安全教育

安全无小事，在电气设备的实训操作中更是如此。在任务的实施过程中，每一个人都要严格遵守操作规程和规范，做到遵规守纪，这是尊重生命、尊重自我、尊重他人的一种表现。珍视生命、重视安全是每个人的义务，更是每个人的责任，让我们携手共进，共同维护好校园与课堂安全。

2. 观察 C6150 型普通车床

仔细观察车床的基本操作方法及正常工作状态，记录操作步骤及工作状态。

熟悉 C6150 型普通车床的结构、运动形式、控制特点，熟悉车床电气控制元件及其在车床中的位置，注意观察以下内容。

(1) 车床的主要组成部件的识别(主轴箱、主轴、进给箱、丝杆与光杆、溜板箱、溜板、刀架等)。

(2) 通过车床的切削加工演示，观察车床的主运动、进给运动及刀架的快速运动，注意观察各种运动的操纵、电动机的运转状态及传动情况。

(3) 观察主轴电动机、润滑油泵电动机、冷却泵电动机、快速移动电动机的工作情况，注意主轴电动机正反转之间的互锁。

(4) 观察各种元器件的安装位置及其配线。

3. 分析 C6150 型车床电路各电器元件功能

C6150 型车床电路如图 3-14 所示。

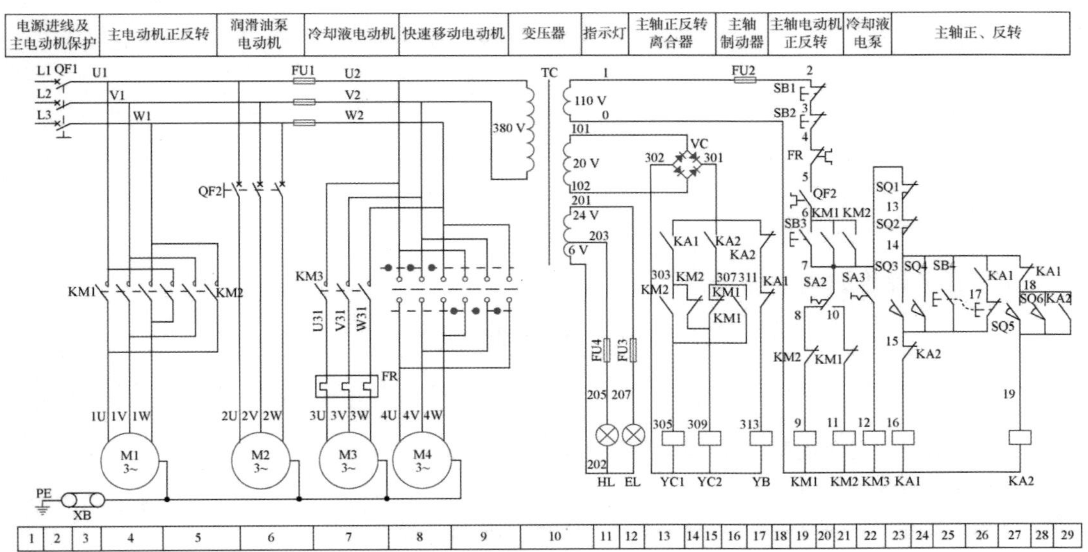

图 3-14 C6150 车床电路

C6150 型车床的电器元件功能明细如表 3-12 所示。

表 3-12　C6150 型车床的电器元件功能明细表

符　号	名　称	作　用	符　号	名　称	作　用
M1			T		
M2			HL		
M3			EL		
M4			YC_1		
QF_1			YC_2		
QF_2			YB		
FU_1			SB_1		
FU_2			SB_2		
FU_3			SB_3		
FU_4			SA_2		
KM_1			SA_3		
KM_2			SQ_1		
KM_3			SQ_2		
KA_1			SQ_3		
KA_2			SQ_4		
FR			SQ_5		
SA_1			SQ_6		
VC					

任务评价

学习任务评价如表 3-13 所示。

表 3-13　学习任务评价表

评价项目		评 价 内 容	评 价 标 准	分值	自评 10%	互评 30%	师评 60%
职业素养	劳动纪律	有时间观念，遵守实训规章制度	没有时间观念，不遵守实训规章制度扣 1～10 分	10			
	工作态度	认真完成学习任务，主动钻研专业技能	态度不认真，不能按指导老师要求完成学习任务扣 1～10 分	10			

（续表）

评价项目		评价内容	评价标准	分值	自评 10%	互评 30%	师评 60%
职业素养	职业规范	遵守电工操作规程及规范；工作台面保持清洁，工具摆放整齐	不遵守电工操作规程及规范扣1～8分；工作台面脏乱，工具摆放无序扣1～2分	10			
职业技能	车床工作状态观察	能正确叙述车床操作步骤与各种工作状态	叙述失误每次扣5分	25			
	元器件的分析	能正确分析各元器件的功能、作用	分析失误每次扣5分	20			
	支路功能识读	能正确分析每一条支路的功能	分析失误每次扣5分	25			
合计				100			
指导教师签字：					年	月	日

知识小贴士

分析机床电气控制线路的方法：

第一，要了解该设备的用途是什么，对工件进行加工的形式，如车床、铣床、镗床、刨床、钻床、磨床等它们的加工方法；

第二，要了解这台机械设备的工作运行流程，设备中各个部位的动作关系和基本作用；

第三，要准确识读机床线路图中的元器件表，了解图中的符号、名称以及各元件所起的作用；

第四，学会分析各台电动机主电路，了解电动机的启动、调速和制动方式，这样在分析其控制电路时，就会做到心中有数，同时也知道各台电动机所对应的接触器；

第五，将控制电路“化整为零”划分成若干功能电路块，按照项目二中典型单元电气控制电路的功能同时结合机床工作动作流程从起始状态开始，采用寻线读图方法逐一分析。

任务 2　C6150 型车床电气控制线路的故障分析与排除

任务描述

学校车工实训室有 10 台 C6150 型车床，主要用于车工技能实训，由于使用频率高，车床常会出现电气故障，现 3＃、15＃车床主轴不能启动，5＃、12＃车床照明灯不亮，7＃、18＃车床快速移动无效，请使用前述所学维修知识，完成车床电路维修任务。在任务实施过程中，必须按照电气设备检修要求进行，检修过程中必须遵守电工操作规程。检修完成后，电气控制系统应满足原有的性能要求，保证车床可靠安全工作，并交付指导教师及车床管理责任人验收。

完成本次任务后，能够正确识读 C6150 型普通车床电气原理图，并能按故障检修的方法及步骤分析同难度普通车床的电气故障原因，确定故障范围，最终确定故障点并排除故障。

知识链接

C6150 型车床共有 4 台电动机，其电气控制的常见故障主要表现在以下几个典型方面：主电路故障主要表现在 M1 与 M4 正转或反转缺相、正反转均缺相、M2 与 M3 缺相等方面；控制电路故障主要表现在电路无法启动、主轴正转或反转无法启动、主轴无制动等方面。下述故障分析以图 3-12 为依据。

1. M1 正转或反转缺相、正反转均缺相

1）故障分析

该故障产生的原因可能有：电源缺相，电动机绕组损坏，M1 与 M4 接触器的动合触点损坏，连接导线断线或接触不良等。

2）故障检查

正转或反转缺相：用万用表交流电压 500 V 挡测量 U1、V1、W1 线电压，如不正常，则再测量 M1 或 M2 上电压；若测量 U1、V1、W1 线电压均正常，可拆下 MI 电动机接线，用万用表电阻挡测量电动机接线是否断线及检查线路中连接导线是否接触不良或断线。

正反转均缺相：除检查上述各点外，尚需检查 QF_1 自动空气断路器上的电压，及检查电动机绕组是否断线。

如果故障，则需更换元器件或导线，修理电动机。

2. M4 正转或反转缺相、正反转均缺相

1）故障分析

该故障产生的原因可能有：电源缺相，电动机绕组损坏，SA_1 倒顺开关损坏，连接导线断线或接触不良等。

2）故障检查

正反转均缺相：用万用表交流电压 500 V 挡测量 QF_1、FU_1 上电压，及用电阻 RX1 挡测量电动机连接线及电动机绕组是否断线。

正转或反转缺相：检查 SA_1 开关接触是否良好，连接导线有否断线。

检查到故障后，予以修理或调换元器件或导线。

3. M2 正转缺相

1）故障分析

该故障产生的原因可能有：电源缺相、QF_1 或 QF_2 触点损坏、电动机绕组断线、连接导线断线等。

2）故障检查

用万用表交流电压 500 V 挡测量 QF_1 或 QF_2，检查 U2、V2、W2 电压是否正常。用万用表电阻挡测量连接导线是否断线，电动机绕组是否断线。

4. M3 正转缺相

1）故障分析

该故障产生的原因可能有：电源缺相、QF_1 与 FU_1 触点损坏及 FU 熔芯熔断，KM_3 交流接触器触点或 FR 热继电器触点损坏，电动机绕组断线，连接导线断线等。

2）故障检查

用万用表交流 500 V 挡测量 QF_1、FU_1、KM_3，FR 及 U2、V2、W2 上电压是否正常；用万用表电阻挡测量连接导线是否断线，电动机绕组是否断线。

找出故障并予以修复。

5. 控制回路不能启动

1）故障分析

该故障产生的原因可能有：控制变压器 TC 损坏，FU_1、FU_2 熔芯断，SB_1、SB_2、FR、QF_2 触点坏等。

2）故障检查

用万用表交流电压 500 V 挡测量 FU_1 及 TC，再将万用表量程改为 250 V 挡测量变压器二次绕组电压为交流 110 V；再以 2 号线为基准依次测量 3 号、4 号、5 号、6 号、7 号线端，电压均应该为交流 110 V。

若某号线端无电压，则断开电源检查该处触点应已断开或连线断开；找出故障并予以修复。

6. 主轴正转无法工作

1）故障分析

该故障产生的原因可能有：主轴正转有两种情况，在 n_2 转速下，主轴正转决定于 KM_1 接触器及 MI 正转、SQ_3、SQ_4 行程开关、KA_1 继电器、YC_2 离合器；在 n_1 转速下，主轴正转决定于 KM_2 接触器及 M1 反转、SQ_3、SQ_4 行程开关、KA_1 继电器、YC_1 离合器；n_2 与 n 转速下，主轴正转还与变压器二次绕组交流电压 29 V(102、101)，以及 VC 桥式整流器是否正常有关。

2）故障检查

当 SA_2 主令开关置于 n_2 转速时，接通 9 号与 11 号线端，按下启动按钮 SB_3，检查 KM_1

接触器是否接通；将操作手柄置于主轴正转位置（右或上），KA_1 应吸合，KA_1 动合触点 301、303 接通 YC_2 离合器；KM_1 不吸合，用万用表交流电压 250 V 挡，以 2 号为基准，依次测量 11 号与 13 号的电压应均为 110 V；KA_1 不吸合依次测量 19 号、21 号、23 号、25 号线也应为 110 V 电压；如 23 号无电压，应检查 SQ_3 或 SQ_4 行程开关触点及 23 号连线；若 YC_2 离合器不吸和，用万用表直流电压 50 V 挡测量 301 与 302 线端及 302、303 线端均应为直流 24 V；如为 12 V，则应检查 VC 整流器中二极管是否烧断；如电压正常，应断开电源检查 YC_2 离合器，直流电阻正常值为 33Ω，低于此值则 YC 线圈短路或烧断；当 SA_2 置于靠 1 转速时，9 号、15 号接通；按下按钮 SB_3，KM_2 线圈通电吸合，M1 主电动机反转，操作手柄置于主轴正转位置，按 SQ_3 或 SQ_4，KAI 吸合，接通 YC_1 离合器，主轴作正转。检查过程中，转速基本相同。

7. 主轴反转无法工作

1）故障分析

该故障产生的原因可能有：主轴反转也有两种情况，在 n_2 转速下，SA_2 接通 11 号、9 号线，按下按钮 SB_3 使 KM_1 吸合，操作手柄压合 SQ_5 或 SQ_6，使 KA_2 吸合，YC_1 离合器吸合，主轴反转；在 n_1 转速下，SA_2 接通 9 号、15 号线端，按下按钮 SB_3，KM_2 吸合，操作手柄压合 SQ_5 或 SQ_6 使 KA_2 吸合，YC_2 离合器吸合，主轴反转；离合器直流电源是否为 24 V；n_2 与 n_1 转速主轴均无反转，故障重点应在 KA_2 继电器，即从线号 21 号到 29 号及 31 号间。

2）故障检查

KM_1、KM_2、YC_1、YC_2 如果不能吸合，检查方法参见主轴正转无法工作中的检测方法。KA_2 不吸合，用万用表交流 250 V 挡，以 2 号为基准依次测量 21 号、29 号、31 号线应均为交流 110 V 电压。如测到哪点无电压，则断开电源检查触点与连接导线。

8. 主轴无制动

1）故障分析

该故障产生的原因可能有：YB 为制动离合器，当操作手柄置于停止位置时，断开 SQ_1 或 SQ_2，使 KA_1 或 KA_2 均断开电源，KA_1 及 KA_2 的动断触点 301 号、311 号、313 号接通，使 YB 离合器吸合。主轴无制动，重点是 KA_1 及 KA_2 动断触点有故障。

2）故障检查

用万用表直流电压 50V 挡，以 302 为基准依次测量 301 号、311 号、313 号应为直流 24 V。如测到哪点无电压，则断开电源，检查此处触点与连接导线，予以修理或更换。

9. 主轴电动机 M1 启动后不能自锁

1）故障分析

该故障产生的原因可能有：KM_1（正转）或者 KM_2（反转）的常开触点（自锁触点）接触不良或连接导线断线、线头松脱等。

2）故障检查

合上 QF_1，用万用表交流 250 V 挡，测量 KM_1（KM_2）的自锁触点（6—7）两端电压（注意：不用按 SB_3 且一定在 KM_1 或者 KM_2 上）。若电压为 110 V，则故障是 KM_1（KM_2）的

自锁触点接触不良；若无电压指示，则故障是连接导线(6、7)断线或线头松脱。

10. 主轴电动机 M1 不能停止

1) 故障分析

该故障产生的原因可能有三种：一是 KM_1(或者 KM_2)的主触点发生熔焊；二是停止按钮 SB_1、SB_2 击穿短路或导线(2)、导线(3)、导线(4)短路；三是 KM_1(或者 KM_2)的铁心表面被油垢粘牢而不能脱开。

2) 故障检查

分断 QF_1，观察 KM_1，若 QF_1 分断后 KM_1(或者 KM_2)立即释放，故障为第二种；若 QF_1 分断后延时一段时间 KM_1 才释放，故障为第三种；否则故障为第一种，观察 KM_1(或者 KM_2)主触点，看其是否熔焊在一起。

11. 照明灯 EL 不亮

1) 故障分析

该故障产生的原因可能有：灯泡损坏，熔断器 FU_3 熔体熔断，TC 的二次绕组断线或接头松脱，导线断线或线头松脱，灯泡和灯座(灯头)接触不良等。

2) 故障检查

检查方法同前，可依次检查出故障，并予以修复。

C6150 型车床故障现象与分析汇总如表 3-14 所示。

表 3-14 C6150 车床故障现象与分析

序号	操作步骤	故障现象	故障分析
1	合上电源开关 QF_1	指示灯 HL、工作灯 EL、抱闸线圈 YB 都不工作	变压器一次回路：电源 L1→QF_1→U11→FU_1→U2→变压器 T→V2→FU_1→V1→QF_1→电源 L2 上述回路中元器件可能损坏，导线可能断线
	合上电源开关 QF_1	指示灯 HL 不亮	变压器 T(6V)→203→FU_4→205→HL→202→T，上述回路中元器件可能损坏，导线可能断线
	合上电源开关 QF_1	工作灯 EL 灯不亮	变压器 T(24V)→201→FU_3→207→EL→202→T，上述回路中元器件可能损坏，导线可能断线
	合上电源开关 QF_1	YB 制动器不工作，主轴无制动	变压器 T(29V)→101→桥堆 VC→301→KA_2 常闭→311→KA_1 常闭→313→YB 线圈→302→桥堆 VC→102→T 上述回路中元器件可能损坏，导线可能断线
2	SA_2 开关置“左”状态按下 SB_3	KM_1 不吸合 主电动机 M1 不能正转	变压器 T(110V)→1→FU_2→SB_1→3→SB_2→4→FR→5→QF_2→6→SA_2→8→KM_2 常闭→9→KM_1 线圈→0→T 上述回路中元器件可能损坏，导线可能断线
3	SA_2 开关置“右”状态按下 SB_3	KM_2 不吸合 主电动机 M1 不能反转	SA_2→10→KM_1 常闭→11→KM_2 线圈→0→T 上述回路中元器件可能损坏，导线可能断线

(续表)

序号	操作步骤	故障现象	故障分析
4	SA_2 置"左",主电机正转时,按下 SA_3	KM_3 不吸合 冷却泵电机 M3 不工作	KM_1→7→SA_3 常开→12→KM_3 线圈→0→T 上述回路中元器件可能损坏,导线可能断线
5	SA_2 置"左",主电机正转时,压下 SQ_3 开关	KA_1 线圈不吸合,主轴不能正转工作	KM_1→7→SQ_1→13→SQ_2→14→SQ_3→15→KA_2 常闭→16→KA_1 线圈→0→T 上述回路中元器件可能损坏,导线可能断线
6	SA_2 置"左",主电机正转时,压下 SQ_5 开关	KA_2 线圈不吸合,主轴不能反转工作	SQ_2→14→KA_1 常闭→18→SQ_5 常开→19→KA_2 线圈→0→T 上述回路中元器件可能损坏,导线可能断线

任务实施

1. 实训安全教育

安全无小事,在电气设备的实训操作中更是如此。在任务的实施过程中,每一个人都要严格遵守操作规程和规范,做到遵规守纪,这是尊重生命、尊重自我、尊重他人的一种表现。珍视生命、重视安全是每个人的义务,更是每个人的责任,让我们携手共进,共同维护好校园与课堂安全。

2. 结合任务单,完成车床故障分析

1) 询问故障产生情况并记录

向操作者和故障在场人员询问情况,包括询问以往有无发生过同样或类似故障,曾作过何种处理,有无更改过接线或更换过零件等;故障发生前有什么征兆,故障发生时有什么现象,当时的天气状况如何,电压是否太高或太低;故障外部表现、大致部位、发生故障时的环境情况:如有无异常气体、明火、热源;是否接近电器、有无腐蚀性气体侵入、有无漏水;如果故障发生在有关操作期间或之后,还应询问当时的操作内容以及方法步骤。了解情况要尽可能详细和真实,以期少走弯路。

2) 检查故障情况并作记录

根据调查的情况,看有关电器外部有无损坏、连线有无断路、松动,绝缘有无烧焦、螺旋熔断器的熔断指示器是否跳出,电器有无进水、油垢,开关位置是否正确等。

3) 通电试车观察故障现象并作记录

通过初步检查,确认不会使故障进一步扩大和造成人身、设备事故后,可进一步试车检查,试车中要注重有无严重跳火、异常气味、异常声音等现象,一经发现应立即停车,切断电源。注重检查电器的温升及电器的动作程序是否符合电气设备原理图的要求,从而发现故障部位。

4) 结合原理分析并确定故障范围

在确定故障点以后,无论修复还是更换,对电气维修人员来讲,排除故障比查找故障

要简单的多。在电气检修的过程中，应先动脑，后动手，正确分析可起到事半功倍的效果。

3. 检测确定故障点，并排除故障

具体操作要求如下：

（1）电工操作至少应由两人进行。

（2）停电时，在刀闸操作手柄上挂“禁止合闸，有人工作”警示牌。

（3）工作时，必须严格按照停电、验电、放电、挂停电牌的安全技术步骤进行操作。

（4）现场工作开始前，应检查安全措施是否符合要求，运行设备及检修设备是否明确分开，严防误操作。

（5）严禁带电作业。

（6）检修时，拆下的各零件要集中摆放，拆各条接线前，必须将接线顺序及线号记好，避免出现接线错误。在找出有故障的组件后，应该进一步确定故障的根本原因。例如，当电路中的一只接触器烧坏，单纯地更换一个是不够的，重要的是要查出被烧坏的原因，并采取补救和预防的措施。

（7）检修完毕，经全面检查无误后将隔离开关合上，试运转后，将结果汇报组长，并做好检修记录。

如图 3-15 所示，完成 C6150 型车床电气线路故障排除，并将完成记录填入表 3-15 中。

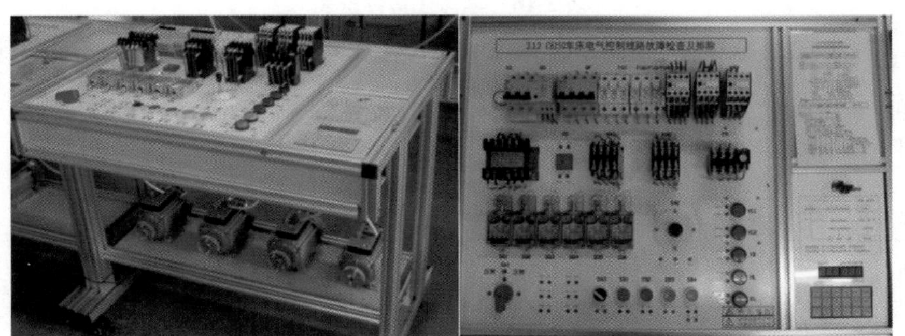

图 3-15　C6150 型车床电路故障分析

表 3-15　车床故障检测表

序号	操作步骤	故障现象	故障分析	故障点
1	合上电源开关 QF_1	指示灯 HL、工作灯 EL、抱闸线圈 YB 都不工作		
		指示灯 HL 不亮		
		工作灯 EL 灯不亮		
		YB 制动器不工作 主轴无制动		
2	SA_2 开关置“左”状态，按下 SB_3	KM_1 不吸合 主电动机 M1 不能正转		

（续表）

序号	操作步骤	故障现象	故障分析	故障点
3	SA_2 开关置“右”状态，按下 SB_3	KM_2 不吸合 主电动机 M1 不能反转		
4	SA_2 置“左”，主电机正转时，按下 SA_3	KM_3 不吸合 冷却泵电机 M3 不工作		
5	SA_2 置“左”，主电机正转时，压下 SQ_3 开关	KA_1 线圈不吸合，主轴不能正转工作		
6	SA_2 置“左”，主电机正转时，压下 SQ_5 开关	KA_2 线圈不吸合，主轴不能反转工作		

4. 按 5S 管理要求清理工位

探究任务完成后，关闭电源。按 5S 管理要求清理工位台，清点并整理工具箱，将实训设备恢复到初始状态。

任务评价

学习任务评价如表 3-16 所示。

表 3-16　学习任务评价表

评价项目		评价内容	评价标准	配分	自评 10%	互评 30%	师评 60%
职业素养	劳动纪律	有时间观念，遵守实训规章制度	没有时间观念，不遵守实训规章制度扣 1～10 分	10			
	工作态度	认真完成学习任务，主动钻研专业技能	态度不认真，不能按指导老师要求完成学习任务扣 1～10 分	10			
	职业规范	遵守电工操作规程及规范；工作台面保持清洁，工具摆放整齐	不遵守电工操作规程及规范扣 1～8 分；工作台面脏乱，工具摆放无序扣 1～2 分	10			
职业技能	故障分析	(1) 检修思路正确与否 (2) 故障电路范围确定	(1) 检修思路不正确扣 5～10 分 (2) 标错故障电路范围，每个扣 10 分	30			
	故障排除	故障排除正确与否	(1) 停电不验电扣 5 分 (2) 工具及仪表使用不当，每次扣 5 分 (3) 不能查处故障，每个扣 15 分 (4) 查出故障点但不能排除，每个故障扣 15 分 (6) 产生新的故障或扩大故障范围：不能排除，每个扣 15 分；已经排除，每个扣 5 分 (6) 损坏电器组件，每只扣 5～30 分	30			

（续表）

评价项目		评价内容	评价标准	配分	自评 10%	互评 30%	师评 60%
职业技能	定额时间 1 h	能在规定时间内正确查找故障并排除	不允许超时检查，若在修复过程中允许超时，但以每超 5 min 扣 5 分计算	10			
合　计				100			
指导教师签字：					年	月	日

模块 3　M7130 型平面磨床电气控制线路

学习目标

知识目标：了解 M7130 型平面磨床的结构和电力拖动特点。

技能目标：能正确识读 M7130 型平面磨床的电气图，包括原理图、电气接线图；了解 M7130 型平面磨床电气线路中各元器件的作用，并能分析其控制电路的功能；能根据 M7130 型平面磨床的故障现象及电气原理图分析故障原因，确定故障范围；能根据各种机床电气线路的故障检修技术与方法，借助仪表分析、检测及维护典型磨床电路；能按电气故障检修要求及电工操作规范排除故障。

素养目标：能与教师、同学有效沟通，有团队合作精神，养成良好的职业习惯。将 5S 管理理念融入课堂、落实到学习生活中：提倡整理、整顿、清扫自己的书桌、学习用品与工具，养成良好的工作习惯，创造良好的工作环境。

任务 1　M7130 型平面磨床电气控制线路的探究

任务描述

你听过铁杵磨成针的故事吗？它说的是唐代大诗人李白，小的时候很贪玩，不爱学习。有一天，李白没有上学，跑到一条小河边去玩。忽然看见一位白发苍苍的老婆婆蹲在小河边的一块磨石旁，一下一下地磨着一根铁棍。李白非常好奇地问道："婆婆，您在干什么？""我在磨针。"老婆婆没有抬头，她一边磨一边回答。"磨针！用这么粗的铁棍磨成细细的绣花针？这什么时候才能磨成啊！"李白脱口而出。而老婆婆抬起头，停下手，亲切地对李白说："孩子，铁棒虽粗，可挡不住我天天磨，滴水能穿石，难道铁棒就不能磨成针吗？"李白听了老婆婆的话，很受感动。心想："是呀，做事只要有恒心，不怕困难，天天坚持，什么事都能做好。读书不也是一样吗？"李白转身跑回学堂。从此以后，他发奋读书，终于成为我国古代著名的大诗人。

在科技发达的今天，可能我们再也不会有“铁杵磨针”的经历了，但是从这个小故事里可以体会到“只要坚持不懈地努力，再难的事也能成功”的道理。从“夸父逐日”到“愚公移山”再到“铁杵磨针”……这些都是中华民族宝贵的精神财富，需要传承和发扬光大，这是时代发展对我们提出的要求，更是新时代工匠精神弘扬与发展的新体现。

如今要完成“铁杵磨针”这个任务有很多方法，我们本次任务要介绍的磨床就可以让“针”的表面既光洁又细致！现在就让我们从了解磨床的加工方法与工作运行流程入手，来探究 M7130 型平面磨床的结构以及电气控制过程及原理。

知识链接

机械加工中，当对零件表面的光洁度要求较高时，就需要用磨床进行加工，磨床是用砂轮的周边或端面对工件的表面进行机械加工的一种精密机床。

磨床的种类很多，有平面磨床、外圆磨床、内圆磨床、无心磨床及各种专用磨床，如螺纹磨床、齿轮磨床、导轮磨床等。其中以平面磨床应用最广，平面磨床是用砂轮磨削加工各种零件平面的机床。M7130 型平面磨床是平面磨床中使用较普遍的一种，该磨床操作方便，磨削精度和表面粗糙度都比较高，适用于磨削精密零件和各种工具。

M7130 型平面磨床型号含义如图 3-16 所示，M-类代号（磨床类）；7-组代号（平面磨床组）；1-系代号（卧轴距台式）；30-（工作台的工作面宽 300 mm）。

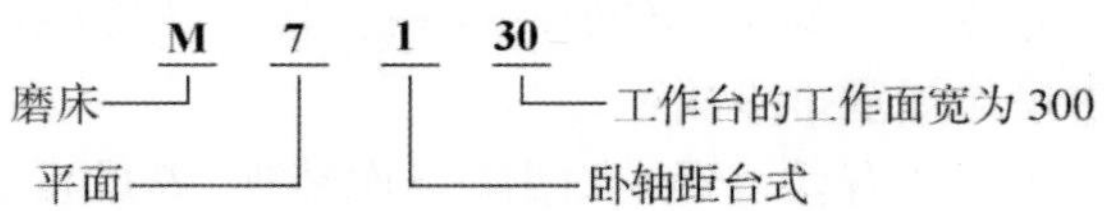

图 3-16　M7130 型平面磨床型号含义

1. M7130 型平面磨床的结构

M7130 型平面磨床是卧轴矩形工作台式，主要由床身、工作台、电磁吸盘、砂轮架（又称磨头）、滑座和立柱等部分组成。其外形结构如图 3-17 所示。

2. M7130 型平面磨床电力拖动特点

(1) 砂轮直接装在电动机 M1 的轴上，对工件进行磨削加工。

(2) 工作台的往复运动和无级调速由液压传动完成，液压泵电动机 M3 驱动液压泵提供压力油。

(3) 砂轮架的横向进给运动可由液压传动自动完成，也可用手轮来操作。

(4) 砂轮架可沿立柱导轨垂直上下移动，这一垂直运动是通过操作手轮控制机械传动装置实现的。

(5) 砂轮电动机 M1 工作后，冷却泵电动机 M2 可以工作，提供冷却切削液。

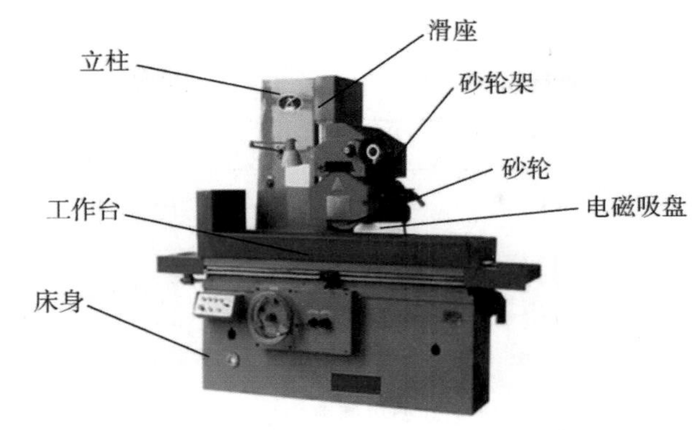

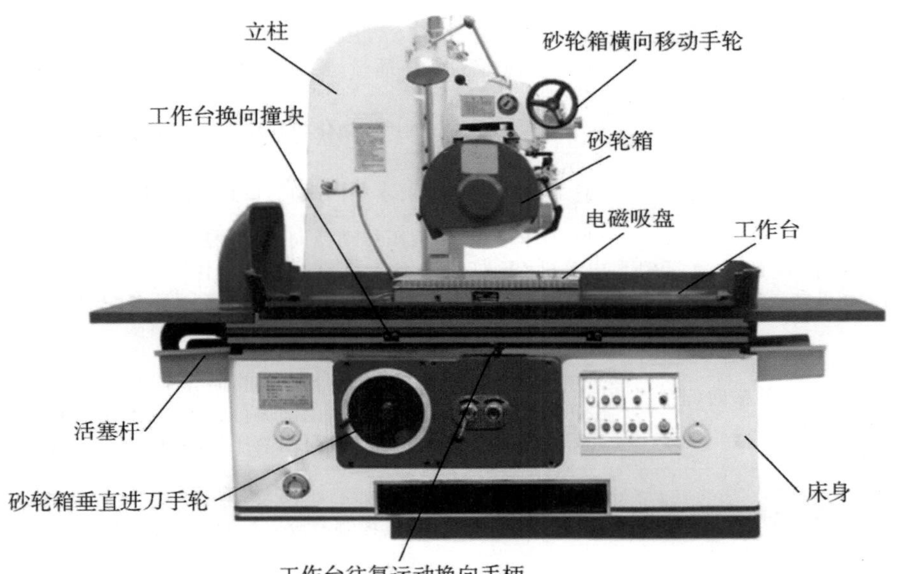

图 3-17　M7130 型平面磨床外形结构

(6) 为保证加工安全，只有电磁吸盘充磁后，电动机 M1、M2、M3 才允许工作；电磁吸盘设有充磁和退磁环节。

3. M7130 型平面磨床的运动形式及控制要求

M7130 型磨床的主运动是砂轮的快速旋转运动，辅助运动是工作台的纵向往复运动以及砂轮的横向和垂直进给运动。工作台每完成一次纵向往返运动，砂轮架横向进给一次，从而能连续地加工整个平面。当整个平面磨完一遍后，砂轮架在垂直于工件表面的方向移动一次，称为吃刀运动，通过吃刀运动，可将工件尺寸磨到所需尺寸(见图 3-18)。

M7130 型平面磨床运动形式及控制要求如表 3-17 所示。

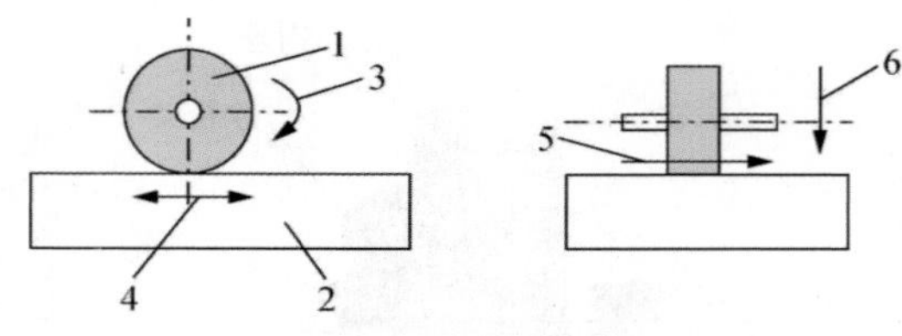

1-砂轮；2-工作台；3-砂轮旋转(砂轮电机 M1)；4-纵向进给，工作台沿床身往复运动；
5-横向进给，砂轮箱沿滑座水平运动；6-垂直进给，滑座沿立柱上下运动。

图 3-18　M7130 型平面磨床的运动形式

表 3-17　M7130 型平面磨床运动形式及控制要求

运动种类	运 动 形 式	控 制 要 求
主运动	轮砂的高速旋转	(1) 为保证磨削加工质量，要求砂轮有较高的转速，通常采用两极笼型异步电动机 (2) 为提高主轴的刚度，简化机械结构，采用装入式电动机，将砂轮直接装到电动机轴上 (3) 砂轮电动机只要求单向旋转，可直接启动，无调速和制动要求
进给运动	工作台的往复运动(纵向进给)	(1) 液压传动，因液压传动换向平稳，易于实现无级调速。液压泵电动机 M3 拖动液压泵，工作台在液压作用下作纵向运动 (2) 由装在工作台前侧的换向挡铁碰撞床身上的液压换向开关控制工作台进给方向
	轮砂架的横向(前后)进给	(1) 在磨削的过程中，工作台换向时，砂轮架就横向进给一次 (2) 在修正砂轮或调整砂轮的前后位置时，可连续横向移动 (3) 砂轮架的横向进给运动可由液压传动，也可用手轮来操作
	轮砂架的升降运动(垂直进给)	(1) 滑座沿立柱的导轨垂直上下移动，以调整砂轮架的上下位置，或使砂轮磨入工件，以控制磨削平面时工件的尺寸 (2) 垂直进给运动是通过操作手轮由机械传动装置实现的
辅助运动	工件的夹紧	(1) 工件可以用螺钉和压板直接固定在工作台上 (2) 在工作台上也可以装电磁吸盘，将工件吸附在电磁吸盘上。因此，要有充磁和退磁控制环节。为保证安全，电磁吸盘与三台电动机 M1、M2、M3 之间有电气联锁装置，即电磁吸盘吸合后，电动机才能启动。电磁吸盘不工作或发生故障时，三台电动机均不能启动
	工作台的快速移动	工作台能在纵向、横向和垂直三个方向快速移动，由液压传动机构实现
	工件的夹紧与放松	工件的夹紧与放松由人力操作
	工件冷却	冷却泵电动机 M2 拖动冷却泵旋转供给冷却液：要求砂轮电动机 M1 和冷却泵电动机来实现顺序控制

4. M7130 型平面磨床电路分析

M7130 型平面磨床电路如图 3-19 所示，该线路分为主电路、控制电路和照明电路三部分。

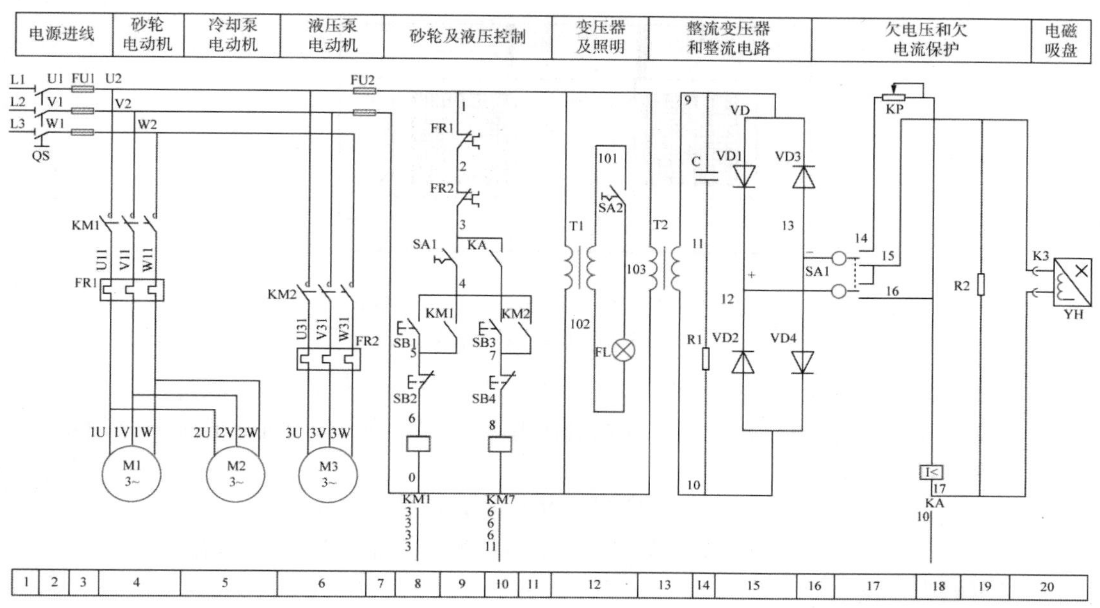

图 3-19　M7130 型平面磨床电路图

1) 主电路分析

在 M7130 型平面磨床主电路中有 3 台异步电动机：砂轮电动机、冷却泵电动机、液压泵电动机。

M1：砂轮电动机，由 KM_1 控制单向运转，FR1 作过载保护。

M2：冷却泵电动机，由 KM_1 与线插头控制运转。

M3：液压泵电动机，由 KM_2 控制单向运转，FR2 作过载保护。

2) 控制电路分析

(1) 电磁吸盘控制电路。电磁吸盘外形有长方形和圆形两种，矩形平面磨床采用长方形电磁吸盘。在图 3-20 中，1 为钢制吸盘体，在它的中部凸起的芯体 A 上绕有线圈，钢制盖板被隔磁层隔开；在线圈中通入直流电流，芯体将被磁化，磁力线经由盖板、工件、盖板、吸盘体、芯体闭合，将工件牢牢吸住；盖板中的隔磁层由铅、铜、黄铜及巴氏合金等非磁性材料制成，其作用是使磁力线通过工件再回到吸盘体，不直接通过盖板闭合，以增强对工件的吸持力。

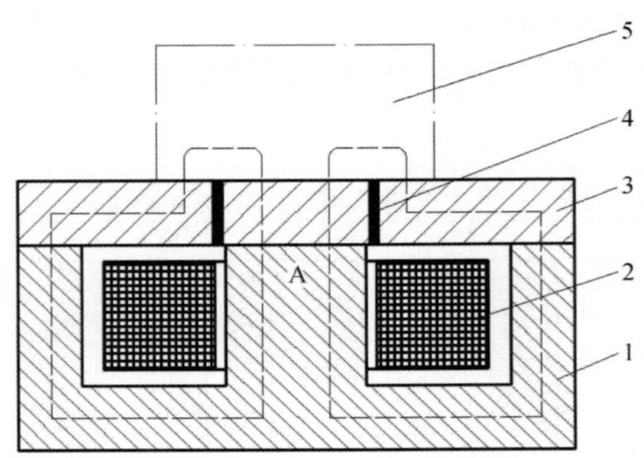

1-钢制吸盘体；2-线圈；3-钢制盖板；4-隔磁板；5-工件。

图 3-20 电磁吸盘的结构

电磁吸盘与机械夹紧装置相比，具有夹紧迅速、不损伤工件，能同时吸持多个小工件、加工精度高等优点；但也存在夹紧力不及机械夹紧，调节不便，需用直流电源供电，不能吸持非磁性材料工件等缺点。

电磁吸盘控制电路由整流装置、控制装置及保护装置等部分组成。

电磁吸盘整流装置由整流变压器 TC2 与桥式全波整流器 VC 组成，输出 110 V 直流电压对电磁吸盘供电。

工作状态有三种：充磁、断电与去磁。

若工件对去磁要求严格，在取下工件后，还要用交流去磁器进行去磁。

电磁吸盘具有欠电压保护、过电压保护及短路保护等。

电磁吸盘的欠电压保护：为了防止平面磨床在磨削过程中出现断电事故或吸盘电流减小，致使电磁吸力消失或吸力减小，造成工件飞出，导致设备及人身事故，故在电磁吸盘线圈电路中并入欠电压继电器 KV。只有当电磁吸盘直流电压符合设计要求，吸盘具有足够吸力时，欠电压继电器 KV 才吸合动作，触点 KV 闭合，为启动 M1、M2 电动机，为磨削加工做准备，否则不能开动磨床进行加工；若在磨削加工中，吸盘电压过低，将使欠电压继电器 KV 释放，触点 KV 断开，接触器 KM_1、KM_2 线圈断电，电动机 M1、M2 停止旋转，避免事故发生。

电磁吸盘的短路保护：在整流变压器 TC2 的二次侧或整流装置输出端装有熔断器 FU5 作短路保护。

在整流装置中还设有 R、C 串联支路并联在 TC2 二次侧，用以吸收交流电路产生过电压和直流侧电路通断时在 TC2 二次侧产生浪涌电压，实现整流装置的过电压保护。

(2) 主轴(砂轮)电机控制。在 QS2 或 KA 的常开触点闭合情况下，按下 SB_1→KM_1 线圈通电，其辅助触，点(7 区)闭合自锁→M1 和 M2 旋转，按下 SB_2 砂轮和冷却泵电动机停止。

(3) 液压泵电机控制。在 QS2 或 KA 的常开触点闭合情况下，按下 SB_3→KM_2 线圈得电，其辅助触点（9 区）闭合自锁→M3 旋转，如需液压电动机停止，按停止按钮 SB_4 即可。

3) 保护与互锁电路分析

具有各种常规的电气保护环节（如短路保护和电动机的过载保护）；电磁吸盘具有欠电压保护、过电压保护及短路保护等；同时电磁吸盘为防止在磨削加工时因电磁吸盘吸力不足而造成工件飞出，还要求有弱磁保护环节；冷却泵电动机与砂轮电动机具有互锁关系等。

4) 辅助照明电路分析

由照明变压器 T1 将交流 380 V 降为 24 V，并由开关 SA_2 控制照明灯 EL。在 T1 的二次侧接有熔断器 FU_4 作短路保护。

任务实施

1. 实训安全教育

安全无小事，在电气设备的实训操作中更是如此。在任务的实施过程中，每一个人都要严格遵守操作规程和规范，做到遵规守纪，这是尊重生命、尊重自我、尊重他人的一种表现。珍视生命、重视安全是每个人的义务，更是每个人的责任，让我们携手共进，共同维护好校园与课堂安全。

2. 观察 M7130 型磨床

仔细观察 M7130 磨床的基本操作方法及正常工作状态，记录操作步骤及工作状态。

熟悉 M7130 型平面磨床的结构、运动形式及控制特点，观摩操作的主要内容如下：

(1) M7130 型平面磨床的主要组成部件的识别（工作台、电磁吸盘、砂轮架、滑座和立柱等）。

(2) 在对工件进行磨削加工时，观察平面磨床的砂轮旋转运动、工作台的往复运动、砂轮架横向进给轮架的升降运动、电磁吸盘的控制等，注意观察各种运动的操纵、电动机的运转状态及传动情况。

(3) 观察电磁吸盘的工作过程，注意电磁吸盘与电动机 M1、M2、M3 三台电动机之间的互锁。

(4) 观察各种元器件的安装位置及其配线走向。

3. M7130 型平面磨床的电器元件功能

根据图 3-19，分析 M7130 型平面磨床电路各电器元件功能，并填入表 3-18 中。

表 3-18 M7130 型平面磨床的电器元件功能明细表

符　号	名　称	作　用	符　号	名　称	作　用
M1			VC		
M2			YH		

（续表）

符　号	名　称	作　用	符　号	名　称	作　用
M3			KA		
QS1			SB_1		
QS2			SB_2		
SA			SB_3		
FU_1			SB_4		
FU_2			R1		
FU_3			R2		
FU_4			R3		
KM_1			C		
KM_2			EL		
KH1			X1		
KH2			X2		
T1			XS		
T2			附件		

任务评价

学习任务评价如表 3-19 所示。

表 3-19　学习任务评价表

评价项目		评 价 内 容	评 价 标 准	分值	自评 10%	互评 30%	师评 60%
职业素养	劳动纪律	有时间观念，遵守实训规章制度	没有时间观念，不遵守实训规章制度扣 1～10 分	10			
	工作态度	认真完成学习任务，主动钻研专业技能	态度不认真，不能按指导老师要求完成学习任务扣 1～10 分	10			
	职业规范	遵守电工操作规程及规范；工作台面保持清洁，工具摆放整齐	不遵守电工操作规程及规范扣 1～8 分；工作台面脏乱，工具摆放无序扣 1～2 分	10			
职业技能	磨床工作状态观察	能正确叙述磨床操作步骤与各种工作状态	叙述失误每次扣 5 分	25			

（续表）

评价项目		评 价 内 容	评 价 标 准	分值	自评 10%	互评 30%	师评 60%
职业技能	元器件的分析	能正确分析各元器件的功能、作用	分析失误每次扣 5 分	20			
	支路功能识读	能正确分析每一条支路的功能	分析失误每次扣 5 分	25			
合 计				100			
指导教师签字：				年	月	日	

任务 2　M7130 型平面磨床电气控制线路的故障分析与排除

任务描述

学校金工实训室有 5 台 M7130 型磨床，最近出现了电气故障，请根据你对磨床电气线路的理解以及所学维修知识，完成磨床电路维修任务。在任务实施过程中，必须按照电气设备检修要求进行，检修过程中必须遵守电工操作规程。检修完成后，电气控制系统应满足原有的性能要求，保证磨床可靠安全工作，并交付指导教师及磨床管理责任人验收。

完成本次任务后，能够正确识读 M7130 型磨床电气原理图，并能按照故障检修的方法及步骤分析同难度磨床的电气故障原因，确定故障范围，并最终确定故障点及排除故障。

知识链接

M7130 型平面磨床电路与其他机床电路的主要不同是电磁吸盘电路，在此主要分析电磁吸盘电路的故障。

1. 电磁吸盘没有吸力或吸力不足

如果电磁吸盘没有吸力，首先应检查电源，从整流变压器 T1 的一次侧到二次侧，再检查到整流器 VC 输出的直流电压是否正常；检查熔断器 FU_1、FU_2、FU_4；检查 SA_2 的触点、插头插座 X3 是否接触良好；检查欠电流继电器 KA 的线圈有无断路；一直检查到电磁吸盘线圈 YH 两端有无 110 V 直流电压。如果电压正常，电磁吸盘仍无吸力，则需要检查 YH 有无断线。如果是电磁吸盘的吸力不足，则多半是工作电压低于额定值，如桥式整流电路的某一桥臂出现故障，使全波整流变成半波整流，VC 输出的直流电压下降了一半；也可能是 YH 线圈局部短路，使空载时 VC 输出电压正常，而接上 YH 后电压低于正常值 110 V。

2. 电磁吸盘退磁效果差

应检查退磁回路有无断开或元件损坏。如果退磁的电压过高也会影响退磁效果，应调节 R2 使退磁电压一般为 5～10 V。此外，还应考虑是否有退磁操作不当的原因，如退磁时间过长。

3. 控制电路接点(6—8)的电器故障

平面磨床电路较容易产生的故障还有控制电路中由 SA_2 和 KA 的动合触点并联的部分。如果 SA_2 和 KA 的触点接触不良，使接点(6—8)间不能接通，则会造成 M1 和 M2 无法正常启动，平时应特别注意检查。

M7130 型磨床故障现象与分析汇总如表 3-20 所示。

表 3-20　M7130 型磨床故障现象与分析

序号	操作步骤	故障现象	故障分析
1	合上电源 QS，合上照明灯开关 SA_2	照明灯 EL 不亮	变压器一次回路：QS→U1→FU_1→U2→FU_2→1→T1→0→FU_2→V2→FU_1→V1→QS 上述回路中元器件可能损坏，导线可能断线
2	置 SA_1 退磁位置 SA_1 上的 3—4 接通，按下 SB_1 按钮	接触器 KM_1 不吸合，砂轮电机不工作	从 FU_2→1→FR1→2→FR2→3→SA_1→4→SB_1→5→SB_2→6→KM_1 线圈→0→FU_2 上述回路中元器件可能损坏，导线可能断线
3	按下 SB_1 按钮	KM_1 吸合，砂轮电机 M1 缺相	从开关 QS→(U1V1W1)→FU_1→(U2V2W2)→KM_1→(U11V11W11)→FR1→电动机 M1(1U1V1W)上述回路中元器件可能损坏，导线可能断线
4	按下 SB_3 按钮，KM_2 不吸合	KM_2 不吸合，液泵压电机 M2 不工作	SA_1→4→SB_3→7→SB_4→8→KM_2 线圈→0→FU_2 上述回路中元器件可能损坏，导线可能断线
5	按下 SB_3 按钮	KM_2 吸合，液压电机 M3 缺相运行	从 FU_1→(U2V2W2)→KM_2 主触点→(U31V31W31)→FR1 主触头→电机 M3(3U3V3W)上述回路中元器件可能损坏，导线可能断线
6	将 SA_1 放在“充磁”位置，SA_1 上的 12—16，13—15 接通	KA 电流继电器不吸合，YH 吸盘不工作	T2 次级首端→桥堆 VD→12→SA_1 开关 16→KA 线圈→17→YH 线圈→15→SA_1→13→桥堆 VD→T2 次级尾端上述回路中元器件可能损坏，导线可能断线
7	将 SA_1 位于”退磁”位置，SA_1 上的 12—15，13—14 接通	KA 释放，YH 退磁不工作	桥堆 VD→12→SA_1→15→YH→17→KA→16→RP→14→SA_1→13→桥堆 VD 上述回路中元器件可能损坏，导线可能断线

任务实施

1. 实训安全教育

安全无小事，在电气设备的实训操作中更是如此。在任务的实施过程中，每一个人都

要严格遵守操作规程和规范，做到遵规守纪，这是尊重生命、尊重自我、尊重他人的一种表现。珍视生命、重视安全是每个人的义务，更是每个人的责任，让我们携手共进，共同维护好校园与课堂安全。

2. 结合任务单，完成平面磨床故障分析

1）询问故障产生情况并记录

向操作者和故障在场人员询问情况，包括询问以往有无发生过同样或类似故障，曾作过何种处理，有无更改过接线或更换过零件等；故障发生前有什么征兆，故障发生时有什么现象，当时的天气状况如何，电压是否太高或太低；故障外部表现、大致部位、发生故障时的环境情况：如有无异常气体、明火、热源；是否接近电器、有无腐蚀性气体侵入、有无漏水；如果故障发生在有关操作期间或之后，还应询问当时的操作内容以及方法步骤。了解情况要尽可能详细和真实，以期少走弯路。

2）检查故障情况并作记录

根据调查的情况，看有关电器外部有无损坏、连线有无断路、松动，绝缘有无烧焦、螺旋熔断器的熔断指示器是否跳出，电器有无进水、油垢，开关位置是否正确等。

3）通电试车观察故障现象并作记录

通过初步检查，确认不会使故障进一步扩大和造成人身、设备事故后，可进一步试车检查，试车中要注重有无严重跳火、异常气味、异常声音等现象，一经发现应立即停车，切断电源。注重检查电器的温升及电器的动作程序是否符合电气设备原理图的要求，从而发现故障部位。

4）结合原理分析并确定故障范围

在确定故障点以后，无论修复还是更换，对电气维修人员来讲，排除故障比查找故障要简单的多。在电气检修的过程中，应先动脑，后动手，正确分析可起到事半功倍的效果。

3. 检测确定故障点，并排除故障

具体操作要求如下：

(1) 电工操作至少应由两人进行。

(2) 停电时，在刀闸操作手柄上挂"禁止合闸，有人工作"警示牌。

(3) 工作时，必须严格按照停电、验电、放电、挂停电牌的安全技术步骤进行操作。

(4) 现场工作开始前，应检查安全措施是否符合要求，运行设备及检修设备是否明确分开，严防误操作。

(5) 严禁带电作业。

(6) 检修时，拆下的各零件要集中摆放，拆各条接线前，必须将接线顺序及线号记好，避免出现接线错误。在找出有故障的组件后，应该进一步确定故障的根本原因。例如，当电路中的一只接触器烧坏，单纯地更换一个是不够的，重要的是要查出被烧坏的原因，并采取补救和预防的措施。

(7) 检修完毕，经全面检查无误后将隔离开关合上，试运转后，将结果汇报组长，并做好检修记录。

参照图 3-21，完成 M7130 型平面磨床电气线路故障排除，并将完成记录填入表 3-21 中。

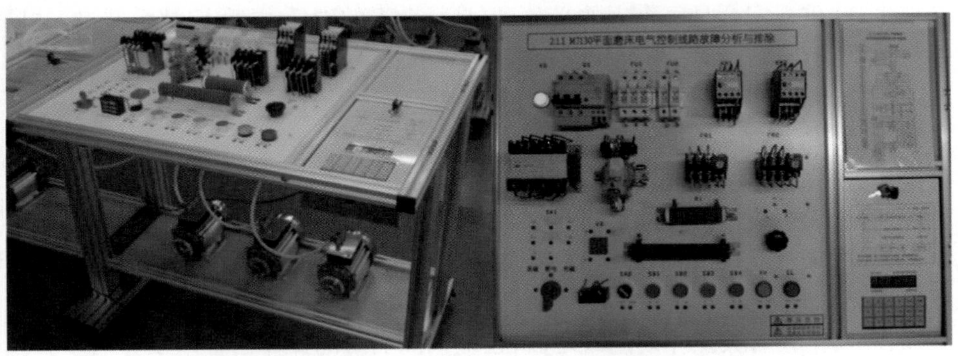

图 3-21　M7130 型平面磨床电路故障分析

表 3-21　M7130 型磨床故障检测表

序号	操 作 步 骤	故 障 现 象	故 障 分 析
1	合上电源 QS，合上照明灯开关 SA_2	照明灯 EL 不亮	
2	置 SA_1 退磁位置 SA_1 上的 3—4 接通，按下 SB_1 按钮	接触器 KM_1 不吸合，砂轮电机不工作	
3	按下 SB_1 按钮	KM_1 吸合，砂轮电机 M1 缺相	
4	按下 SB_3 按钮，KM_2 不吸合	KM_2 不吸合，液泵压电机 M2 不工作	
5	按下 SB_3 按钮	KM_2 吸合，液压电机 M3 缺相运行	
6	将 SA_1 放在”充磁”位置，SA_1 上的 12—16，13—15 接通	KA 电流继电器不吸合，YH 吸盘不工作	
7	将 SA_1 位于”退磁”位置，SA_1 上的 12—15，13—14 接通	KA 释放，YH 退磁不工作	

4. 按 5S 管理要求清理工位

探究任务完成后，关闭电源。按 5S 管理要求清理工位台，清点并整理工具箱，将实训设备恢复到初始状态。

任务评价

学习任务评价如表 3-22 所示。

表 3-22　学习任务评价表

评价项目		评价内容	评价标准	配分	自评 10%	互评 30%	师评 60%
职业素养	劳动纪律	有时间观念，遵守实训规章制度	没有时间观念，不遵守实训规章制度扣 1～10 分	10			
	工作态度	认真完成学习任务，主动钻研专业技能	态度不认真，不能按指导老师要求完成学习任务扣 1～10 分	10			
	职业规范	遵守电工操作规程及规范；工作台面保持清洁，工具摆放整齐	不遵守电工操作规程及规范扣 1～8 分；工作台面脏乱，工具摆放无序扣 1～2 分	10			
职业技能	故障分析	(1) 检修思路正确与否 (2) 故障电路范围确定	(1) 检修思路不正确扣 5～10 分 (2) 标错故障电路范围，每个扣 10 分	30			
	故障排除	故障排除正确与否	(1) 停电不验电扣 5 分 (2) 工具及仪表使用不当，每次扣 5 分 (3) 不能查处故障，每个扣 15 分 (4) 查出故障点但不能排除，每个故障扣 15 分 (5) 产生新的故障或扩大故障范围：不能排除，每个扣 15 分；已经排除，每个扣 5 分 (6) 损坏电器组件，每只扣 5～30 分	30			
	定额时间 1 h	能在规定时间内正确查找故障并排除	不允许超时检查，若在修复过程中允许超时，但以每超 5 min 扣 5 分计算	10			
合　计				100			
指导教师签字：					年	月	日

模块 4　Z3040 型摇臂钻床电气控制线路

学习目标

知识目标：了解 Z3040 型摇臂钻床的结构和电力拖动特点。

技能目标：能正确识读 Z3040 型摇臂钻床的电气图，包括原理图、电气接线图；了解 Z3040 型摇臂钻床电气线路中各元器件的作用、并能分析其控制电路的功能；能根据 Z3040 型摇臂钻床的故障现象及电气原理图分析故障原因，确定故障范围；能根据各种机床电气线路的故障检修技术与方法，借助仪表分析、检测及维护典型磨床电路；能按电气故障检修要求及电工操作规范排除故障。

素养目标：能与教师、同学有效沟通，有团队合作精神，养成良好的职业习惯；将5S管理理念融入课堂、落实到学习生活中：提倡整理、整顿、清扫自己的书桌、学习用品与工具，养成良好的工作习惯，创造良好的工作环境。

任务1　Z3040型摇臂钻床电气控制线路的探究

任务描述

相信大家都见过墙壁或者零件钻孔的过程，钻床就是一种用途广泛的孔加工机床，本次任务我们将从了解钻床床的加工方法与工作运行流程入手，来探究Z3040型摇臂钻床的结构以及电气控制过程及原理。

知识链接

钻床是一种用途广泛的万能机床，它主要是用钻头钻削精度要求不太高的孔，另外还可以进行扩孔、铰孔、攻螺纹及修剖面等多种形式的加工。钻床按结构形式可分为立式钻床、卧式钻床、摇臂钻床、深孔钻床等，在各种钻床中，摇臂钻床操作方便，灵活，适用范围广，特别适用于单件或成批生产中带有多孔大型工件的孔加工，是机械加工中常用的机床设备。Z3040型摇臂钻床型号含义如图3-22所示，Z-类代号（钻床类）；30-组代号（摇臂组）40-（最大钻孔直径40 mm）。

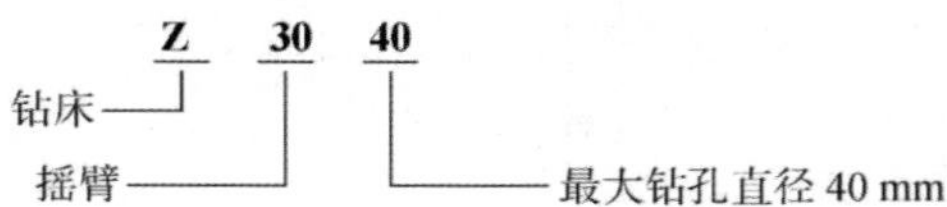

图3-22　Z3040型摇臂钻床型号含义

1. Z3040型摇臂钻床结构

Z3040型摇臂钻床外形结构如图3-23所示，主要由底座、工作台、外立柱、内立柱、升降丝杆、主轴、主轴箱和摇臂等部分组成。其内立柱固定在底座上，在它外面套着空心的外立柱，摇臂一端的套筒部分与外立柱滑动配合，借助于丝杆，摇臂可沿着外立柱上下移动，但两者不能作相对转动，所以摇臂将与外立柱一起相对内立柱回转。

2. Z3040型摇臂钻床电力拖动特点及控制要求

（1）Z3040型摇臂钻床运动部件较多，为简化传动装置，采用4台电动机拖动：主轴电动机承担主钻削及进给任务，摇臂升降、夹紧放松和冷却泵各用一台电动机拖动。

（2）采用变速机构实现较大的调速范围：为了适应多种加工方式的要求，主轴及进给应在较大范围内调速。但这些调速都是机械调速，用手柄操作变速箱调速，对电动机无任何调速要求。主轴变速机构与进给变速机构在一个变速箱内，由主轴电动机拖动。

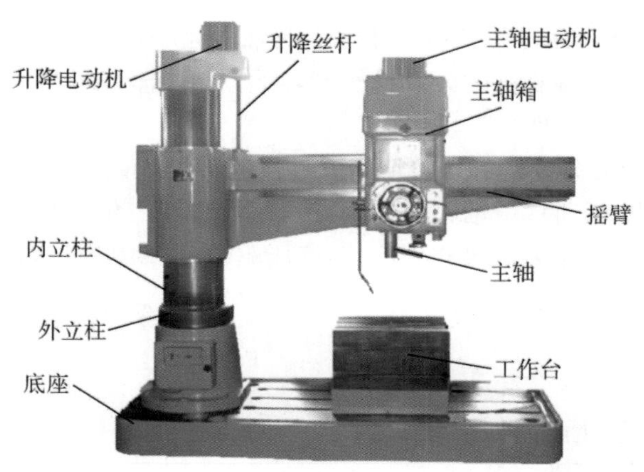

图 3-23　Z3040 型摇臂钻床结构

(3) 加工螺纹时要求主轴能正反转，摇臂钻床的正反转一般用机械方法实现，电动机只需单方向旋转。

(4) 摇臂升降由单独的一台电动机拖动，要求能实现正反转，并有限位保护。

(5) 摇臂的夹紧与放松以及立柱的夹紧与放松由一台异步电动机配合液压装置来完成，要求这台电动机能正反转。摇臂的回转和主轴箱的径向移动在中小型摇臂钻床上都采用手动。

(6) 钻削加工时，为对刀具及工件进行冷却，需要一台冷却泵电动机拖动冷却泵输送冷却液。

(7) 液压系统：由操作手柄完成控制，操作手柄有五个空间位置——上/空挡、下/变速、里/反转、外/正转、中/停车。

(8) 各部分电路之间有必要的保护和互锁。

3. Z3040 型摇臂钻床的运动形式

钻床可以完成钻孔、铰孔、攻螺纹等工作，故要求主轴具有较宽的调速范围，其加工方法及所需运动如图 3-24 所示。

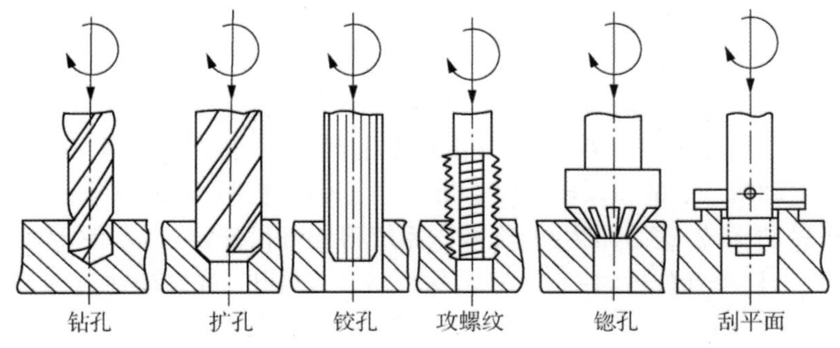

图 3-24　Z3040 型摇臂钻床的加工方法

Z3040 型摇臂钻床的运动形式分为主运动与辅助运动。

(1) 主运动包括：主轴带动钻头刀具作旋转运动(主电动机 M1 驱动)；主轴的上、下进给运动(主电动机 M1 驱动)。

(2) 辅助运动包括：外立柱和摇臂绕内立柱作回转运动(手动)；摇臂沿外立柱作升降运动(升降电动机 M2 驱动)；主轴箱沿摇臂作水平移动(手动)；外立柱与内立柱、摇臂与外立柱、主轴箱与摇臂间作夹紧与放松运动(液压驱动，电动机 M3 拖动)。

4. Z3040 型摇臂钻床电路分析

1) 主电路分析

主电路分析

Z3040 型摇臂钻床主电路如图 3-25 所示。

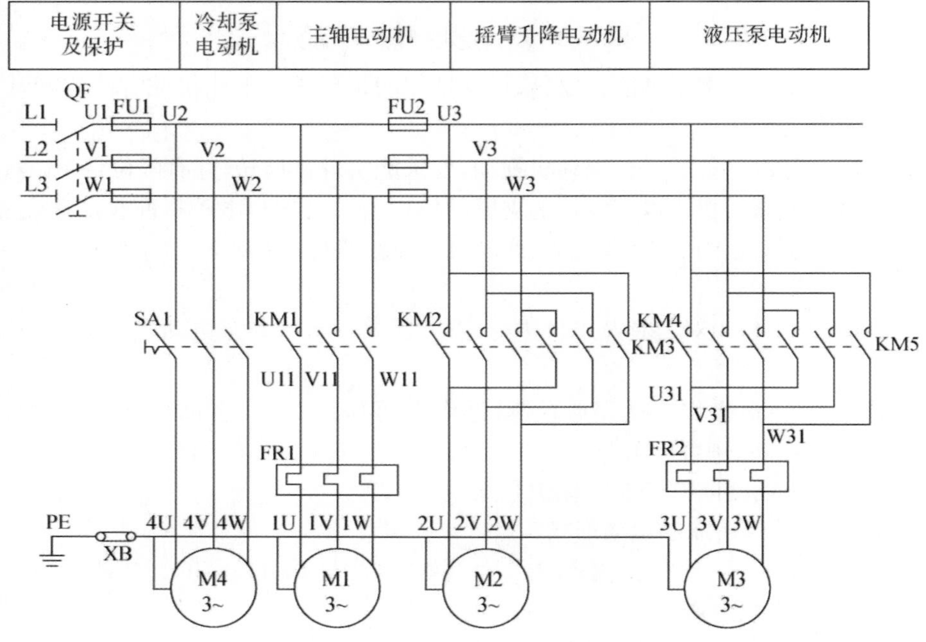

图 3-25 Z3040 型摇臂钻床主电路

主轴电动机 M1 为单向旋转，由接触器 KM_1 控制；主轴的正反转则由机床液压系统操纵机构配合正反转摩擦离合器实现，并由热继电器 FR1 作电动机 M1 的长期过载保护。

摇臂升降电动机 M2 的正反转由接触器 KM_2、KM_3 控制；在操纵摇臂升降时，首先使液压泵电动机启动旋转，送出压力油，经液压系统将摇臂松开，然后才使 M2 启动，拖动摇臂上升或下降，当移动到位后，控制电路需保证 M2 先停下，再自动通过液压系统将摇臂夹紧，最后液压泵电动机才停转；M2 为短时工作，不用设长期过载保护。

液压油泵电动机 M3 由接触器 KM_4、KM_5 实现正、反转控制，并有热继电器 FR2 作长期过载保护。

冷却泵电动机 M4 容量较小，仅为 0.125 kW，所以由开关 SA_1 直接控制。

2)控制电路分析

Z3040 型摇臂钻床控制电路如图 3-26 所示。

控制变压器	指示灯	照明灯	主轴电动机起动	摇臂上升	摇臂下降	主轴箱和立柱松开	主轴箱和立柱夹紧	电磁阀控制

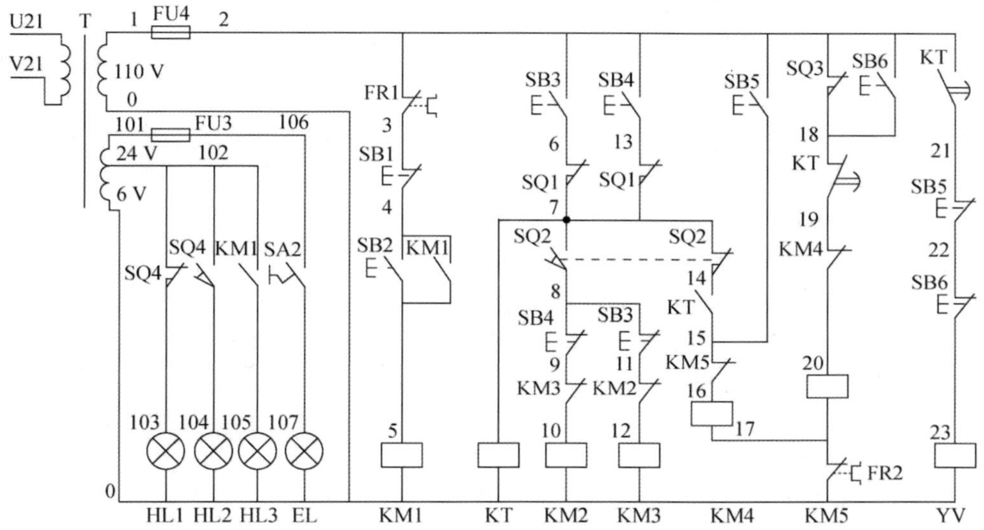

图 3-26　Z3040 型摇臂钻床的控制电路

(1) 主轴电动机控制。由按钮 SB_1、SB_2 与 KM_1 构成主轴电动机的单向启动停止控制电路，M1 启动后，指示灯 HL3 亮，表示主轴电动机在旋转。

(2) 摇臂升降与夹紧控制。摇臂钻床工作时，摇臂应夹紧在外立柱上，摇臂上升与下降使 SQ_3 常闭触点断开，KM_5 线圈断电，M3 停转，摇臂夹紧完成。所以 SQ_3 为摇臂夹紧信号开关；

摇臂上升的极限保护由组合限位开关 SQ_1 来实现。SQ_1 有两对常闭触点，当摇臂上升或下降到极限位置时，相应触点断开，切断对应上升或下降接触器 KM_2 与 KM_3 的电源，使 M2 停止旋转，摇臂停止移动，实现极限位置的保护；

摇臂自动夹紧程度由行程开关 SQ_3 控制。若夹紧机构液压系统出现故障不能夹紧，将使 SQ_3 常闭触点不能断开，或者由于 SQ_3 开关安装调整不当，摇臂夹紧后仍不能压下 SQ_3。这样都会使 M3 长期处于过载状态，易将电动机烧毁，为此，M3 主电路采用热继电器 FR2 作过载保护。

(3) 主轴箱、立柱松开与夹紧的控制。主轴箱和立柱的夹紧与松开是同时进行的。当按下按钮 SB_5，接触器 KM_4 线圈得电，液压泵电动机 M3 正转，拖动液压泵送出压力油，这时电磁阀 YV 线圈处于断电状态，压力油经二位六通阀，进入主轴箱与立柱松开油腔，推动活塞和菱形块，使主轴箱与立柱松开，而由于 YV 线圈断电，压力油不会进入摇臂松开油腔，摇臂仍处于夹紧状态。当主轴箱与立柱松开时，行程开关 SQ_4 不受压，SQ_4 常闭触点闭合，指示灯 HL1 亮，表示主轴箱与立柱确已松开。可以手动操作主轴箱在摇臂的水平导轨上移动，也可推动摇臂使外立柱绕内立柱作回转移动，当移动到位，按下夹紧按钮 SB_6，接触器 KM_5 线圈得电，M3 反转，拖动液压泵送出压力油至夹紧油腔，使主轴箱与立柱夹紧。当确已夹紧时，压下 SQ_4，SQ_4 常开触点闭合，HL2 指示灯亮，而 SQ_4 常闭触点断开，HL1 指示灯灭，指示主轴箱与立柱已夹紧，可以进行钻削加工。

机床安装后，接通电源，利用主轴箱和立柱的夹紧、松开来检查电源相序，在电源相序正确后，再来调整电动机 M2 的接线。

(4) 冷却泵 M4 的控制。冷却泵电动机 M4 单向旋转直接由转换开关 SA_1 控制。

3) 互锁及保护环节

Z3040 型摇臂钻床控制电路中的互锁与保护环节如下。

(1) SQ_2 行程开关实现摇臂松开到位，开始升降的互锁。

(2) SQ_3 行程开关实现摇臂完全夹紧，液压泵电动机 M3 停止旋转的互锁。

(3) KT 时间继电器实现摇臂升降电动机 M2 断开电源，待惯性旋转停止后再进行夹紧的互锁。摇臂升降电动机 M2 正反转具有双重互锁。

(4) SB_5、SB_6 常闭触点接入电磁阀 YV 线圈，电路实现主轴箱与立柱夹紧、松开操作时，压力油不进入摇臂夹紧油腔的互锁。

(5) FU_1 作为总电路和电动机 M1、M4 的短路保护。

(6) FU_2 为电动机 M2、M3 及控制变压器 T 一次侧短路保护。

(7) FR1、FR2 为电动机 M1、M3 的长期过载保护。

(8) SQ_1 组合开关为摇臂上升、下降的限位开关。

(9) FU_3 为照明电路的短路保护。

(10) 带自锁触点的启动按钮与相应接触器实现电动机欠电压、失压保护。

4) 辅助电路分析

(1) HL1 为主轴箱，立柱松开指示灯，灯亮表示已松开，可以手动操作主轴箱沿摇臂移动或摇臂回转。

(2) HL2 为主轴箱，立柱夹紧指示灯，灯亮表示已夹紧，可以进行钻削加工。

(3) HL3 为主轴旋转工作指示灯。

照明灯 EL 由控制变压器 T 供给 36V 安全电压，经开关 SA_2 操作，实现钻床局部照明。

任务实施

1. 实训安全教育

安全无小事，在电气设备的实训操作中更是如此。在任务的实施过程中，每一个人都要严格遵守操作规程和规范，做到遵规守纪，这是尊重生命、尊重自我、尊重他人的一种表现。珍视生命、重视安全是每个人的义务，更是每个人的责任，让我们携手共进，共同维护好校园与课堂安全。

2. 观察 Z3040 型摇臂钻床

仔细观察 Z3040 型摇臂钻床的基本操作方法及正常工作状态，记录操作步骤及工作状态。

熟悉 Z3040 型摇臂钻床的结构、运动形式及控制特点，观察的主要内容如下。

(1) Z3040 型摇臂钻床的主要组成部件的识别(底座、内立柱、外立柱、摇臂、主轴箱、工作台、各电动机的位置、限位开关等部分)。

(2) 在对工件进行加工时，观察钻床的主轴旋转运动、进给运动为主轴的纵向进给、辅助运动有：摇臂沿外立柱垂直移动，主轴箱沿摇臂长度方向的移动，摇臂与外立柱一起绕内立柱的回转运动，注意观察各种运动的操作、电动机的运转状态及传动情况。

(3) 观察摇臂升降的动作过程，明确其联锁。

(4) 立柱和主轴箱的松开或夹紧的动作工程。

(5) 观察各种元器件的安装位置及其配线走向。

3. Z3040 型摇臂钻床的电器元件功能

根据图 3-25、图 3-26，分析 Z3040 型摇臂钻床电路各电器元件功能，并填入表 3-23 中。

表 3-23　Z3040 型摇臂钻床的电器元件功能明细表

符　号	名　称	作　用	符　号	名　称	作　用
M1			FR2		
M2			T		
M3			SQ_1		
M4			SQ_2		
QS			SQ_3		
KM_1			SQ_4		
KM_2			SB_1		
KM_3			SB_2		
KM_4			SB_3		
KM_5			SB_4		
KT			SB_5		
SA_1			SB_6		
SA_2			EL		
FU_1			HL1		
FU_2			HL2		

（续表）

符　　号	名　　称	作　　用	符　　号	名　　称	作　　用
FU_3			HL3		
FU_4			YV		
FR1			PE		

任务评价

学习任务评价如表 3-24 所示。

表 3-24　学习任务评价表

评价项目		评 价 内 容	评 价 标 准	分值	自评 10%	互评 30%	师评 60%
职业素养	劳动纪律	有时间观念，遵守实训规章制度	没有时间观念，不遵守实训规章制度扣 1～10 分	10			
	工作态度	认真完成学习任务，主动钻研专业技能	态度不认真，不能按指导老师要求完成学习任务扣 1～10 分	10			
	职业规范	遵守电工操作规程及规范；工作台面保持清洁，工具摆放整齐	不遵守电工操作规程及规范扣 1～8 分；工作台面脏乱，工具摆放无序扣 1～2 分	10			
职业技能	钻床工作状态观察	能正确叙述钻床操作步骤与各种工作状态	叙述失误每次扣 5 分	25			
	元器件的分析	能正确分析各元器件的功能、作用	分析失误每次扣 5 分	20			
	支路功能识读	能正确分析每一条支路的功能	分析失误每次扣 5 分	25			
合　　计				100			
指导教师签字：					年	月	日

任务 2　Z3040 型摇臂钻床电气控制线路的故障分析与排除

任务描述

学校金工实训室的一台 Z3040 型摇臂钻床，最近出现了电气故障，请根据你对 Z3040

型摇臂钻床电气线路的理解以及所学维修知识，完成其电路维修任务。在任务实施过程中，必须按照电气设备检修要求进行，检修过程中必须遵守电工操作规程。检修完成后，电气控制系统应满足原有的性能要求，保证钻床可靠安全工作，并交付指导教师及钻床管理责任人验收。

完成本次任务后，能够正确识读 Z3040 型摇臂钻床电气原理图，并能按照故障检修的方法及步骤分析同难度磨床的电气故障原因，确定故障范围，并最终确定故障点及排除故障。

知识链接

Z3040 型摇臂钻床的控制是机、电、液的联合控制，摇臂移动故障为其常见故障。

1. 摇臂不能上升

常见故障为 SQ_2 安装位置不当或位置移动，这样摇臂虽已松开但活塞杆仍压不上 SQ_2，致使摇臂不能移动。有时也会出现因液压系统发生故障，使摇臂没有完全松开活塞杆压不上 SQ_2，为此应配合机械液压系统调整好 SQ_2 位置并安装牢固。有时电动机 M3 电源相序接反，此时按下摇臂上升按钮 SB_3 时，电动机 M3 反转使摇臂夹紧更压不上 SQ_2，摇臂也不会上升。所以安装完毕后，认真检查电源相序及电动机正反转是否正确。

2. 摇臂移动后夹不紧

摇臂夹紧动作的结束是由行程开关 SQ_3 来控制的。若摇臂夹不紧说明摇臂控制电路的动作只是夹紧力不够，只是因为 SQ_3 动作过早使液压泵电动机 M3 在摇臂还未充分夹紧时就停止旋转。这往往是由于 SQ_3 安装位置不当或松动移位，过早地被活塞压上动作所致。

3. 液压系统故障

有时电气控制系统正常，而电磁阀芯被卡住油路堵塞造成液压控制系统失灵也造成摇臂无法移动。在维修时应正确判断是电气控制系统还是液压系统故障。然而，这两者又有联系为此应相互配合共同排除故障。

Z3040 型摇臂钻床故障现象与分析汇总如表 3-25 所示。

表 3-25　Z3040 型摇臂钻床故障现象与分析

序号	操作步骤	故障现象	故障分析
1	合上电源开关 OF	指示灯 HL1 灯不亮	电源线 L1→QF→U1→FU_1→U2→FU_2→U3→变压器 T→V3→FU_2→V2→FU_1→V1→QF→电源线 L2 上述回路中元器件可能损坏，导线可能断线
2	接通照明开关 SA_2	照明灯 EL 灯不亮	变压器 T(24V)→101→FU_3→106→SA_2 常开→107→EL 灯→T 上述回路中元器件可能损坏，导线可能断线
3	按下 SB_2	接触器 KM_1 不吸合，主轴电动机 M1 无法启动	变压器 T(110V)→1→FU_4→2→FR1→3→SB_1→4→SB_2→5→KM_1 线圈→0→T 上述回路中元器件可能损坏，导线可能断线

(续表)

序号	操作步骤	故障现象	故障分析
4	按下 SB_2，KM_1 吸合后	指示灯 HL3 灯不亮	变压器 T(6V)→102→KM 常开 105→HL3 灯→(0)→T 上述回路中元器件可能损坏，导线可能断线
5	按下 SB_2，KM_1 吸合后	主轴电动机 M1 缺相运行	FU_1 →（U2V2W2）→ KM_2 常开主触点 →(U11V11W11)→ FR1 主触头→电机 M1 的(1U1V1W)端子，上述回路中元器件可能损坏，导线可能断线
6	SQ_2 限位开关接通后，按下 SB_3	接触器 KM_2 不吸合，摇臂上升不工作	FU_4→2→SB_3→6→SQ_1→7→SQ_2→8→SB_4→9→KM_3 常闭→10→KM_2 线圈→0→T 上述回路中元器件可能损坏，导线可能断线
7	接通 SQ_2 限位开关后，按下 SB_4	接触器 KM_3 不吸合，摇臂下降不工作	FU_4→2→SB_4→6→SQ_1→7→SQ_2→8→SB_3→11→KM_2 常闭→12→KM_3 线圈→0→T 上述回路中元器件可能损坏，导线可能断线

任务实施

1. 实训安全教育

安全无小事，在电气设备的实训操作中更是如此。在任务的实施过程中，每一个人都要严格遵守操作规程和规范，做到遵规守纪，这是尊重生命、尊重自我、尊重他人的一种表现。珍视生命、重视安全，是每个人的义务，更是每个人的责任，让我们携手共进，共同维护好校园与课堂安全。

2. 结合任务单，完成摇臂钻床故障分析

1) 询问故障产生情况并记录

向操作者和故障在场人员询问情况，包括询问以往有无发生过同样或类似故障，曾作过何种处理，有无更改过接线或更换过零件等；故障发生前有什么征兆，故障发生时有什么现象，当时的天气状况如何，电压是否太高或太低；故障外部表现、大致部位、发生故障时的环境情况：如有无异常气体、明火、热源；是否接近电器、有无腐蚀性气体侵入、有无漏水；如果故障发生在有关操作期间或之后，还应询问当时的操作内容以及方法步骤。了解情况要尽可能详细和真实，以期少走弯路。

2) 检查故障情况并作记录

根据调查的情况，看有关电器外部有无损坏、连线有无断路、松动，绝缘有无烧焦、螺旋熔断器的熔断指示器是否跳出，电器有无进水、油垢，开关位置是否正确等。

3) 通电试车观察故障现象并作记录

通过初步检查，确认不会使故障进一步扩大和造成人身、设备事故后，可进一步试车检查，试车中要注重有无严重跳火、异常气味、异常声音等现象，一经发现应立即停车，切断电源。注重检查电器的温升及电器的动作程序是否符合电气设备原理图的要求，从而发现故障部位。

4）结合原理分析并确定故障范围

在确定故障点以后，无论修复还是更换，对电气维修人员来讲，排除故障比查找故障要简单的多。在电气检修的过程中，应先动脑，后动手，正确分析可起到事半功倍的效果。

3. 检测确定故障点，并排除故障

具体操作要求如下：

（1）电工操作至少应由两人进行。

（2）停电时，在刀闸操作手柄上挂“禁止合闸，有人工作”警示牌。

（3）工作时，必须严格按照停电、验电、放电、挂停电牌的安全技术步骤进行操作。

（4）现场工作开始前，应检查安全措施是否符合要求，运行设备及检修设备是否明确分开，严防误操作。

（5）严禁带电作业。

（6）检修时，拆下的各零件要集中摆放，拆各条接线前，必须将接线顺序及线号记好，避免出现接线错误。在找出有故障的组件后，应该进一步确定故障的根本原因。例如，当电路中的一只接触器烧坏，单纯地更换一个是不够的，重要的是要查出被烧坏的原因，并采取补救和预防的措施。

（7）检修完毕，经全面检查无误后将隔离开关合上，试运转后，将结果汇报组长，并做好检修记录。

参照图 3-27，完成 Z3040 型摇臂钻床电气线路故障排除，并将完成记录填入表 3-26 中。

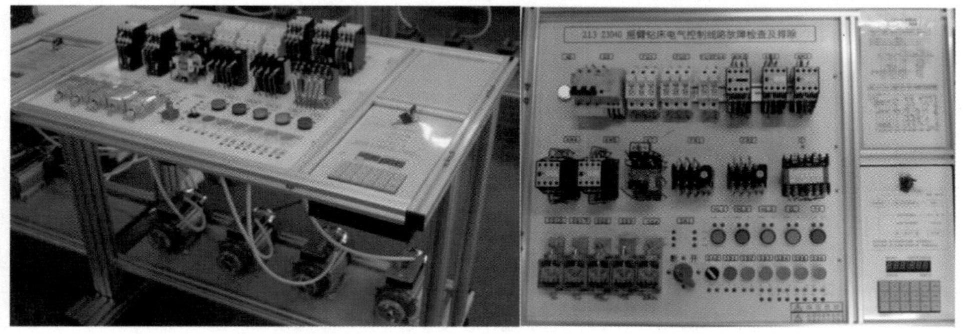

图 3-27　Z3040 型摇臂钻床电路故障分析

表 3-26　Z3040 型摇臂钻床故障检测表

序号	操 作 步 骤	故 障 现 象	故 障 分 析	故　障　点
1	合上电源开关 OF	指示灯 HL1 灯不亮		
2	接通照明开关 SA_2	照明灯 EL 灯不亮		
3	按下 SB_2	接触器 KM_1 不吸合，主轴电动机 M1 无法启动		

（续表）

序号	操作步骤	故障现象	故障分析	故障点
4	按下 SB_2，KM_1 吸合后	指示灯 HL3 灯不亮		
5	按下 SB_2，KM_1 吸合后	主轴电动机 M1 缺相运行		
6	SQ_2 限位开关接通后，按下 SB_3	接触器 KM_2 不吸合，摇臂上升不工作		
7	接通 SQ_2 限位开关后，按下 SB_4	接触器 KM_3 不吸合，摇臂下降不工作		

4. 按 5S 管理要求清理工位

探究任务完成后，关闭电源；按 5S 管理要求清理工位台，清点并整理工具箱，将实训设备恢复到初始状态。

任务评价

学习任务评价如表 3-27 所示。

表 3-27　学习任务评价表

评价项目		评价内容	评价标准	配分	自评 10%	互评 30%	师评 60%
职业素养	劳动纪律	有时间观念，遵守实训规章制度	没有时间观念，不遵守实训规章制度扣 1～10 分	10			
	工作态度	认真完成学习任务，主动钻研专业技能	态度不认真，不能按指导老师要求完成学习任务扣 1～10 分	10			
	职业规范	遵守电工操作规程及规范；工作台面清洁，工具摆放整齐	不遵守电工操作规程及规范扣 1～8 分；工作台面脏乱，工具摆放无序扣 1～2 分	10			
职业技能	故障分析	(1) 检修思路正确与否 (2) 故障电路范围确定	(1)检修思路不正确扣 5～10 分 (2) 标错故障电路范围，每个扣 10 分	30			
	故障排除	故障排除正确与否	(1) 停电不验电扣 5 分 (2) 工具及仪表使用不当，每次扣 5 分 (3) 不能查处故障，每个扣 15 分 (4) 查出故障点但不能排除，每个故障扣 15 分 (5) 产生新的故障或扩大故障范围：不能排除，每个扣 15 分；已经排除，每个扣 5 分 (6) 损坏电器组件，每只扣 5～30 分	30			

（续表）

评价项目		评价内容	评价标准	配分	自评 10%	互评 30%	师评 60%
职业技能	定额时间 1 h	能在规定时间内正确查找故障并排除	不允许超时检查，若在修复过程中允许超时，但以每超 5 min 扣 5 分计算	10			
合　计				100			
指导教师签字：					年	月	日

走 进 历 史

人类的需求是发明创造的原动力，15 世纪的机床雏形，就是由于制造钟表和武器的需要，出现了钟表匠用的螺纹车床、齿轮加工机床以及水力驱动的炮筒镗床。1501 年左右，意大利人列奥纳多·达芬奇曾绘制过车床、镗床、螺纹加工机床和内圆磨床的构想草图，其中已有曲柄、飞轮、顶尖和轴承等新机构。中国明朝出版的《天工开物》中也载有磨床的结构，用脚踏的方法使铁盘旋转，加上沙子和水来剖切玉石。

工业革命导致了各种机床的产生和改进。18 世纪的工业革命推动了机床的发展。1774 年，英国人威尔金森发明了较精密的炮筒镗床。次年，他用这台炮筒镗床镗出的汽缸，满足了瓦特蒸汽机的要求。为了镗制更大的汽缸，他又于 1775 年制造了一台水轮驱动的汽缸镗床，促进了蒸汽机的发展。从此，机床开始用蒸汽机通过曲轴来驱动。

1797 年，英国人莫兹利研制成的车床有丝杠传动刀架，能实现机动进给和车削螺纹，这是机床结构的一次重大变革。莫兹利也因此被称为“英国机床工业之父”。

19 世纪，由于纺织、动力、交通运输机械和军火生产的推动，各种类型的机床相继出现。1817 年英国人罗伯茨创制龙门刨床；1818 年美国人惠特尼制成卧式铣床；1876 年美国制成万能外圆磨床；1835 和 1897 年先后发明滚齿机和插齿机。

工业技术发展的中心，从 19 世纪起就悄悄从英国移向美国。这其中，惠特尼的功劳不可小觑。惠特尼聪颖过人，具有远见卓识，他率先研制出了作为大规模生产的可更换部件的系统，至今还很活跃的惠特尼工程公司，早在 19 世纪 40 年代就研制成功了一种转塔式六角车床。这种车床是随着工件制作的复杂化和精细化而问世的，在这种车床中，装有一个绞盘，各种需要的刀具都安装在绞盘上，这样，通过旋转固定工具的转塔，就可以把工具转到所需的位置上，为后续数控机床的研制提供了思路。

随着电动机的发明，机床开始先采用电动机集中驱动，后又广泛使用单独电动机驱动。

20 世纪初，为了加工精度更高的工件、夹具和螺纹加工工具，相继创制出坐标镗床和螺纹磨床。同时为了适应汽车和轴承等工业大量生产的需要，又研制出各种自动机床、仿形机床、组合机床和自动生产线。

19 世纪末到 20 世纪初，单一的车床已逐渐演化出了铣床、刨床、磨床、钻床等，这些主要机床已经基本定型，这样就为 20 世纪前期的精密机床和生产机械化和半自动化创造了条件。

在 20 世纪的前 20 年内，人们主要是围绕铣床、磨床和流水装配线展开的。由于汽车、飞机及其发动机生产的要求，在大批加工形状复杂、高精度及高光洁度的零件时，迫切需要精密的、自动的铣床和磨床。由于多螺旋线刀刃铣刀的问世，基本上解决了单刃铣刀所产生的振动和光洁度不高而使铣床得不到发展的困难，使铣床成为加工复杂零件的重要设备。

在机床的发展历程中，被世人誉为"汽车之父"的福特功不可没，他曾提出：汽车应该是"轻巧的、结实的、可靠的和便宜的"。为了实现这一目标，必须研制高效率的磨床，为此，美国人诺顿于 1900 年用金刚砂和刚玉石制成直径大而宽的砂轮，以及刚度大而牢固的重型磨床。磨床的发展，使机械制造技术进入了精密化的新阶段。

在 1920 年以后的 30 年中，机械制造技术进入了半自动化时期，液压和电气元件在机床和其他机械上逐渐得到了应用。1938 年，液压系统和电磁控制不但促进了新型铣床的发明，而且在龙门刨床等机床上也得以推广应用。30 年代以后，行程开关——电磁阀系统几乎用到各种机床的自动控制上了。

第二次世界大战以后，由于数控和群控机床和自动线的出现，机床的发展开始进入了自动化时期。数控机床是在电子计算机发明之后，运用数字控制原理，将加工程序、要求和更换刀具的操作数码和文字码作为信息进行存贮，并按其发出的指令控制机床，按既定的要求进行加工的新式机床。

世界第一台数控机床（铣床）诞生于 1951 年。数控机床的最初设想，是美国的帕森斯在研制飞机螺旋桨叶剖面轮廓的板叶加工机时向美国空军提出的，在麻省理工学院的参加和协助下，终于在 1949 年取得了成功。1951 年，他们正式制成了第一台电子管数控机床样机，成功地解决了多品种小批量的复杂零件加工的自动化问题。以后，一方面数控机床从铣床扩展到镗床、钻床和车床，另一方面，电子技术的发展则从电子管向晶体管、集成电路方向过渡。1958 年，美国研制成能自动更换刀具，以进行多工序加工的加工中心。

世界第一条数控生产线诞生于 1968 年。英国的毛林斯机械公司研制成了第一条数控机床组成的自动线。不久，美国通用电气公司提出了"工厂自动化的先决条件是零件加工过程的数控和生产过程的程控"。于是，到 1970 年代中期，出现了自动化车间，自动化工厂也已开始建造。1970 年至 1974 年，由于小型计算机广泛应用于机床控制，出现了三次技术突破。第一次是直接数字控制器，使一台小型电子计算机同时控制多台机床，出现了"群控"；第二次是计算机辅助设计，用一支光笔进行设计和修改设计及计算程序；第三次是按加工的实际情况及意外变化反馈并自动改变加工用量和切削速度，出现了自适应控制系统的机床。

经过 100 多年的风风雨雨，机床的家族已日渐成熟，真正成了机械领域的"工作母机"。

项目小结

1. 知识脉络

本项目知识脉络见图 3-28。

图 3-28　项目 3 知识脉络导图

2. 学习方法

(1) 对于不同类型的机床电气控制线路，应抓住他们的共同本质，了解其线路的组成、特点、用途、工作原理等；能根据机床特点正确分析其功能，并在此基础上进行机床的故障分析与排除。

(2) 学习本项目时一定要联系实际，对照线路原理图，进行故障分析与排除。在实训中，需要克服畏难情绪，反复训练，做到熟能生巧、举一反三，从而能够正确排除机床电气控制线路故障。

项目闯关

第一关　判断题

1. 电动机的绝缘电阻应该小于 0.5MΩ。(　)
2. 检修机床电气控制线路时，发现有元件损坏可以随意更换。(　)
3. 工作在正常环境下的电动机，应定期用兆欧表检测其绝缘电阻。(　)
4. 修理后的电器装置必须满足其质量标准要求。(　)
5. 修复故障的同时，必须进一步分析查明故障产生的根本原因，并加以排除。(　)
6. C6150 型普通车床的正反转是由电动机 M1 的正反转来实现的。(　)
7. C6150 型普通车床的主电路中，接触器可以用中间继电器来代替。(　)
8. M7130 型平面磨床的砂轮要求有较高的转速，通常采用两极笼型异步电动机驱动。(　)
9. M7130 型平面磨床的工作台采用了液压传动，当工作台前侧的换向档铁碰撞床身上的液压换向开关时，工作台便自动改变了运动方向，实现了工作台的纵向往复运动。(　)

10. M7130 型平面磨床不能加工非磁性工件。( )
11. M7130 型平面磨床工作台的往复运动是由 M3 正反转拖动实现的。( )
12. 电磁吸盘吸力不足是电磁吸盘损坏或整流器输出电压不正常造成的。( )
13. 在磨削工件的过程中,M7130 型平面磨床的工作台每次换向时,砂轮架就横向进给一次。( )
14. 在 M7130 型平面磨床电磁吸盘的线圈两端可以直接并联续流二极管释放磁场能量。( )
15. M7130 型平面磨床砂轮架的横向进给运动只能由液压传动。( )
16. Z3040 型摇臂钻床电气控制线路中,KM_1 是主轴控制接触器。( )
17. Z3040 型摇臂钻床电气控制线路中,摇臂升降采用点动控制。( )
18. Z3040 型摇臂钻床,按下 SB_4 摇臂立即上升。( )
19. Z3040 型摇臂钻床,立柱夹紧时先接通油路再启动油泵。( )
20. Z3040 型摇臂钻床的摇臂可绕外立柱回转。( )

第二关　选择题

1. 电气设备维修包括( )。
A. 日常维护保养　　B. 故障检修
C. 前两项都是
2. 机床检修检查故障常用的方法有( )。
A. 电压法　　B. 电阻法
C. 短接法　　D. 前三种都是
3. 主轴电动机缺相运行,可能会( )。
A. 烧坏控制电路　　B. 电动机加速运行
C. 烧坏电动机
4. 机床经常因过载而停车,应该( )。
A. 换熔体即可
B. 查清过载原因并排除,等热继电器触头复位后重新开车
C. 等热继电器触头复位后重新开车
5. C6150 型普通车床主轴的调速采用( )。
A. 电气调速　　B. 齿轮箱进行机械有级调速
C. 机械与电气配合调速
6. C6150 型普通车床主轴电动机的失压保护由( )完成。
A. 接触器自锁环节　　B. 低压断路器
C. 热继电器
7. C6150 型普通车床主轴电动机的过载保护由( )完成。

A. 接触器自锁环节　　B. 低压断路器 QF

C. 热继电器 FR1

8. M7130 型平面磨床的砂轮电动机 M1 和冷却泵电动机 M2 在(　)中实现顺序控制。

A. 主电路　　B. 控制电路

C. 电磁吸盘电路

9. M7130 型平面磨床的砂轮在加工过程中(　)调速。

A. 需要　　B. 不需要

C. 根据情况确定是否

10. M7130 型平面磨床电磁吸盘与三台电动机 M1、M2、M3 之间的电气联锁是由(　)实现的。

A. QS2　　B. KA

C. QS2 和 KA 的常开触头

11. M7130 型平面磨床电控制线路中,插座 XS 的作用是(　)。

A. 保护电磁吸盘　　B. 充磁

C. 退磁

12. M7130 型平面磨床中电磁吸盘吸力不足,经检查发现整流器空载输出电压正常,而负载时输出电压远低于 110V,由此可以判断电磁吸盘线圈(　)。

A. 短路　　B. 断路

C. 无故障

13. M7130 型平面磨床中若电磁吸盘电路中的电阻 R2 开路,则会造成(　)。

A. 吸盘不能充磁　　B. 吸盘不能退磁

C. 吸盘既不能充磁也不能退磁

14. Z3040 型摇臂钻床电气控制线路中,指示灯 HL2 的功能是(　)。

A. 电源指示　　B. 主轴工作指示

C. 摇臂夹紧指示

15. Z3040 型摇臂钻床上四台电动机的短路保护均由(　)实现。

A. 熔断器　　B. 过电流继电器

C. 低压断路器

第三关　分析题

1. 分析 C6150 型车床主轴电动机 M1 不能启动的原因。
2. 分析 C6150 型车床刀架快速移动电动机不能运转的原因。
3. 分析 M7130 型磨床电磁吸盘无吸力的原因。
4. 分析 M7130 型磨床工作台不能往复运动的原因。
5. 分析 Z3040 型摇臂钻床摇臂不能上升的原因。

6. 分析 Z3040 型摇臂钻床立柱主轴箱不能放松或夹紧的原因。
7. 以小组为单位，进一步完善项目小结中的思维导图；网上查阅我国智能制造业的发展历程与历史，完成项目汇报，巩固所学知识。

附　录

附录 A　常用电气元件图形、文字符号对照表

类别	名　称	图形符号	文字符号	类别	名　称	图形符号	文字符号
开关	单极控制开关	 或	SA	位置开关	常开触点		SQ
	手动开关一般符号	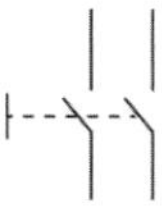	SA		常闭触点		SQ
	三极控制开关	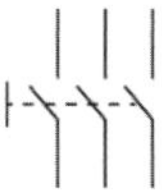	QS		复合触点		SQ
	三极隔离开关	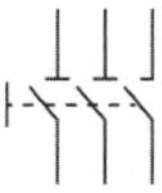	QS	按钮	常开按钮	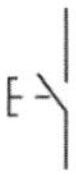	SB
	三极负荷开关	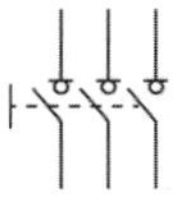	QS		常闭按钮	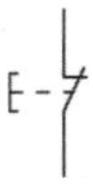	SB
	组合旋钮开关	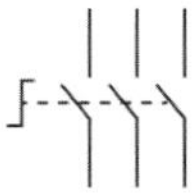	QS		复合按钮	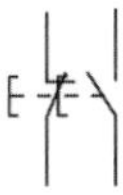	SB
	低压断路器	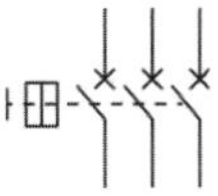	QF		急停按钮	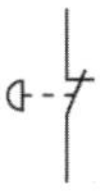	SB
	控制器或操作开关	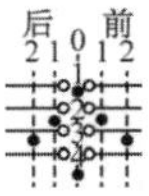 后 前 2 1 0 1 2	SA		钥匙操作式按钮	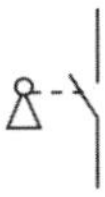	SB
接触器	线圈操作器件	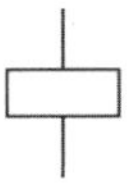	KM	热继电器	热元件	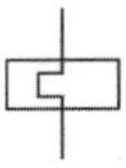	FR
	常开主触点	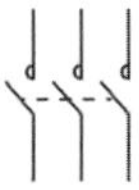	KM		常闭触点		FR

（续表）

类别	名　称	图形符号	文字符号	类别	名　称	图形符号	文字符号
接触器	常开辅助触点		KM	中间继电器	线圈		KA
	常闭辅助触点		KM		常开触点		KA
时间继电器	通电延时（缓吸）线圈		KT		常闭触点		KA
	断电延时（缓放）线圈		KT	电流继电器	过电流线圈	$I>$	KA
	瞬时闭合的常开触点		KT		欠电流线圈	$I<$	KA
	瞬时断开的常闭触点		KT		常开触点		KA
	延时闭合的常开触点	或	KT		常闭触点		KA
	延时断开的常闭触点	或	KT	电压继电器	过电压线圈	$U>$	KV
	延时闭合的常闭触点	或	KT		欠电压线圈	$U<$	KV
	延时断开的常开触点	或	KT		常开触点		KV

（续表）

类别	名　称	图形符号	文字符号	类别	名　称	图形符号	文字符号
电磁操作器	电磁铁的一般符号	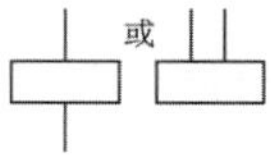	YA	常闭触点	常闭触点		KV
	电磁吸盘	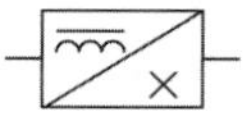	YH	电动机	三相笼型异步电动机	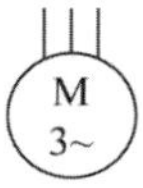	M
	电磁离合器	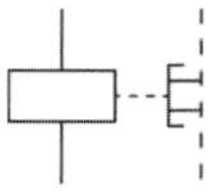	YC		三相绕线转子异步电动机	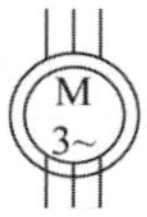	M
	电磁制动器	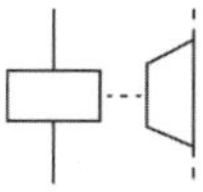	YB		他励直流电动机	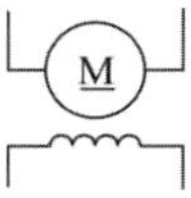	M
	电磁阀	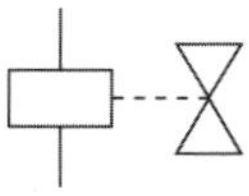	YV		并励直流电动机	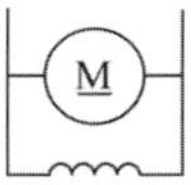	M
非电量控制的继电器	速度继电器常开触点		KS		串励直流电动机	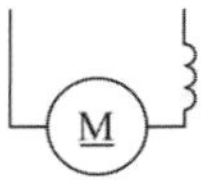	M
	压力继电器常开触点		KP	熔断器	熔断器		FU
发电机	发电机	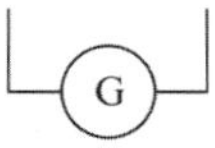	G	变压器	单相变压器		TC
	直流测速发电机	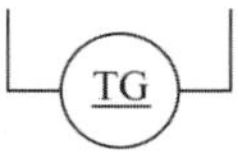	TG		三相变压器	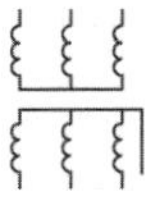	TM
灯	信号灯（指示灯）		HL	互感器	电压互感器		TV

（续表）

类别	名　称	图形符号	文字符号	类别	名　称	图形符号	文字符号
灯	照明灯	⊗	EL	电流互感器	电流互感器		TA
接插器	插头和插座	或	X 插头 XP 插座 XS		电抗器		L

附录 B 常用电气元件文字符号对照表

序号	设备名称	文字符号	序号	设备名称	文字符号
1	发电机	G	40	电压小母线	WV
2	电动机	M	41	控制小母线	WCL
3	控制变压器	TC	42	事故音响小母线	WFS
4	自耦变压器	TA	43	预告音响小母线	WPS
5	整流变压器	TR	44	闪光小母线	WF
6	稳压器	TS	45	直流母线	WB
7	电压互感器	TV	46	电压继电器	KV
8	电流互感器	TA	47	电流继电器	KA
9	熔断器	FU	48	时间继电器	KT
10	断路器	QF	49	中间继电器	KM
11	隔离开关	QS	50	信号继电器	KS
12	负荷开关	QL	51	闪光继电器	KFR
13	刀开关	QK	52	差动继电器	KD
14	刀熔开关	QR	53	接地继电器	KE
15	交流接触器	KM	54	控制继电器	KC
16	电阻器	R	55	热继电器(热元件)	KH
17	压敏电阻器	RV	56	控制、选择转换开关	SA
18	启动电阻器	RS	57	行程开关	ST
19	制动电阻器	RB	58	微动开关	SS
20	电容器	C	59	限位开关	SL
21	电感器、电抗器	L	60	按钮	SB
22	变频器	U	61	合闸按钮	SBC
23	压力变换器	BP	62	分闸按钮	SBS
24	温度变换器	BT	63	试验按钮	SBT
25	避雷器	F	64	合闸线圈	YC
26	黄色指示灯	HY	65	跳闸线圈	YT
27	绿色指示灯	HG	66	接线柱	X
28	红色指示灯	HR	67	连接片	XB
29	白色指示灯	HW	68	端子板(排)	XT
30	蓝色指示灯	HB	69	插座	XS
31	照明灯	EL	70	插头	XP
32	蓄电池	GB	71	电流表	PA
33	加热器	EH	72	电压表	PV
34	光指示器	HL	73	有功电度表	PJ
35	声音报警器	HA	74	无功电度表	PJR
36	二极管	VD	75	有功功率表	PW
37	三极管	VT	76	无功功率表	PR
38	晶闸管	VT	77	功率因数表	PPF
39	电位器	RP	78	频率表	PF

附录C　项目闯关参考答案

项目闯关 1

第一关　判断题

1. √	2. ×	3. √	4. √	5. ×	6. √
7. √	8. √	9. √	10. ×	11. ×	12. √
13. ×	14. ×	15. ×	16. √	17. ×	18. √
19. ×	20. ×				

第二关　选择题

1. C	2. B	3. B	4. A	5. C	6. C
7. B	8. C	9. A	10. B	11. C	12. B
13. B	14. B	15. A			

第三关　分析题

1. 答案略	2. 答案略	3. 答案略	4. 答案略	5. 答案略	6. 答案略
7. 答案略					

项目闯关 2

第一关　判断题

1. ×	2. ×	3. ×	4. √	5. √	6. √
7. √	8. ×	9. √	10. √	11. √	12. √
13. √	14. √	15. √	16. √	17. √	18. √
19. √	20. ×				

第二关　选择题

1. A	2. A	3. C	4. C	5. A	6. D
7. A	8. D	9. C	10. A	11. C	12. B
13. C	14. A	15. D			

第三关　分析题

1. 答案略	2. 答案略	3. 答案略	4. 答案略	5. 答案略	6. 答案略

项目闯关 3

第一关　判断题

1. ×　2. ×　3. √　4. √　5. √　6. ×
7. ×　8. ×　9. √　10. ×　11. ×　12. √
13. ×　14. ×　15. ×　16. √　17. √　18. ×
19. √　20. ×

第二关　选择题

1. C　2. D　3. C　4. B　5. B　6. A
7. C　8. A　9. B　10. C　11. C　12. A
13. B　14. B　15. A

第三关　分析题

1. 答案略　2. 答案略　3. 答案略　4. 答案略　5. 答案略　6. 答案略
7. 答案略

参考文献

[1] 薛士龙.现代电气控制与可编程序控制器[M].北京:电子工业出版社,2011.
[2] 原机械工业部统编.电力拖动与控制(第二版)[M].北京:机械工业出版社,2013.
[3] 苗玲玉,孙秀延.电气控制技术(第二版)[M].北京:机械工业出版社,2014.
[4] 秦钟全.图解电气控制入门[M].北京:化学工业出版社,2019.
[5] 人力资源和社会保障部组织编写.电工(四级)[M].北京:中国劳动出版社,2017.
[6] 林明星,范文利.电气控制及可编程序控制器[M].北京:机械工业出版社 2010.
[7] 陈立定.电气控制与可编程序控制器的原理及应用[M].北京:机械工业出版社,2005.
[8] 方承远.工厂电气控制技术(第三版)[M].北京:机械工业出版社,2006.
[9] 陈文林.电器与 PLC 控制技术[M].北京:机械工业出版社,2015.
[10] 常晓玲.电气控制系统与可编程控制器[M].北京:机械工业出版社,2005.
[11] 赵殿礼.船舶电气设备与系统[M].大连:大连海事大学出版社,2009.